ちくま文庫

人間なき復興

原発避難と国民の「不理解」をめぐって

山下祐介
市村高志
佐藤彰彦

筑摩書房

人間なき復興——原発避難と国民の「不理解」をめぐって

文庫版まえがき

復興集中期間が終わる

２０１７年3月で福島第一原発事故の発生から丸6年となる。東日本大震災からの復興集中期間が5年。そのプラス1年で、この原発事故からの復興への集中も終了することとなっている。読者には、この重要な3月をすぎてからこの本を手に取った人も多いだろう。

このまえがきを書いている２０１６年夏の時点で、すでに避難指示区域の解除が順になされ、避難した住民の帰還に一定の目処がつきはじめたといった報道がなされている。それに従って賠償も終わり、避難者への支援制度も順に終了するようだ。他方で、被災地ではイノベーションが推進され、新たな雇用も生まれて、新しい町がこれから再建されていく——そんな未来像が描かれている。

だが、本当にそんな明るい被災地の未来が、読者の前に現れているだろうか。それどころか、目もあてられないような事態が起きているのではないか。おそらく被災地の現実に何か疑問を感じた人がこの書を手にしたはずだと思う。そしてこの風変わりな本は、そうした疑問を少しでも言葉にするのに役立つだろうと筆者らは自負している。

本書の予言

本書は事故から2年後の2013年に、著者3人によって話した内容をまとめたものである。市村高志は原発避難者、そして佐藤彰彦と山下祐介は大学で社会学を研究する者だ。事故をきっかけに2011年夏に出会い、その後活動をともにしてきた。

この書では様々な予言を行ってみた。そしてその後、ここで予言した通りのことが起こっている。

すでに避難指示解除がなされた区域で、いまだに多くの人が帰っていない。それどころか、帰還しない被災者は「わがままだ」という言説も漏れ聞こえるようになってきた。事故の責任を被害者に押しつけ、その処理を早期に終わらせたいという動きも顕在化しはじめている。例えば、2016年3月の新聞記事に出た、「いつまでも賠償を続けるのは被害者の自立を損なうものだ」という政府関係者の声がそれだ。まさに本書で述べたとおりに事態は進んでいる。

だが、この書で描いた本当の問題は、7年目以降に起きるものである。帰還政策が確立されたとき、原発事故はいったん終わったことになり、危険な原子力国家と、排除と集中の論理に基づく専制的な政治が姿を現すことになる。そして実際に、原地にはすでに廃炉ビジネスを中心とした新たな原子力産業が国策を通じて着実に根を張り始め、事故によっていったん人々を追い出した上で、原子力に従順な住民を選別して再配置し、この地のより強力な原子力産業の発展をもくろんでいるようだ。

本書刊行後3年がたち、この書で予言したことは、残念なことにあまり大きく外れていない。だがこの予言の成就は避けなければならない。今回あらためて文庫版という形で出版を企画したのは、本書の予言がそろそろ現実化するタイミングに入ってきたからである。すでに本書を一度読んだ人も、あらためてこの時点で振り返ったとき、この3年の政府の暴走、国民の迷走がより明確に見えてきているのではなかろうか。

この動きは絶対に止めなければならない。今一度、ここで示した問題を問い直したい。それが著者一同のこの文庫化にかけた願いである。

帰還政策は必ず失敗する

もっともこの3年間は、この事故のもっとも中心的な当事者である避難者の側にしてみれば、事態は小康状態に入り、避難先での暮らしも落ち着き、避難指示区域の再編及び一部解除は進んだものの、大きな変化のない時期だったといってよいかもしれない。

どんどん変質していったのは政府の方である。多くの方々の記憶にあるのは、東京オリンピック招致の国際舞台で、安倍晋三首相が「(福島第一原発の)状況はコントロール下にあります」(2013年9月7日)と宣言したことだろう。またこの間、現地ではイノベーション・コースト構想が発表されて話題を呼んだ。2017年度以降に行う大きな転換に向けて、政府が着実に準備を進めているのはたしかだ。読者がこの本を読んでいる時点で、そのスピードがさらに速まっていないことを祈る。だが実際には読者の目の前で、すでに大きな転換が始まってはいないだろうか。私たちはそれを非常に心配する。

帰還政策をこのまま進めてはならない。それは「可哀想な被害者を救え」というような理由からではない。政策として誤りだからである。それどころか、それはせっかく小康状態に入った原発避難の状況をふたたびひっくり返し、大きな混乱を引き起こすものである。帰還政策の推進は、その原因となった原発政策そのものを肯定し、その責任追及を終了して、もはや脱原発などありえない方向へと国策をガッチリと固定化していくものになるだろう。だが、目先の責任逃れのために採用された政策は、必ず失敗する。それは原発推進政策にしても危ういものだ。それはおそらくこの政策を実際に進めている人々自身がよく分かっていることであるはずだ。だが――またこう問うてみよう――なぜそんな失敗すると分かっているものが、この国では通用するのだろうか。

国民の不理解が不理解を生む

この本では、この原発事故に関わるこの国の責任について考えている。そして、この国の責任は当然この国を司る政府や省庁にあるが、国家は国民によって構成されているものでもある以上、国民もまたその責任の一端を負うことを説いていく。

この国の姿は国民の心をそのまま映し出した鏡のようなものである。国民のこの事故や原発に対する理解そのものに何か重大な欠陥があり、その間違った理解――ここではそれを「無理解（理解が無い）」ではなく、「不理解（理解ではない理解）」とよんだ――に基づいて、一見不可解な政策があたかも合理的なものであるかのように選択され、積み上げられている。リスク・コミュニケーションしかり。除染一辺倒しかり。イノベーション・コーストしかり。

すべて国民の不理解がさらなる不理解を生み、被災者支援や被災地復興のためだったはずのものが、全く別のものへと政策や事業が大化けして被災者を排除し、被災地を本来あるべきものとは全く異なるものへと大きく変貌させているのである。

　ついでながらこのことは、東日本大震災の津波被災地でも形を変えながら同様に起きている。さらには地方創生において、その振れ幅がさらに大きくなってきていることにも注意を促しておきたい。

より多くの人に考えてもらうために

　原発事故は、物理的な事故でありながら、人間が引き起こしたものである以上、社会的文化的なものである。なによりその被害過程・復興過程では、様々な心理的な問題を大量に発生させてきた。複雑な社会的心理的文化的作用が、巨大な物理的事象に付随して展開し、私たちは思わぬ方向へと転がりつづけている。この国はどこへ転落しつつあるのか。私たちはそれをどう制御しうるのか。3年目の2013年の時点でこのことを問うたのが本書である。

　本書の意図はもちろん、こうした展開を止めるためのものだった。残念ながらこの本はそれほどの大きな力は持てず、事態はむしろ悪い予言通りに進行した。だが、まだ今少しの時間は残されている。国家を揺るがす原発事故の処理にあたって間違いがあってはならない。たとえ早く事故を終わらせたくとも、この事故はまだ何十年もこの国に影響を与え続ける。そしてたとえ余計なものを切り捨てたくとも、人生を奪われた被害者が現に大量に出てしまっている。もはや蓋などできないのである。私たちはこの事故に正面から向きあわなくてはならない。

2011年3月に起きた福島第一原発事故とはいったい何だったのか。避難者はどのようにそこから逃れ、その後を生きたのか。この先、被災地ではいったい何が起きるのか。このことを、あらためて本書を読み直すことで、多くの人に考えていただけたらと願う。そしてここに書いた予測が、全く別の形で外れることを祈っている。

この書を刊行してから、毎年の3月11日周辺には、新聞記者やメディア関係者、さらには政府の関係者さえもが、この書を見て私たち著者を何人もたずねてきた。年を追うごとに、私たちがここで伝えようとしていたことが、多くの人に共感されるようになっている実感はある。とはいえこれまでは、ここで描いた予言についてはまだその時期が来ていなかったからであろう、本書の読者はこの問題に関わったり、深く関心を抱いたりという人に限られてきた。

だが原発事故は国民全体に関わる事件であり、この書で三人が行った議論はもっと多くの一般の人々と共有すべきものである。なによりあの事故当時、まだ十分にこの事故のことを理解することができなかった多くの人々に――なかでも当時の子どもたちに――この事故の本当の姿を見つめ、そこからこの国のかたちを見つめなおす機会をつくってほしいと思っていた。今回の文庫化によって、より多くの人がこの事故で見えてきたこの国の欠陥に少しでも気付き、それを修正していく努力が始まることを願って、新たなまえがきとしたい。

最後に、文庫化を企画された筑摩書房、および文庫化を快く承諾された原著出版社の明石書店に感謝したい。震災7年目に入った時点で、この書の意義をあらためて世に問うべきだとの両社の誠意が、この企画を実現させた。そしてもう一言。この書は、私たちにとって、何かを意図した作品ではない。この事故に向き合って、私たちや私たちのまわりの人々が懸命にもがいた結果、自然と生まれ出たものである。難しく考えずに、この本を通じて、等身大の私たち著者と一緒にこの問題についてじっくりと考えていただければ幸いである。

二〇一六年お盆に

著者を代表して山下が記す

追記　本書単行本の刊行後、この本に直接関連する文献として以下のものが刊行された。参照を願えればと思う。

今井照『自治体再建――原発避難と「移動する村」』ちくま新書、二〇一四年
日本学術会議社会学委員会　東日本大震災の被害構造と日本社会の再建の道を探る分科会「東日本大震災からの復興政策の改善についての提言」二〇一四年九月二五日（http://www.scj.go.jp/ja/info/kohyo/pdf/kohyo-22-t200-1.pdf）
山本薫子・高木竜輔・佐藤彰彦・山下祐介『原発避難者の声を聞く――復興政策の何が問題か』岩波ブックレット、二〇一五年
小熊英二・赤坂憲雄編『ゴーストタウンから死者は出ない――東北復興の経路依存』人文書院、二〇一五年
山下祐介・金井利之『地方創生の正体――なぜ地域政策は失敗するのか』ちくま新書、二〇一五年

目次

人間なき復興――原発避難と国民の「不理解」をめぐって

第2章　原発避難とは何か——被害の全貌を考える　104

はじめに

山下祐介

今、原発避難をめぐって起きていること

２０１１年3月11日に生じた東日本大震災に伴う福島第一原発事故。その発生からすでに2年半が経過した。

この事故は終わっていない。このことはほとんどの国民が承知しているだろう。にもかかわらず、実際には何かが終わったかのように処理され、東北の地や、高線量で汚染されてしまった一部の地域を除けば、あのとき、避難指示の対象になり得た首都圏でさえ、もはや震災前の状態に戻ってしまったかのようだ。

しかしながら、福島第一原発から20キロ圏内を中心に、10万人を超える人々が今も元の地に帰れず避難生活を続けているのである。しかもその多くが被曝をしながらも、この程度なら安全であるという一方的な決定のもとに、原地に帰ることを要請されつつもある。いや正確には、帰れと言われても帰ることができない人が大半だから、帰還できるということを前提にして、賠償・補償の打ち切りがもくろまれているということのようだ。事故は終わってはいないが、終わったように見せることだけが進んでいく。だがそこに潜む真の問題、真のリスクを、どれほどの人が理解できているのだろうか。

本書を用意している間にも様々な動きがあり、問題の核心は少しずつ明らかになってきた。とともにそれは、以前であれば打てたはずの手が封じられる過程でもあり、一歩一歩着実に人々の息の根が止められ、事態は抜き差しならないものへと進展していくかのようだ。

今、原発避難をめぐって起きていること、それを説き起こすのがこの本の目的である。この問題を考えるにあたって、まず注意しなければならないのは次の点にある。

原発避難をめぐる事態はきわめて複雑にできている。この事態はこうだからこうなるといったような単純な論理で示すことができるものではない。避難者の多くが「俺たちは病んでるから」という。たしかに病むはずだ。なぜならここには、矛盾した言説が多重に仕掛けられているからである。「放射線リスクはあるが安全である」「賠償で生活再建しろ」「選択は自由だが政策上は帰還以外のメニューはない」「あなたたちがしてほしいことを言ってくれれば支援できます」――矛盾した言説が飛び交い、しかもまた一つひとつは真実であったりもする。

こうした文化コードの複雑な――いうなれば多重のダブルバインドを課しているような――状況が、知らず知らずのうちに、避難者たちの心に重い負担を強いている。そしてその負荷は、一人ひとりの人間にというだけでなく、人間関係や社会関係にも多様な裂け目を生じさせており、人々の間には、もはやそれを越えていくことはほとんど無理ではないかと思えるほどの多重の溝がはりめぐらされてしまった。家族の分断、地域社会の分断はもとより、福島県内にとどまる者と県外避難者の間に、仮設住宅と借上げ住宅の間に、あるいは自治体職員と住民たちの間に。そしてまた、強制避難者と自主避難者との間に、さらにはまた、避難者たちと受け入れ先の人々との間にも深い亀裂が見え隠れする。避難者たちは、脱原発を訴える都会の人々との間にある大きな裂け目にも遭遇し、さらにはそこに「原発立地地域は原発で恩恵を受けてきた」などという話も加わって、うっかりその断絶を越えてしまうと被害者が加害者に転換されかねない怖ささえ存在するわけだ。そしてこの裂け目は、避難者たちのみならず、国民全体のうちにも生じてしまっており、この裂け目の上に取り交わされる言説は、ますます人々を傷つけるものへと展開し始めている気配がある。

帰還政策の進行

そして今、こうした複雑な状況のなかで、なぜかきわめてクリアなかたちで一方的な帰還政策が進行しているのである。避難者には一見、何かを強要することはなく、様々な選択肢が与えられている。しかし基本的には、戻るか戻らないかの二者択一が迫られつつあり、戻る場合には生活は成り立たないが何らかの支援が続くのに対して、戻らない場合は賠償をもらってこの問題から縁を切ってくれといわんばかりの結末が強要されつつある。そしてその背後には原発再稼働という密かなもくろみも絡んでいるようだ。

だが、このことが、誰かが自分の利益や野望のためにシナリオを書いてそうなっているというのなら、事態の理解としてはまだ楽なのだ。問題なのは、ここにはどうも事態を設計している策士や、その裏で糸を引く巨悪が存在しないことにある。この帰還政策が、政府による身勝手な対応というのではなく、福島県内の避難者や避難自治体、そしてその受け入れ側の地域との間の複雑な利害関係のうちに、ある意味では自然の成り行きとして生じたものだからやっかいなのだ。避難者どうしが今や深く分裂してしまっており、互いの利害を調整することができない状況にある。そのような状況のなかであげられた被災者たちの声――とくに避難初期の「早く帰してくれ」「いつになったら元に戻れるんだ」という声が、この帰還政策に強く結びついてしまったきらいがある。

いや、むしろこういうべきなのだろう。巨悪はいないが、利己的な小さな策士たちはいるようだ。そしてそれらがこの複雑な事態の推移を見守りながら、事態を自分たちに有利に進めようと画策してきた。むろん、個々の策略は限定的で小さなものかもしれない。しかし、その作動が重なることで全体の方向が一方の側へと傾き、しかもいったん方向が決まってしまうと、今度は抗(あらが)うことのできない既定路線となって、もはやその方向に乗らない者は振り落としても構わないといったような大きな潮流になりつつあるかのようだ。

奇妙な出来事たち

一見単純に見えるこの問題の限りない複雑性。そのなかで、ある一方向での政策のみが強く推進されている。この奇怪な状況が生まれてきた経緯を少しでも解きほぐし、その構造を論理的に描写することで、この状況から抜け出る道を何とか探れないかというのが本書の意図だ。実際、この帰還政策に限らず、複雑怪奇なことがこの2年間次々と生じてきた。

いくつか例をあげよう。例えば、モニタリングポストをめぐる問題がある。福島では、多くの人がこういう話をしているはずだ。文部科学省が設置しているモニタリングポストはおかしい。自分のもっている計器で測る数値よりも低い値が表示されている（だいたい2割減で表示されているといわれている）。そもそもモニタリングポストは除染した後に設置されている。それで何のモニタリングか。住民の間には、モニタリングポストの下には鉄板や鉛板が敷かれているとの噂もあり、もしそれが実際の被曝量の値として公表されてしまったら、今後、健康被害が発生した場合の因果関係の証明に支障をきたすことになるのではないかと危惧する声もある。だが、子どもの味方である文部科学省が、国民の側に立たずに、何か別のもののためにこうしたことをやっているとは考えられない。とはいえたしかに、何か悪い作動が起きているのは確かなようだ。

むろん、このことは明確な証拠があっての話ではなく、あくまで人々の噂である。だが噂ではすまないようなところでも、似たような奇怪な話が大量に飛び交っているのが福島の現状なのだ。そしてしかも、これらの噂を否定する情報も出てこないのである。この未曾有の事態を記述し、解明していくためには、そして未来のリスクを回避するためには、このレベルの情報にも十分に気を配る必要がある。

もう一つ、一見気づかれにくいが、少し考えればきわめて奇妙なものをあげておこう。それは賠償に関わるものである。今後、帰還政策がたとえ進められたとしても、むろんそれは強制ではなく、人々は帰らない選択をすることが可能である。だが帰らない場合、現在のやり方では、自力でどこかに再建の道を探すしかない。その際に、「賠償があるからよいではないか」という論が避難者たちにむけられている。政府の資料にさえ、賠償が生活再建の手段として掲げられているくらいだ。

だが、賠償はあくまで賠償である。本来あるべき償いは、金銭による賠償ではなく、元通りに戻すこと、原状回復であるはずだ。だが原状回復の話がなぜか除染とイコールにされてしまい、あとは一方的な被害基準をもとに、賠償すれば（金銭を払えば）それでよいだろうという、きわめて乱暴な損害補償論がおおっぴらに展開されてしまっている。しかもその賠償も今のところ、東京電力（以下、「東電」）では政府の示す最低限の基準を最高額と見なして進めており、それどころか加害者であるはずの経済産業省と東電が賠償基準を決めていた実態さえあって、このままでは多くの人が泣き寝入りするしかない事態になりつつある。が、それでも国民は「被害者は賠償があるからよいではないか」というかたちで理解してしまっているようだ。

国民の不理解が深く関わってこの事態ができている

なぜこれだけ複雑怪奇なことが起きてしまっているのか。

むろん政府にも問題はある。東電も決して真摯な対応をしているとはいえない。また地元福島県にも問題はあろう。しかし、この問題を何らかのかたちで少しでもよい方向に展開したいと思ったとき、この事態をつくり出している大本にあるものは、実はこうした当事者たちの意志などではなさそうだ。誰もこの事態をすべて理解できていないし、まして何かの筋書きに基づいているのでもない。だがそれは何かの意志によるかのように着々と動いてもいく。これはいったい誰の意志なのか。

我々はその意志はどうも、集合的な意志なのではないかと感じている。一人ひとりのそれは大したことはないものでも、それが集合化してしまうと、抗うことのできないものになる。避難者たちを追い込んでいるのはどうもそうした集合的な意志のようなのだ。そしてそれはしばしば善意から来ているのかもしれず、善意だからこそ抗えないものが束ねられ、もはや反論を唱えることができなくなってもいる。世論の動きがこの事態をきわめて大きく決定づけている。政治も、政府も、メディアも、科学も、そして加害者である東電も、被害者である避難者たちも、みな混沌のなかで迷走を続けており、誰もこの事態を直接的に動かせてはいない。そのなかで集合的な意志が事態を現実に引っ張っていく。

我々はいったい何をどう変えればよいのだろうか。重要なのは次の点にあるようだ。

ここにはどうも国民全体の「不理解」がある。国民が理解してくれないとか、関心がないということではない。ある意味で国民の関心は非常に高い。そもそも日本全体が被曝しているのであり、日本に暮らす人すべてが被害者だ。だからこそ関心があって、少しでも知っているからこそ、分かったつもりになっていることが多いようなのだが、その理解はどうも、しばしば本当の理解ではないのだ。理解ではない理解――「不理解」や「非理解」がこの事態を大きく動かしている。

原発避難者をただ「事故にあってかわいそうな人」という同情で見つめていては道を見誤る。「かわいそうな避難者」もまた「不理解」の一つだが、こうした不理解の行き着く先には大きな罠が待っている。その罠は、避難者にとってのみならず、日本国民にとっての罠でもある。その罠が何かについては、本書の最後に示してみるが、そのようなことが生じる核心には、きわめて恐ろしい原発事故を前にして、これをよく分からないままに「分かったこと」にしてしまおうとする傾向性があるのではないか。そしてもしそうであるならば、事態を少しでも改善し、よりよい状況へと変えていくには、この事態についての国民の理解こそが先決だということになるはずだ。

以上が本書を編むにあたって、我々が最初に思いあたった論点である。本書ではこれらの論点を順に解きほぐし、さらにはその先へと展開していくつもりである。

本書作成の経緯

ここで、本書で我々と言っている著者たちの人間像と、この本を編むにあたってのそれぞれの役割を明らかにしておこう。

まずは福島第一原発事故の当事者である市村高志から。市村は2011年3月11日の事故が起きるまでは地方で暮らすごくふつうの自営業者だった。12日朝、家族とともに、18年間暮らしてきた富岡町（とみおかまち）を離れて避難生活を始め、今東京都のみなし仮設住宅に暮らしている。市村の避難から現在までの経緯は、各論1に本人が自らの言葉で語っているので、そちらを参照いただきたい。市村は現在、富岡町の避難者がつくる「NPO法人　とみおか子ども未来ネットワーク」という団体の代表を務めており、市村が示す見解は一個人のそれというよりも、このネットワークが2012年7月から行ってきたタウンミーティング事業で集約した住民の声を代弁したものと受け取ってほしい。

　2人目の佐藤彰彦は、福島大学うつくしま未来センターに勤める研究者（2016年現在の所属は高崎経済大学）で、専門は地域社会学。3・11以降は、それ以前から調査研究で関わってきた飯舘村の住民たちのお手伝いをしていた。山下も所属する社会学広域避難研究会に参加してからは、研究会のメンバーとともにとみおか子ども未来ネットワークが行うタウンミーティング事業を専門家として支え、タウンミーティングで出てきた住民たちの声を社会学的に分析する作業を行っている。また3人のなかでは今も福島に暮らす当事者であり、日々、福島県内で学生や県民たち、自治体関係者とも話をしながら福島の未来を考えている。

　最後に、山下祐介は首都大学東京に所属する研究者で、専門は都市社会学・地域社会学・環境社会学。3・11のときは前任校である弘前大学におり、4月に東京に異動した。2011年5月1日、郡山市にあるビッグパレットふくしまに、富岡町・川内村からの避難者へのボランティア活動を行っていた首都大学東京の大学院生たちを訪ねたことが、原発避難問題と関わるようになったきっかけである。社会学者有志10数名で活動する社会学広域避難研究会に所属し、その富岡調査班では、タウンミーティングのお手伝いとともに、富岡町から避難している人々への質的パネル調査を続けている。本書はこの研究会の知見を積み上げたものでもある。

本書の内容はだから、避難者の声を汲み上げるタウンミーティング事業と、社会学者による避難者への細やかな聞き取り調査の結果をふまえて、市村・佐藤・山下がこの2年間いろいろな人と出会い、様々に体験し、議論してきた内容をまとめたものである。とくに2013年1月から数カ月間にわたって断続的に語り合った議論をもとに山下が編集して、3人で原稿に仕上げていった。なお、タウンミーティング事業の詳しい内容と社会学広域避難研究会の活動経緯については、佐藤が別に各論2、各論3として解説しておいたので参照されたい。

なぜこのように3人の組み合わせで語り合い、しかもそれぞれの意見を明示したり、あるいは3人共通の意見を示したりといったような、手の込んだ表現の仕方を選んだのかについては、あらかじめ解説しておく必要があろう。

第一に、この問題はあまりに大きすぎ、複雑であって、一人の視野から全体が見えるものでは決してないこと。原発避難の実像についてはたくさんの手記も発表されている。これらはたしかにきわめて貴重な記録だ。しかし、避難している当事者だけでは、全体を見通すための視座はあまりにも限定的である。これに対し、研究者、なかでも社会学という領域は、今いる存在の場所からだけでなく、様々な視点や時間軸のなかから現象を切り取り、それが存立している構造を明らかにするものだ。とはいえまた、研究者は当事者ではないので、事態をひもとくためのデータの収集にはどうしても時間がかかる。ここでは当事者と研究者が直接協力し合うことで――それもそれぞれが個人ではなく、集団（NPOや研究会）を媒介にすることで――このあまりに複雑な事態を早期に見通すための論理の構築を試みた。

第二に、立場によって論じてもよいこと、論じるべきではないことがある。これも非常に重要な現実的問題なのである。というのも、この原発避難問題にはどうもタブーが多いからだ。ある方面から一面的に論を進めると、別の方面に強い負の影響を及ぼすといったことがしばしば生じている。だがそれでもなお、まずは問題に言及し、可視化せねば一歩も進むことはできない。その際に、ある立場では言えないことでも、別の立場からは言えることがある。本書ではそうした事情を鑑みながら、3人のうちの誰の発言なのかを明示する部分と、共通意見として示すところを使い分け、言い出しにくい問題の提示を試みた。

第三に、この原発事故問題は、個人で引き受けるにはあまりに責任が重すぎるものだということ。この問題は、たった一人の言説で支えるには、あまりに苛烈で深刻だ。これを3人で支え合うことによって、問題を論じる責任の重さを分散しようと考えた。

むろん我々の試みは必ずしも成功していないかもしれない。がともかく、こうしたもくろみから、3人で行った議論の記録をもとに整理して文章化し、3人で確認修正して、各自の考えはありながらも、3人を総合した「我々」という立場から記述を展開することとした。きわめて異例な論述になるが、順に読み進めていただきたい。

本書の構成

本書の構成は以下の通りである。

第1章では、まずこの原発避難の問題とは何かを考えるための大前提として、この問題がなぜこれほどまでに分かりにくいのか、その構造を考えていく。今述べた「不理解」というキーワードについてここで詳しくふれ、さらにはこの問題を記述するにあたって欠かすことのできない「復興」「支援」といった基本用語についても、これらのもつ曖昧さを追求し、避難の現実のなかでの本来の意味を問い直していこう。

その上で第2章では、原発避難とはいったい何なのか、何がこの2年の間に起きてきたのかを示し、そこからこの被害の全貌をとらえていく。おそらく、原発避難問題の全体構造が見えている人は、メディアや政府関係者のなかでもごく一部ではなかろうか。しかも事態は進行中であり、これまで起きたこと、今目の前に起きていることだけでなく、これから何が起きるのかをどう先取りするかによって、避難・被害のあり様は変わってくる。放射線リスク問題という、未来を組み込んだ被害論の可能性についてもここで展開していこう。

その上でさらに、避難問題をひもとくために超えねばならないもう一つの重要な論点として、第3章で原発立地の問題を掘り下げる。この議論を通じて、原発避難問題の本当の広がりについて考えてみたい。議論は良くも悪くも国民自身の問題だという方向に進むだろう。そしてどうも、いわゆる「原子力ムラ」だけの問題であるかのように扱われてきた「安全神話」が、今この国民全体のうちにも展開し、それがすでに福島の被災者に対して暴力的な作用を引き起こしつつあることにも注意をうながしたい。

最後にこの問題が行き着く先を第4章で考える。ここでは二つの方向で議論したい。第一の方向は今のまま何も手を打たずに行けばどうなるか、そこに潜む巨大なリスクを提示することである。それが示されることによって、この問題が、決して避難者だけの問題などという範疇で終わるものではないことが分かってくるだろう。そして第二の方向は、この最悪の事態を避けるための手段を考えるものだ。そのうちの一つが、とみおか子ども未来ネットワークが試してきたタウンミーティングを中心とした活動である。もっとも、こうした住民の活動は、この問題を乗り越えていくための手がかりの一つにすぎない。

この巨大な問題を解くためには、さらにもっと大きなものが動かなければならない。その最大のものは国民自身の変革のようだ。そのために必要なこと、逆にいえば、我々にとって変革の制約になっていることを、4章の後半に列挙してみた。もっともこの記述は不十分である。だがこれは、読者とともに未来を切り拓くための扉を開ける作業と理解してほしい。

この問題は、たった3人の手で何かを見通せるものではなく、ここで示したものはごく小さな一つの視点でしかない。だが、示したものはそれでも、方向性としては誤りではないという確信もある。とはいえ、この問題の解決に向けては、我々の力などは何ほどのものでもない。本書が、多くの人がこの問題のもつ真の問題性に気づき、この国の世直しへと参画する、そんなきっかけになればと願っている。

＊

本書の内容は、2013年1月~7月にかけて計4回、延べ21時間にわたって行ってきた山下、市村、佐藤の対談がもとになっている。対談時における議論の展開上、会話部分では、主に聞き手役である山下、佐藤が意図的に批判的な質問や意見を投げかけている場面がある。

本書は、研究者向けの学術的専門書というよりも、広く一般の読者を想定している。そのため、本文中の記述内容に関する事実確認、裏付けとなるデータ等の確認については一通り行っているが、注釈は最小限にした。なお、記述のなかには、先のモニタリングポストの問題のように、原発避難自治体や避難者の間で当たり前のことのように流布している話だが、一次データあるいはデータ源を確認できないものが含まれている。これは避難者たちのコミュニケーションで何が話されているのかを、できるだけそのままのかたちで示しておきたいと思ったからである。むろん現実には、これ以上の強烈な内容が話されており、ここで示せたのはごく一部にすぎない。その引用の基準は常識の範囲内にとどめておいた。

2013年9月末日　記

第１章
「不理解」のなかの復興

住めないというのは頭の中で分かっているんだけれども、でも戻りたいという複雑な気持ち。そして戻りたいというのは住むことじゃないんだよね。ふるさとを残したいということなのかな。
（男性、宇都宮タウンミーティングにて）

理解の難しい問題

「もう帰れませんよね」

「理解することが非常に難しい問題」――原発避難問題を議論するにあたって、最初に我々の口から出た言葉がこれである。もしかすると、多くの人が犯してしまっているかもしれない過ちに、真正面に向き合うことからこの本の議論を始めていこう。我々の議論の冒頭に市村が切り出した次のような話が、この原発避難問題を理解することの難しさを象徴している。

「「もう帰れないですよね」とか、専門家と呼ばれる人から言われることがある。「もう無理ですよね」って。被災者としては、おまえが決めるんじゃねえよ、馬鹿やろうとか思いながらも、「そうですね」としか言えない」。

ここでいう専門家とは、災害や復興、あるいは公共の計画策定などに関わっている研究者や支援者たちのことである。市村はこの2年間、被災者として様々な専門家たちに遭遇してきた。むろんほとんどの人は善意でこの事態に関わってくれている。それだけに、そこで現れる、被災者からすれば驚くような言説に、抗うこともできずにグッと押し黙ってしまう瞬間がある。その一つが「もう帰れないですよね」だ。

もちろん被災者の方も「帰れない」とは思っている。だが、それを口に出すのには相当の覚悟が必要なのだ。様々な葛藤が「戻れない」「戻らない」とはっきり決断するのをためらわせる。にもかかわらずそれを、専門家と呼ばれる人にあっさり言われてしまうことに、戸惑いを感じる。被災者の立場からいえば、この人には、自分たちの暮らしや当たり前だったものを失った苦しみを、本当の意味で理解してもらえていない――そういう感触をもつのである。

「警戒区域が解除されるまで、避難者たちは「一時帰宅」というかたちで帰っていた。その何度目かにも、専門家の方からこんなふうに言われた。「帰って何かあるの?」とか、「行って何やってるの?」とか。「3回も4回も帰って、何持ってくるの?」と言う人もいる。そういうことのなかに、専門家自身がこの事態を本当は理解してないいんじゃないかとすごく感じる」。

一時帰宅とは、立ち入りが制限されていた警戒区域のうち、第一原発から3キロ圏内を除いて、自治体の許可を得ることで、時間を区切って自宅に戻るものだ。当初はビニール袋1袋に入る分だけの荷物を持ち帰れるといったかたちで、２０１1年5月から各地域で順番に行われていた。一時帰宅は人によっては行かない人もいるが、逆に何度も帰っている人も大勢いる。市村は何回も帰宅している組だ。市村のいう専門家のなかには、人々がなぜそんなに何回も帰るのか、なかなか理解することができない人がいるようだ。

今は警戒区域が解除され、一部区域を除いて、昼間であればとくに許可などなくとも町内に自由に入れるようになった。とはいえ、そこでもやはり帰る人みなが必ずしも何かをしに行くわけではない。では何のために帰るのか。基本的には「見に行っている」のである。いや確かめに行っているといったほうがよいかもしれない。何を。自分たちが生きていた暮らしの証しを、である。

突然、避難するよう指示があり、訳も分からず着の身着のまま逃げたところ、振り返ればもはや戻れない状況が生まれていた。「私たちは、追い出されたと思っている」のであり、覚悟もなく出てきているから、実は2年以上経った今でさえ「なぜここにいるのか分からない」でいるのだ。何が起きたのか、それを確かめ、自分たちの暮らした事実は決して夢ではなく、たしかにあったことなのだと、そうしたことを見届けに人々は帰るのである。

「結局、専門家にさえその認識がないものを、一般の人に伝える術なんかないわけじゃないですか。事故にあってからはじめてお付き合いした災害関係の専門家と呼ばれる人たちには、会ってびっくりした。研究って本当はもうちょっと進んでいるんじゃないかという意識が正直あった」。

市村はそういうが、これはおそらく次のように言い換えるべきだろう。専門家たちだからこそ、あの場所がちょっとやそっとでは帰れるところではないことを知っているのだ。だが、その理解では駄目なのだ。もはや帰れる場所ではないことをほとんどの人が知っているのだが、あの場所が「帰れない場所だ」と言ったとき、その先に何が起きるのか、おそらく多くの当事者は気がついてもいる。だからこそ「帰りたい」はあっても「帰れない」の声はなかなか出てこないのだが、それを理解してくれていると思っていたはずの専門家が、いとも簡単に「帰れない」を口にするのである。

我々はこうした状態を「不理解」と呼ぶ。「無理解」ではない。非理解ないしは不理解である。「理解できない」のではなく、「それは理解ではない」「理解にあらず」なのだ。理解していないのにもかかわらず、したつもりになっていることが問題だ。だから、避難者からすれば、「私たちのことを理解してください」なのではない。「あなたの理解は理解ではないことに気づいてください」なのだ。

「不理解」は、専門家のみならず、程度は違っても、この問題に関わる多くの場面で見られるものである。そしてどうもそれは多くの国民のなかにも潜んでいるようだ。「分からないから教えてください」と言ってくれたほうがまだよい。「私は分かっていますよ」と言うことが、原発避難問題をめぐっては、様々な暴力につながる可能性がある。

多重のダブルバインドから抜け出るために

この「戻る／戻れない」だけでなく、その他にも見られる複層的なダブルバインドが、この事態を非常に難しくしている。理解する努力が足りないからこうなっているのではなく、あまりに理解が難しい問題なので、多くの人が理解を途中でやめて、あるところで分かったことにしているということだろうか。ここでいう複層的なダブルバインドとはこういうことである。

ダブルバインドは精神医学の専門用語であり、どちらにも行動できないような矛盾した命令によって、二重拘束のような状態が引き起こされることを指す。「主体的に決断しなさい」というのがその典型である。この命令は、命令に従ったら主体的とはいえず、命令に従うことも逆らうこともできない内容を含んでいる。論理や言葉には、こうした矛盾がまぎれ混んでしまうことがあるが、その矛盾に気づかずに言葉通りに現実に対応しようとすると、対応する側に無理が生じて様々な精神障害につながることがある。今回はそれが多種多層に生じているようだ。

二重拘束。Xという命題が正しくもあり、間違ってもいるような状況がある。Xを押し進めていくと矛盾が生じるが、かといって逆方向に進めてもやはり矛盾が現れてくる。どちらも間違っているが、ある面ではまた正しい。今回の事故では、こうした二重拘束的な状況が実に様々に生じているのである。

例えば、「低線量の放射線でもリスクは高い」という言説。一見、放射線リスクの危険性を強調する議論は、避難者たちに味方するもののように思える。しかしながら、すでに被曝してしまっている以上、リスクが強調されれば、あなたやあなたの子どもの身体はもう駄目だ、と言われているのと同じ意味をもつことになる。まして「福島の子どもはもう子どもを産んではいけない」という見解に発展すれば、明らかな差別につながる。だからといって、「放射線リスクは非常に低い」のだから、早くあの場所に帰りなさいと言われれば、それもまた拒否せざるを得ない。少なくとも自分の子どもを喜んであの場所に戻せる人はいないからだ。放射線リスクは、「高い」という主張も、「低い」という主張も、避難者にとってはともに真実であり、また敵にもなる。どちらも否定できず、どちらも採用できない状態。なのにそこで何らかの決断を強要されれば、その人は対応することができず、混乱に陥ることになる。

こうした論理の二重拘束があまりに多いのが、この原発災害の特徴だ。危険だけど安全、自由にしていいけど帰る以外の選択は許さない、被災者はかわいそうだけど焼け太りは許さない、こうしたまるっきり矛盾した命令や言説が多重に重ねられている。しかもそのなかで、被災者はできない決断を強要されており、ただ被災者であるだけでなく、論理的にきわめて苦しい立場にたたされているのである。

一見当たり前に、日常会話でさえ使われている言葉や論理が「不理解」を内在し、しばしばこの問題の傷口を広げている。場合によっては、善意で言ったりやったりしているつもりのことが、かえって問題を大きくしかねないようなことが生じている。かといって事態はすでに起きてしまっているから、手を出さないわけにもいかない。まずは、こうした言葉や論理がもっている罠をできる限り数多く見つけ出し、取り除いていくことが先決だ。第1章ではまず、その作業を進めたい。そしておそらく、この本の大半はそうした、言葉に引っ張られ理解したつもりでいたことを実態の複雑なからくりのなかで精査し、改めてその意味を問い直す、そうした作業の繰り返しになるだろう。まどろっこしくもあるが、とりあえずこの本の最後までたどり着けば、少なくとも読み始める前よりは、読者のこの事態への見晴らしはかなり良くなっているだろう。この本をつくるために訳も分からず議論を始めた我々自身がそうなのだから。引っかかっているトラップを、一つひとつ外していく作業。そんな議論の積み重ねとして読み進めていただきたい。

さしあたり必要なのは、まず「復興」という言葉の再吟味である。というのも、専門家たちが、「帰れませんよね」という理解で語るのに対して、原発事故後の地域政策に携わる側は、まったく反対の方向（帰還政策）で復興を理解し、現実に進めつつあるからである。ここには何が潜んでいるのか。さらに「支援」、そして「避難」「被災」「被害」という言葉についても、じっくり考えてみる必要がありそうだ。そしてこれらの語を一通り吟味してみれば、「不理解」ということから始まる原発避難問題が孕む非常に奇怪な事態について、その先の理解へと進むことができるだろう。

「帰還が復興である」

２０１３年秋現在、政府の施策は「帰りましょう」一本槍の帰還政策になっている。いや「帰りましょう」どころか、「帰ることが復興である」という枠組みで動いているようだ。災害や復興の専門家たちが「帰れないですよね」という認識でいる反面、政策は帰る以外の選択肢を認めていない、非常に奇妙な事態となっている。

佐藤は、このことの背景にはどうも、事故当初の２０１１年3月から4月における飯舘村の全村避難をめぐる政府と役場間の攻防があるのではないかという。

飯舘村の状況を見ていると、避難をめぐる国と自治体との考えや駆け引きが、他の地域と大きく異なっていることに気づく。第2章で詳しく述べるが、第一原発・第二原発近くの現場では、まずは政府の指示ではなく、周りからあがってくる様々な情報から各役場が危険を察知し、各自治体独自に避難指示を出して、３月12日までに20キロ圏内の地域が避難を開始したという状態だった。「事故らしいぞ」「ともかく逃げろ」という、命からがらの突然の避難だったのである。

これに対し、20キロ圏外にある飯舘村などの市町村は、こうした避難者たちを受け入れる側であった。しかし3月14日には3号機が水素爆発、15日には2号機から大量の放射能漏れが発生し、政府は新たに20～30キロ圏に「屋内退避指示」を出すこととなった。各自治体は避難者受け入れから急遽、自分たち自身が避難を始めることになる（川内村、葛尾村、広野町、田村市、南相馬市、浪江町津島地区など）。さらに、放射性物質を大量に含むプルームがもたらした汚染が、第一原発から北西方向へ広域に伸びていることが明らかとなり、飯舘村など、さらに広範囲の地域からの避難が必要となった。だが、飯舘村はこのとき、避難することに頑強に抵抗し、「計画的避難区域」の設定は事故から1カ月以上の時間がかかり、2011年4月22日までずれ込んだのである（107頁図1も参照）。

佐藤はいう。

「第一原発から20キロ圏、30キロ圏内の地域と異なり、飯舘村は、2011年の4月下旬頃になってようやく避難が始まりました。放射性物質による汚染の度合いが高く、とにかく逃げないといけないということで避難指示が出されている。だが、村は放射能によるリスクと村民が生活基盤を失うことのリスクのバランスをとるべく、村内からおおむね1時間圏内への避難を実現しました。でものちに、実は国のほうでは、とにかく飯舘村の住民は遠くに逃がせという話があったと聞いています。国はできるだけ村民を遠くに逃がそうとした。それに対して村（役場）の方が遠くに逃げることに抵抗したようです。だから、飯舘村に関していえば、帰還を積極的に推し進めようとしている話は理解できる。飯舘では、そもそも自治体自身が逃げることに抵抗したんですから」。

もしかすると、避難行程の最後に加えられた計画的避難区域[1]をめぐる飯舘村と政府の駆け引きが、今日に至る避難自治体の帰還政策を大きく定義づけてしまったのかもしれない。だが、と佐藤はいう。

「なぜ村がこれほどまでに避難をすることに抵抗し、また今となってもむやみに戻ろうとするのかについて、そこにどのような政治的作用が働いているのかについてはまったくブラックボックスです」。

ともかくも、帰還に向けて早く舵を切ろうとする自治体がある一方で、逆に危険を感じたまま、帰ることに徹底して抵抗していた自治体もあった。後者の最右翼が双葉町（当時、井戸川克隆町長）である。双葉町は早くから役場本体ごと埼玉県に避難をし、唯一福島県外に拠点を置いていた。しかし、この県外での役場機能の維持をめぐって帰還反対の町長と議会が対立し、２０１２年12月、議会が不信任を突きつけ、翌２０１３年２月に町長が辞任するに至った。井戸川氏は再選を宣言するも中途で断念、不出馬となっている。そしてその直後、町長不在のまま双葉町の区域再編案が新聞紙上に躍ったのである。辞任を待っていたかのような区域再編だったわけだが、こうしていうなれば、帰ろうとする飯舘村・菅野典雄村長と、戻るまいとする双葉町・井戸川克隆町長の２大勢力の間で、片方の勢力がついえたことで力のバランスが大きく崩れ、２０１２年度末までに一気に区域再編と帰還政策への固定化が進んだと見てよいだろう。

そもそも事故に関する正確な情報もないなかで、「危険だ」「逃げろ」ということで、最初の避難は始まっている。しかしながら今となっては、帰るだけの施策しかない。[2] こうした事実関係を知れば、被災者のみならず、誰もがおかしいと感じるはずだ。

そして、きわめて理不尽なかたちで、結果としては、帰る／帰らないを被災者一人ひとりが決断しなければならない、そういうところまで事態は進みつつある。すでに緊急時避難準備区域も警戒区域も解かれ、2013年3月末に完了した区域再編に従って[3]、事故から6年を目処に、早いところでは2014年度中から順に警戒を解かれた元警戒区域への帰還が始まることになっている。国や東電が責任をもつと言いながらも、最終的にはこの事故の責任は曖昧なまま、被災者は泣き寝入りせざるを得ない状況に追い込まれていくかのようだ。しかもその際、被災者は何かに基づいて人生の選択をせざるを得ないわけだが、その判断をするための情報も材料も提供されず、ただ決断だけが強いられつつある。しかしこうして「帰還が復興だ」といった場合の「復興」とは、いったい何なのだろうか。

復旧と復興

「復興」とは何か。東日本大震災・福島第一原発事故で最も被災地域を混乱させ、しかもなお事態を動かすキーワードとなっているのが、この「復興」のようだ。復興と似た語に「復旧」がある。復旧は、「旧に復すこと」。それに対し復興は、「復(かえ)し、興すこと」。復旧は崩壊以前の状態に近づくことだが、復興は、崩壊以前の状態よりもよりよい状態になる意を含んでいる。今回の震災でも両方が使われているが、「復興庁」や「復興財源」がそうであるように、「復興」の語のほうが広く用いられてきた。

「冷温停止状態」による事故収束宣言からちょうど1年目に行われた2012年12月の衆院

選で民主党が大敗し、野田佳彦内閣から自民党・安倍晋三内閣へと移行したときも、安倍首相は「闇僚の全員が復興大臣だ」とまで言って組閣を行っている。しかしながら、それからしばらく経ってみれば、政権交代が行われてみてもなお、この「復興」には、何かおかしなものがつきまとっているようだ。というのもどうも、ここでいう「復興」は、必ずしも「被災者の復興」を意味しないように感じられるからである。

各町村で策定されている復興計画。しかし、その復興計画は、除染やインフラ整備の工程ばかりで、その他の具体的取り組みも、多くはハード事業に偏っているようだ。「コミュニティの再建」などの言葉も入っているが、それらを具現化するための施策・事業は、一部のハコモノ整備を除いて、将来の姿は見えてこない。ここでいう「復興」は、あたかも地域社会を構成するハードさえ揃えば、それでソフトも自然に再生するかのような内容になっている。市村はいう。

「何のための復興なのか、その根本が見えない気がする。復旧と復興がごちゃまぜになっている感じで、いったい何がゴールなのか」。

復旧と復興がごちゃまぜということの意味はこうだ。

「復旧については俺は分かりやすいと思う。壊れて寸断された道が通るようになった、落ちた橋がつながった、崩れた家が建て直った、これはたしかに復旧だ。でも、そこに誰が住むのか、誰がその道を使うのか、誰がその橋を渡るのかというのが重要で、そこまで含むのが復興なんだと思う。俺はパソコン屋だったからそれもこういう例で理解するけれども、パソコンなんてOSがなければ、そしてそれを人が使わなければ、ただの箱だから。人の営みが入ってはじめて復興になるんじゃないかと思う」。

人なしでも復興になり得るのか

市村のこういう理解は別に改めて力説すべきものではなく、ふつうの人間にとってごく当たり前のものだろう。だが、自明と思えるこの「復興」の概念に、いったい何が起きて訳の分からない事態になっているのだろうか。山下は次のように考えることで、今の事態がどうやってできてきたのかは理解できるという。

「復旧はハードのみ、そして復興にはハードだけでなくソフトや人間もついてくると、ふつうに考えればそれが自然な考えです。学問領域でも、人文科学なら、やはりそんな理解になる。でも例えば、工学系の専門家のやり方を見ていると、ハードだけで復興になり得るんです。被災した町を新たにどういう町につくっていくか。そこに新しさがあれば、これは単なる「復旧」ではない。元の状態に何か新しいものが含まれることで「復興」になり得る。またこうも考えられます。新しいものが生じる復興によって、ここには以前よりももっといろんな人が集まるかもしれない。そういう意味で、ここにはたしかに人はいる。いるのだけれど、その新しい町を興す「復興」に関わる人は、別に元いた人たちでなくても構わないんですよ。人は入れ替わってもいい。これは経済学の領域なんかでも同じだと思う。その地に暮らす人は、以前と同じ人である必要はなく、数が揃えばいい。そこにもう一度新しく町ができ、経済ができれば、それが以前よりもよりよいものであれば、それはそれで「復興」になる」。

被災者の目線からすれば、「人のための復興」という場合、その「人」は自分たちであり、そこに暮らしていた人間の生活再建と地域社会の再建が重なり合ったところにこそ、真の復興はあるわけだ。しかしながら、ある側から考えたときには、その「人」は必ずしも元いた人である必要はない。元々住んでいた人たちが住まなくても、他の人が住んで営みが始まればそれでも復興なのだ。ましてそこが過疎地で、元々からジリ貧の場所であったとしたらなおさらだ。どうせ駄目な地域なら新しくつくり直せばよい。こうして、元々住んでいた人には関係のない「復興」も成り立ち得るのである。

そして実際に事故後、国が強く政策的に関与しているといわれる飯舘村や川内村では、次のような言説さえ現れ始めているようだ[4]。とくに顕著なのは川内村であろう。海辺の、事故の核心地帯と元々から密接な関係をもっていた川内村では、相対的に放射線量が低いことから、村に新たに大きな工場ができ雇用が確保されれば、元いた人々が帰ってこなくても、海辺の地域の原地に帰れない人々が住み処を求めて入ってくるはずだ――こうした方向で復興への期待をもっているようだ。たしかにあり得る戦略だが、でもそうなってしまえば、ここでも「人」はいるようだが、生身の人ではなく、人口としての人が数えられているのにすぎない。そして「人」が数になってしまえば、元もとそこで生活を営んできた被災者は、この復興には関わらなくてもよいことになってしまう。

「しかしそれでは、国がいう「そこに人が帰ること」が復興だという話と全然意味が違うんじゃないの？」と市村は口を挟む。政府が示す帰還政策と、この単なる人口維持政策とは、対象としている「人」がズレている。政府の政策はあくまで被災者その人に向けたもののはずだ。でも、と山下はいう。

「今の二つの政策は違うことを言っているようだけれども、現実的には重なるところがあるんですよ。原理原則がどうかということよりも、現実に一緒になって動いている」。

公共事業として進む復興

それが何を意味するのかは、具体的に現場で何が起きているのかを整理してみればよい。山下の理解を聞いてみよう。

「要するに、被災者からすれば、あの地域をまずは何とかしてほしいわけです。そして自治体としても自分たちの組織を存続させて、何らかのかたちで地域社会を維持したいと思うわけです。できれば、全員が戻るのが一番いいんだけれども、それが難しいということもある程度覚悟しながら、どういうかたちで地域社会の存続が可能なのかを考えているわけですよ。でもそのときに、具体的に何ができるかというと、それは結局、公共事業なんですよ。様々な復興事業のメニューが提案され、国会で予算がついて、それが各省庁から自治体に配分されて、お金が使えるようになる。行政にできるのは基本的にはこうした予算が付いた事業です」。

自治体側からすれば、こうした事業を行う根拠として復興計画をつくり、その計画に基づいて各事業を獲得し、復興事業を進めることになっている。要するに、「復興」といっても具体的にできるのはそういうことであり、それ以上のものではないわけだ。

ところで公共事業は、基本的には政府でメニューを決めたとしても、それを実際に実施するのは自治体である。そして地元の自治体にできる復興は、現行法のなかでは、元の地域の再建復興以外にはない。したがって、政府の復興メニューもその枠を超えたものにはならないことになる。具体的にはまず除染。そして、地震・津波によって傷んだり、あるいは長期にわたる避難によって使い物にならなくなったインフラの復旧（上下水道や道路など）。あとは学校や病院など公共施設の再建であり、今回は産業創出を通じた雇用確保もメニューの目玉の一つになっているが、大まかにいえばそこまでだ。

こうして、地方自治体が被災地を再建する、国はその手伝いをするという、既存の公共事業の枠組みで復興を進める限り、当然ながら国の政策は帰ることを後押しするためのものにしかなり得ないわけである。しかしながら、こうした公共事業を進めることで、結果としては、被災者が本当に帰還するのかとか、あるいは生活再建できるのかどうかということについては、実はそれほど重要ではなくなってもいく。事業が始まれば、どんな公共事業をいつまでに完了するのかということだけが重視され、それがどんな結果をもたらすのかについて関知することはないからだ。こうして、避難者不在のうちに進められる帰還政策が、事業としては問題なく実施されていくことになる。

　他方で、こうした公共事業の中身については次のようなことも生じていく。事業のメニューは、各省庁で予算を互いに奪い合うなかで採択される。その際、とくに今回のような未曾有の災害であれば、これまでにない特異で新規で即効性を感じさせるメニューのほうが、地味で時間のかかるメニューよりも上位に位置づけられる可能性が高まっていく。その際、各省庁には工学系、計画系、あるいは経営系の専門家たちからの様々な意見や提案が震災前から寄せられており、こうしたものが、震災を機会に、復興事業のなかに盛り込まれていく。

　しかも、実際の事業メニューを選択する段階になってしまえば、元の復興計画のなかには、考慮されていたはずの事業間の整合性はもはや無視され、個々の単発事業ごとに、その目新しさや事業内部の論理的整合性といった採択基準が働いて事業決定がなされていくわけだ。こうして気がついてみれば、元の被災地域の再建復興といった目的からはるかにズレて、例えばスマートグリッドとか、野菜工場とか、新しいグリーンエネルギーとか、バイオマスとか、そういったものが入り込んでくることになるのである。しかし、こうして目新しいものが入れば入るほど、復興は元の住民の暮らしからはかけ離れることになるから、被災者からすれば「これは俺たちのものではない」という中身になっていく。しかも、事業を実施し始めれば、こうした反発は事業の妨げになるだけだから、現場では、事業に賛同する、やりたい人／やれる人が関わればよいという発想にも切り替わってくる。公共事業の計画と実施をめぐって、おそらく右のような道筋をたどりながら、帰還政策が人口維持政策へと、それどころか単なる予算消化のための事業の実施にまで、変質していくことになる。

　このように考えていけば、津波被災地で進んでいる画一的な大規模公共事業も同じような制度の矛盾のもとに現れてきているのだと理解できよう。今、津波被災地でも巨大公共事業が復興の手法として選ばれている。だがそこで展開される巨大堤防も高台移転も、「これで復興できる」という確信があって選ばれたものというよりは、実際に自治体や政府が行えることはこれしかないというかたちで採用された、やむを得ない選択のようだ。そういう意味では、自治体も国も専門家も、それぞれに違う方向をむいてやっているつもりであっても、実際に作動すれば、公共事業という媒体を通して一つの方向へと集約され、合致してしまうのである。

　一見すれば、このいびつな復興は、誰かが企んで意図的にある方向に進めているかのようにも見える。が、実際にはそうではなくて、構造的にそういうルートしかないからそうなってしまうだけのようだ。帰還政策と同様に、巨大堤防＋高台移転もあたかもそれしかないかのように、ある一点に向かって全体が進んでいく。実際、復興といえば、「20兆円付ける」というだけの理解になっていて、その中身の詳細やそれらがもたらす結果に関する想像力が欠けているのは、それを動かしている人々よりも国民やメディアの方かもしれない。

人のいない復興へ

　こうして、現実に日本の社会で災害復興を進めていけば、あたかも当然であるかのように「人」が抜けてしまう。そこに住んでいた人、被災している当事者の話が欠けていく。

いや正確には、「人」は入っている。事業の結果として何人受益者があるとか、雇用が何人できるとか、そういったかたちで数値として、期待値としては入ってくる。だが、具体的な生身の人間は失われる。被災し、被害を受けた当事者としての人間の再建ではなく、経済が立ち直り、人口が戻り、そして雇用が何人できるのかということだけが復興の指標となる。だがそれでは、誰のための、何を目指した復興なのか。市村はいう。

「このあいだやったタウンミーティングのときの話だけど、「地域があるから人があるの？」「県があるから地域があるの？」「国があるから県があるの？」。違う。逆でしょうって。人がいるから地域が生まれ、地域の仕事がたくさんあるから村になり町になり、そして県や国が成り立っているということなんじゃないの。過疎地だって、結局潰れないのはそこに人がいてふるさとを支えているからでしょう？」。

　でも、現実にはそうではなく、カネがあるから人がいる、雇用があるから人がいる、経済があるから人がいる、そういった考えに切り替わってしまっている。それゆえ、本来、人が災禍から再び立ち上がっていくことが復興であったはずなのに、公共事業を行い、雇用を確保して、人口を維持することが復興だというかたちに切り替わってしまう。

「結局、震災前からの状態と同じだ」と佐藤はなげく。補助金に頼らざるを得なかった自治体と、それを通じて地方を統制・支配してきた政府との関係。この元々からあった関係が、そっくりそのまま、原発事故ののちにも現れている。市村がいう。

「人がそこに住む、そのためにそこにみんなが望んで堤防をつくる。みんなが望んでそういうふうになるのであれば、それは生き金になる。でも、そうでない思いの人たちもたくさんいるなかで、一部の人たちの都合で、公共事業が無理矢理決定されていく。それに金をつぎ込んでいくことで、たしかに一時的に雇用は生まれるのかもしれない。でも、とりあえず今までもそうやってきたし、そしてそれが都合のいい人もいるから、そうやっているだけで、そこに深い考えはないいんじゃないかな。でも、それではっきりいって間違いというか、意味がないというか……」。

むろん、これほどの大震災や大事故でなければ、それですむことなのかもしれない。だが、ここまできてそれを、しかも今までにないくらいとてつもなく大きな規模でやってしまったら、今度こそ取り返しのつかないことが起きるかもしれない。山下が言いたかったのはこういうことだ。

「津波被災地域の状況も原発避難地域の状況も、構造は同じなんですよ。実はカネで事業が動いているだけで、本当はしたくないことをやらされている。これをやればむしろ町は壊れちゃうというようなことをやらざるを得ない状況に追い込まれている。まさにそういう構図なんですよ。公共事業を動かす以外にもはや復興する手立てはない、みたいなね。本当の復興とは何なのかということを考えないで、公共事業だけが進んでいく。状況としては津波被災地域も原発避難地域も同じであって、ということは、震災後の被災地で今起きていることはこの先、日本中のどこでも必ず起きることなんです。というか、公共事業への依存はもはや体質になっていて、それが今回、大きなかたちで露呈したといったほうがよいかもしれない」。

　こうして、「人のための復興」であるはずのものが、目的と手段の逆転が起き、「人のいない復興」になってしまった。帰還政策も結局は、元いた人が戻るのが目的ではなく、あくまで除染やインフラ整備、雇用創出や都市計画が目的化しているという意味で、やはり「人のいない復興」のようだ。だが、こんなことをこのまま押し進めたらいったいどうなるのだろうか。この先は第４章で考えるが、そこでは胸の悪くなるような予測をしなければならないだろう。

　ここではまずは、こうした人と復興事業の関係が「逆さになっている」ような状況が、国と地域の関係においてのみ生じているのではないことに注意を向けておきたい。というのも似たような状況は、実は復興のみならず、それこそ人の側に立っているはずの民間支援の領域にも見受けられるからである。次に「支援」について考えることにしよう。

支援とは何か？

「何をすればいい？」

　被災者に向けた支援には、公的支援と民間支援があるが、ここで「支援領域」と呼ぶのは基本的には民間の、とくに市民活動によるものを指している。これまで一般に、市民活動による民間支援には次のような特徴があるとされてきた。

公的支援は、公平性や平等性を重んじるので、しばしば現場では実質的に機能しないような事態が起きる。例えば、１００人の避難所に50人の弁当が届くと、平等性から配布できないなどということが生じるのである。これに対し市民による民間支援は被災者に寄り添い、一人ひとりに対応することで、実質的な支援が期待できる。そしてこうしたボランティアやＮＰＯなどの市民による支援活動が広がることで、公的領域や経済領域とは違う、市民の領域が広がっていくことになる。ここではそうした市民活動あるいは市民領域が、とくに原発災害後の被災地・被災者との関わりのなかでどのような支援を実現し、あるいはまたどのような問題を抱えているのか、３人の目から見えるものを示していきたい。

まず確認しておくべきことは、被災者支援については、震災当初の状況を振り返れば、今回はきわめて有効に機能したといってよいということだ。食べる物がなくなる、着る物もなくなる、そもそも自分たちの居場所がなくなるといった事態が起きたときに、過去の教訓をふまえて、支援に関わる人々・機関は、公共・民間それぞれに非常に多くの支援を、しかも効率的に実現していた。

それはとくに津波被災地では明確だった。それに対して原発避難の現場では、放射線被曝の問題もあり、当初は人が集まらないなどの難しさがあったようだ。それでも事故から１カ月半ほど経って、ようやく支援の現場も落ち着いていく。そしてその後、長期にわたる各地での避難を支える市民活動の存在が、十数万人にものぼる原発避難者が直面した厳しい現実を和らげるのに大きく貢献していたのは紛れもない事実であった。

だが、そこにはまた原発事故というはじめての経験から生じる問題も山積していたといってよいようだ。結局、長期に支援は続いているが、復興の行き着く先が見えないなかで、支援の側も自分たちが最終的にどこにたどり着くのかまったく分からないまま、ただひたすら目先の活動を続けている現実があるようだ。もしかすると、支援している人々の側でも、この原発避難の問題がいったいどういう事態なのかということについて、理解ができていないのかもしれない。市村もまた、支援の助けを借りて今日までできた一人である。とくに団体の代表となってからは、避難者の声を聞かせてほしいとの要望もあって、支援者たちの会合にも顔を出すようになった。その経験を振り返って次のように表現する。

「前はよく違和感という言い方をしていた。でも、むしろ腑に落ちないというほうがいいかもしれない。支援に対してはたしかに、ありがとうございますという感謝の気持ちがある。それは本当によくしていただいている。にもかかわらず、なぜだろうという疑問も残る。支援っていったい何なのかなと考えることはすごく多いよね」。

市村がしばしば我々にする、次の話が重要だ。

「支援をする方々から、「では、私たち支援者には何ができるの？」「何をすればいいんだろうか？」とよく聞かれる。けれども、被災者にはそれが分からないんだよね。「お困りごとないですか？」と聞かれたら、「それはすべて困ってますよ」と、押し問答じゃないけれども、決まった答えを言うしかなくなっている。でも実は日が経っていけば、感情的にも経済的にも少しずつ安定していく。それなのにいまだに「何か大変じゃない？」「洋服ある？」

とか言われて、何かそこにギャップがあるなと思いながらも、一方でそれを「要らないよ」と言っていいものなのかどうか悩む。すごくドライに考えて「僕、要りません」と言ってしまえばいいことなのかもしれないけれども、でも、それって善意じゃないですか、相手様の。だから結局、断ることができづらいという問題が生じている」。

支援者が被災者に依存している?

ここでも、本来あるべき姿から、関係がひっくり返ってしまっている様を見て取ることができよう。ある意味ではもはや、支援領域は被災者を必要としてしまっており、そのために支援の現場では、本来「被災者のための支援」であるべきものが、いつの間にか「支援のための被災者」になってしまっているかのようだ。そしてそう考えるなら、次のようなことにも思い至ることになる。

「支援はたしかに必要だ。そのために助かる被災者も大勢いる。ただ、今の支援はどうも被災者がいなくなることを目的としているわけじゃないように見える。今の支援に何か違和感を覚えるのは、物を配るとかそういうことを超えて、人を復興させるために何ができるのか、そうした支援をどうやってするのかという視点が欠落しているからだと思う。それは国の政策も同様で、これはさっきの「復興に人がいない」というのと似ていると思うんだよ」。

市村のこの話は、市民活動に対する批判として理解すべきではない。その背景には、いわゆるNPOの成り立ちやその業界化の事情が深く関係しているからだ。山下は、1995年の阪神・淡路大震災時の震災ボランティア以前から災害ボランティアの現場を見てきた。そそのの目から見ると、今や次のようなジレンマが存在しているという。

「1980年代からボランティアの必要性がいわれはじめ、1995年の阪神・淡路大震災で一気に広がって、NPOもそれをきっかけに組織化されていきました」。

1998年には特定非営利活動促進法（通称NPO法）が制定されることになる。これによって、全国の各種領域で、公共団体でもない、企業でもない、市民による団体の設立と運営が可能となった。今やその数は全国で4万8110法人（2013年8月31日現在の特定非営利活動法人の認証数。内閣府による）までになり、ボランティアもNPOもそれ以前とは比べものにならないほど成長し、日本社会に定着してきたのである。

「けれども、今度は定着した上で、様々な弊害も出てくるようになった」。

なかでも問題は、市民活動を支えるための資金の出所だ。NPO法の制定にあたって、税制の問題（とくに寄附金の控除）が取り沙汰されながら、先送りされて実現されず、NPO法がきわめて中途半端なかたちでつくられてしまったことに注意したい。そのため現実として、NPOのほとんどがその活動経費を、政府や自治体、企業傘下の財団などからの補助金や助成金でまかなうようになってしまった。逆にいえば、市民活動領域の形成には、政府その他の公共団体による補助事業や、各種企業や経済界による助成制度が不可欠になっていたのである。日本の市民活動領域ははじめから独立したかたちではなく、公共や市場に依存しながら成立することを余儀なくされてきたといえる。

だが、こうしたかたちでＮＰＯによる市民活動がいったん生成されてしまうと、このラインに乗って今度は市民活動領域がある種の業界と化し、既成事実化してその恒常化を希求し始めることになる。具体的にはこういうことだ。事業が終わっても、いったん雇った職員には、次にも仕事を確保しなければならない。そのためにも掲げた看板は事業が終わっても維持しなければならない。それゆえ一定の資金繰りを確保しなければならないが、今の日本の制度では結局、政府や財団などからの補助金をあてにしていくしか方法はない。だから今度は市民活動そのものが補助金や助成なしには存続できなくなり、補助金や助成の獲得を目的に市民活動が行われるという転倒が生み出されてくることになるわけだ。

その観点からすれば、震災はある意味で、突然訪れた補助金確保の大きなチャンスであった。だがそう発想してしまうと、極端な場合、自分の団体の活動資金を得るために被災者を利用するかたちにもなってしまう。そして実際に今回の震災でも、支援団体の間では「補助金が取れたけど、被災者支援ってどうしたらいい？」という話が出てしまったり、震災補助金のバブルが終わると、「支援を続けたいが、補助金が取れない」「お金がないので支援ができない」という状況も現実に見られたのである。善悪はともあれ、こうした構造がすでにできあがってしまっていて――だからこそ、震災直後はこれらの民間支援領域の瞬発力が有効に展開したともいえるのだろうが――支援が長期化するに従って、被災者支援が主なのか、組織維持が主なのか分からない状態が生まれることとなった。

被災者にとっては、どうやって避難生活という仮の暮らしから本当の日常に戻れるのかが本来の課題である。むろん、原発事故は複雑であり、支援者といってもこの問いに答えが出せないのは仕方のないことかもしれない。しかしながら、支援という領域では、そうした方向に目線が向かないだけでなく、しばしば自分たちの事情で、別の方向へと活動目的が大きく逸れてしまうことが多いようだ。被災者からすれば本当に自分たちが欲しい支援は見あたらず、支援者のやりたいこと、やれることだけが先行しているようにさえ見える。それどころか、場合によっては、脱原発や、「原発を止めよう」といった運動が、避難者の今後よりも優先されて示されることまであり、そうした動きのなかで、敏感な避難者は支援を受けることに違和感を覚え、身を隠すことにさえなる。

被災者への責任転嫁?

こう考えてくると、先ほどの被災者に「何をしたらいい?」と支援者が聞いてくるという話も、実はもっと根の深い問題につながっているのかもしれない。市村はこう指摘する。

「被災者が、「自分たちが置かれている状況を理解してもらえない」と言ったときに、今度は支援している側のほうが、「じゃあ、被災者の方は何を考えていらっしゃるんですか?」「私たちはいったい何をすればいいんですか?」と問い返してくると思うんだよね」。

たしかにその通りだろう。それは素直な反応だ。だが、市村はそれをこう解釈する。

「でも、これはクレーマーへの対処に似ているんだよ。むしろ一緒だと考えてみると、俺らのもつ戸惑いは分かってもらえるのではないかな」。

クレームを言ってくる人に対抗する一番よい方法は、「では、どうしたらいいんでしょうか?」と逆に相手に尋ねることだ。そうするとしばしば相手は押し黙る。そこまでは考えていないからである。ある種の開き直りだが、被災者と支援者の状況のなかにもそれに似た関係が垣間見えるというのである。「何をしたらいい?」という問いはまさにそれだと市村はいう

被災者にとっては、この考えられない事態のなかで、ともかく誰かに助けてほしいと願う。だが、目の前に現れる救いの手は、自分たちが欲しい支援とはどうも違うようだ。とはいえ、ではどんな救いがあれば自分たちは助かるのか。それが最も分からないことなのに、その答えを出すことを、支援者が被災者に求めてくる。被災者のための支援であるはずなのに、そこにはある種の責任転嫁があるようだ。「復興や生活再建に向かうために、いったい何をすればよいのか」、この最も難しい問題について、その解を出せないことが、被災者自身の責任になり始めている。

「自分で判断ができないことを、「あなたたちで判断してくださいよ」って、そういうふうに言われているように感じられるんですよ」。

一方で、支援側からは様々な支援メニューが提示されている。だがそれは、すでに震災から2年以上が経って、もはやとくに必要とされないものが多いようだ。物や食料の配布、イベントや各種行事の案内。あるいは有名人や非有名人の慰問。むろんそれを楽しみにしている人もいるから、まったく不要だと言えば言い過ぎだろう。しかし、それだけしか支援がな

いときに、「自分は要らない」と言えば、もはや支援は不要だということになってしまうのだろうか。

「いや、自分の欲しい支援はもっと別の何かだ」。ではそれは何なのか。問題はそれが分からないことである。しかし、それが何か分からないまま、「何をしたらいい？」に答えられずにいれば、支援は不要だということになってしまいかねない。

だがもしかすると、支援領域に潜む問題は、ただ単に本当に欲しい支援が見えないということにとどまらない、もっと深刻なものかもしれない。支援領域における「人」とは何か、そこに潜む問題性をさらに掘り下げておこう。

支援がつくる人間の非対称な関係

支援における「人」とは何か。まずは「支援」がつねに非対称性を伴う人間関係だということに注意しよう。支援に関わる人は支援する者／支援される者に分かれ、両者は対称的ではない。支援者と被支援者の関係は対等ではなく、それゆえしばしば簡単に、「人のための支援」は「支援のための人」に転換する危うさをもっている。

通常、こうした非対称な関係が成り立つのは、おそらく、次の二つのケースであるはずだ。一つは、この関係を結ぶ人と人とが、障害をもっている者ともたない者のように、そもそも客観的に対称的ではない場合。そしてもう一つが、それまで自立していた人々が何らかのかたちで自立できなくなった場合、つまり一時的に非対称な関係が現れたケースである。

災害は一般に後者であり、災害支援はだから緊急的で一過的なものと解されてきた。支援は人々が自立するまでの間の応急措置であって、支援者との関係性を受け入れた被災者の側が、「ありがとうございました、ひとり立ちできます」となったときに、完了するものであるわけだ。

だが、今回の原発災害では、多くの被災者のなかで、なかなか自立へと回復することが難しい事態が発生してしまった。ふつうなら、おそらく支援する側にまわっていたはずの人々までもが被災者になっており、しかも、何時終わるのか分からない長期避難が控えていて、非常事態が何年も続いている。そのなかで生じる支援の長期化は、きわめて難しい問題を支援の現場に突きつけることになる。被災者の自立が確保できるまでの緊急的な対応であったはずの支援が、いつまでも終わらない恒常的なものへと切り替わっていくからだ。

支援/被支援の関係性は、非対称であるだけに、現実にいったん結べばそう簡単には切ることのできないものとなる。できあがってしまったこの関係を、被災者が自立できないうちに支援者から切断することはもはやできず、関係は終わりのない泥沼に入り込んでいく。山下はいう。

「むろん、そうして続けていかなければならなくなった支援/被支援の関係が、たまたま両者の気が合って、ずっと続くのが望ましいものになれば、それはそれでもよい」。

障害者支援や高齢者介護などでは、被支援者の完全な自立が見込まれない場合にも、支援を続けるなかで、お互いの立場や関係の再認識が行われて、非対称のものが対称的な関係に転化していくことがある。例えば、障害者の生き様に勇気をもらう、認知症の母という現実を受け入れる、など様々なケースがあり得るわけだ。しかしながら、被災者はたまたま支援を必要とするようになっただけであり、ついこのあいだまでふつうに自立して生活していた者であるわけだから、支援が長期化することは、解消されるべきはずの支援／被支援という非対称な関係の恒常化を意味することになる。これは非常に難しい状況が生まれつつあるということに気づく必要がありそうだ。

そもそも「市民」や「ボランティア」という観念は、日本の歴史のなかで内発的に生まれてきたのではなく、近年になって欧米から輸入してきたものである。そして、キリスト教国であれば、支援に内在する非対称性にはある程度、宗教的な説明が施されていて、非対称でも構わないかたちに押し込められるようになっている（例えば、「教え導く」といった論理）。それに対し、仏教国では、支援に近い言葉は「施し」であり、あるいはまた日本文化のなかでは「お互い様」であったりもするわけだから、今回のように広範囲かつ長期に支援が続くようなことは観念上想定されていない。ボランティアも市民活動も、一見善いことに見えるが、知らない人どうしでそういう関係を長期にわたって維持することは現実にはきわめてしんどいことであり、それゆえ支援の現場では、被災者以上に、支援する側がしばしば強い精神的緊張のなかに身を置いているのである。

延々と続く関係の非対称性。支援をめぐる人と人との関係には、はじめから裂け目があり、しかも今回それが長期に続き、終わる兆しさえない。これは、するほう／されるほう、ともに苦しいものだ。事故さえなければ、私たちはこんな関係のなかに身を置くことはなかった。ましてこの原発事故災害においては、放射線リスクや賠償といった問題にも関わっていかなければならず、被災者は、政府や企業、科学者など、もっと非対称な相手との関係抜きに問題解決を展望することもできないわけだ。市民活動として関わる支援者たちこそが、被災者にとっては最も近いところにいる人々であり、誰よりも味方であるべき人たちである。被災者は「支援は不要だ」とは絶対に言えない立場にもいる。

こうした支援がつくる非対称性という現実のなかで、「人のための支援」や復興を考えるといっても、そうやすやすと答えが出ないのは当然でもある。だが、支援をめぐる「人」には、さらにもう一つ大きな問題が内在する。しかもそれはより根源的なことに関わるもののようだ。

支援のなかの人、コミュニティのなかの人

支援領域のなかでいわれる「人」というものに今一度目を向けてみよう。復興は人であり、支援も人に向かわねばならないと、ここまで主張してみた。しかしここにはもう一つ別の罠が残っている。山下は、支援の現場でいわれる「人」は、本当の人ではないのではないかという。支援はそもそも人に向けてなされるものだ。では何が問題だというのだろうか。

「支援のなかの「人」はしばしば、個人個人の人を指して意識されています。けれども、それは我々が「復興は人だ」と言っているときの「人」とは違うものだと思う」。

それはこういうことだ。

「災害復興の場面における本来の「人」は単体の個人ではない。人々です。それも互いに関係性をもった人々であり、これをコミュニティといっても構わないし、社会（ソサエティ）と呼ぶこともできる。そして災害は、「人」の暮らしを壊すだけでなく、「人々」の関係も壊します。そうすると復興は「人」の復興のみならず、「人々」（社会）の復興でもなければならないはずです」。

むろん、まずは人がいて、その人が社会やコミュニティをつくるのだという認識から、個人の再生こそが地域の復興の前に必要だという発想もできる。だから、復興のためにはまずは個人を支えるべきだと。支援が一人一人の「人」に向かうのは、こうした意味合いからのようである。しかしながら、人は個人でそこにいるのではなく、社会によって成り立っている。社会があるから人があるのであって、孤立した個人がそこにいるのではない。人を孤立させてしまっては、もはやそれは人ではないはずだ。

「人と社会は、鶏が先か、卵が先かなどという以上に、切り離せない一つの関係であるわけです。人が復興するためには、社会が一緒に復興していかなければならない。どちらかを先に復興するということはおそらくできない」。

人は単体の個人個人であるのではなく、そこに積み上げられた人々との関わり合いのなかではじめて「人」であるわけだ。むしろ、その関わり自体が「人」であるといったほうがよい。だから人の復興は、他の人々との関わりの復興でもあり、コミュニティや社会の復興そのものでもなければならないはずだ。逆にいえば、今日の事故を前にして、私たちがまず認識しておかねばならないことは、こうした人々の積み上げてきた関わり合いの束そのものが、この事故によって広範囲に破壊されてしまったという事実である。どのようなかたちであれ、破壊されてしまった人々の関わり合いを再建しなければ、人を単体でつまみ出して、「さあどうやって再建する？」と言われても、答えようがないわけだ。市村はいう。

「もちろん、社会が復興していくには、それぞれが暮らしを立て直さなきゃならない部分もあるわけで、一人ひとりが成り立たないことには、人の関係性というのも成り立たない。それは分かる。しかしまた、基本的に人間は一人では成り立たない弱い存在だから、関係性がなければ生きていけない。例えば、スーパーマンのように家も一人で建てられて、飯も全部つくれる人間がいるんであれば、関わりは要らないかもしれない。しかし人はそんなに万能ではない」。

こうして、国や政府が「人が戻ることが復興だ」と言うときの「人」に違和感を覚えるのと同じように、支援者が「一人ひとりに向き合う」と言った場合の「人」にも、「何か違う気がしてくる」のである。一方は、「個人個人は要らない、人は数さえあれば復興になる」と言っており、他方は「全体は要らない、個人個人さえいればよい」と言っているかのようだ。これではどちらに転んでも、本当の復興にはならない。

「支援の現場でいわれている「人」も結局、何かが抜けちゃっている」と佐藤はいう。佐藤はタウンミーティングで聞いた富岡町民の話から、こんなことを感じたという。

「子どものいる母親の話とかをタウンミーティングで聞いていると、例えば子育てのネットワークもそこに住んで何十年とか、それなりの年月をかけて築き上げて成り立っているわけですよね。だから、そこから埼玉とか東京に急に避難してきて、それも子どもがある程度の年齢になっていて、そこでもう一度そうしたネットワークがつくれるかというと難しい。もしできたとしても、それは避難元にあったものとは全然違うものだと思う。質が良い悪いではなくて、中身がまったく違う。同じような関係はもうできないと思うんだよね」。

人は関係のなかに生きており、人と人とが互いに支え合いながら暮らしている。そのコミュニティがあの日の避難で壊れた。もし今回の原発事故からの復興を考えるなら、それはこの壊れたコミュニティの再構築を含めて考えねばならないはずだ。人は個人であり、世帯でもあり、そしてまたコミュニティであり、社会でもある。佐藤は続ける。

「子育てのコミュニティというのは、一見、個人がコミュニティに依存している姿に見えるかもしれない。母親が地域のいろんな人たちに助けてもらっているように。それなら避難先で保育所に預ければいいということになるのだろうけれども、やはりそうではない。こうした地域のなかの子育ては、たぶん参加している者どうしで、お互いにバーターでのやりとりが潜んでいるんです。長い時間で見ればね」。

このことは家族のなかと同じであって、例えば子育てをするのに、じいちゃん、ばあちゃんに子をみてもらうということは、それだけとれば依存になるのかもしれない。しかし、お嫁さんが孫を預けることによって、おじいちゃんおばあちゃんたちは孫と一緒にいられる時間があるという利益が生まれ、親にとっては子どもから手が離れて自由な時間ができるという利益がお互いに生まれるから、それは依存ではなくなっているわけだ。それはまた、PTAの仲間であったり、同じ学校の同期であったり、また草むしりしながらおしゃべりをするご近所どうしとか、野球のチームとかいろんな関係のなかにも含まれているものである。本来はこのように、地域社会は総体として互いが対等に関係し合って成り立っているわけであり、それも長い時間のなかでそれが当たり前のものになっている。しかしながら、この事故でその関係性が断ち切られ、被災者たちは当たり前のものとしてもっていたものを失ってしまった。市村はいう。

「当初から言っているんだけれども、富岡町を含めたあの被災地域では、3・12の時点でコミュニティが完全に崩壊させられたんだと思う。だが、互いの関係でつくっていたコミュニティというものと、依存ということが、今変にごっちゃになっている気がする」。

震災前までは、コミュニティでふつうにやれていたことが、支援（公的・民間）への依存というかたちに切り替えられてしまっている。支援が入っているから大きな問題にはなっていないが、異常事態であることは間違いない。ではこの異常事態を、どうふつうの状態に戻していけるのか。その解を求めていくことが、支援の本来の課題であるべきだということになる。それはおそらく、バラバラになった人々を、もう一度何らかのコミュニティに戻していくことでしかないはずだ。

ところで「コミュニティ」という語は、今回の政府の復興をめぐるテキストのなかにも頻繁に登場するものである。国の福島復興再生基本指針やグランドデザインはもとより、その基本法として制定された福島復興再生特別措置法にも「コミュニティ」という語は現れる。が、こうした文章の中の「コミュニティ」もどうも、ここでいっているコミュニティとは何かが違うようだ。政府のなかでは、「帰ること」がイコール「復興」になってしまっており、そのために「コミュニティの再生」が「避難指示を一刻も早く解くこと」と同義にされてしまった。政府のいう「コミュニティ」の語には、何か大切な要素が抜け落ちている。

というのも、たとえ政府の帰還政策が成功して、避難している人々みんなが原地に帰ったとしても、もはや決して被災地の地域社会は事故以前のコミュニティには戻らないからである。いったん壊れたものは、もはや元の通りにはならない。２０１１年3月12日、多くの人々が避難を始めたその日の朝に、被災地のコミュニティは崩壊した。ではコミュニティとは何なのか。さらにはその再生を考えるために何が必要なのか。このことを追求するには、今一度、この原発避難とは何だったのか、それがいったい何を壊したのかを問い直していく必要がある。この点については、次の第2章で詳細に検討していくことにしたい。

本来復興は自然におきる、でも今回は?

復興も、支援も、どうも現実の動きにはおかしなものが含まれている。これらを根本から見直した上で、今起きている事態を考え直す必要がありそうだ。

だが――もしかすると、復興も支援も、今回のような原発事故という事態さえ起きなければ、元の曖昧な考え方でも十分だったのかもしれない、と山下は口を挟む。というのも山下によれば、そもそも復興は政府や市民活動などなくても自然におきるものだと考えられるからだ。

「復興が自然におきるというのは、何だか誤解されそうです。でも本来、何かがあっても、人間の集団にはそれを再生しようという力が必ず働いてきたのだと思う。そしてまた、そこに何かの知恵が生まれることで、人間の生きる力は災害以前よりももっと強く大きくなってきた。それが新たな文明の創出につながることもあったのではないかと。なかには影響が大きすぎて消えた地域もあったかもしれないけれど、基本的には大きな災害はあっても、その困難を契機に人間の力は強くなり、以前よりももっと良い暮らしが実現してきた。それが、たぶんかつての復興概念の背後にあった確信なんだと思う。そしてしばしば、実際上そうなっていた。ある時期までは」。

それはおそらく昭和の時代まではそうだっただろう、と山下はいう。実際、昭和の頃までは、災害が起きれば、自分たちで立ち上がらなければなんともならないわけだから、災害対応そのものが地域の自治から生まれ、そして復興も自治のなかから自然と生じてきたのである。被災地に対する支援活動も、そうした被災地の地域自治による復興を前提に考えればよかったのであり、その意味で、支援に携わる人々が緊急時を超えて、復興にまで関わるようなことは考えなくてもよかったわけだ。平成に入ってからの大災害、1995年1月に発生した阪神・淡路大震災でさえ、震災から1カ月の時点でボランティアの撤退・支援の終了が取り沙汰され、実際に約3カ月で多くの団体や人は引き上げたのである。[6]

ところがある時点から、大きな災害が起きても、政府や専門家が何とかしてくれるだろうというような認識が、被災者の側に現れてくるようになった。自治防災の仕組みが徐々に解体されるとともに、災害の規模や質も変容し、被災しても自分たちでは何ともできない状況が生まれてきたこともその背景にはある。振り返ってみれば、その転換期も阪神・淡路大震災に求められそうだ。事実、地震直後の緊急対応で、消防団による自主防災で火事を食い止めた地域もあれば、消防団を解体したあとで被災し、しかも想定外の震災のなか行政による専門防災が機能しなかったため、みすみす目の前で被害を拡大してしまった地域もあったのである。

とはいえ、都市の復興ということでいえば、あれだけ街が壊れ、焼けながらも、阪神ではかたちだけは復旧している現実がある。そこだけを見れば、人々が努力しなくても、国が、市場が、復興を果たしてくれるという印象を平成の我々がもってしまうのも無理のないことかもしれない。むろんこうした大きなものへの依存が成立する背景には、その直前に生じたバブル経済とその崩壊という事態も無視してはならないだろう。日本の国、とくにその経済が非常に大きくなったことで、人々の安易な依存感覚が発達してしまったかもしれない。佐藤はこう指摘する。

「最近の報道を見ていると、経団連とか日本のトップ企業の人たちの多くが、安倍内閣の経済政策の影響で景気がよくなるという発言をしている。その度合いも「4~5%程度の安定した経済成長が見込める」とか、結構高めの予測を立てている人がいて。TPPの話とかも、東北なんかではすごい抵抗もあるわけだけれど、今の政治にはそうした声を押し切っていく現実がある。しかもそれでいて20兆円で復興事業をやって、そのために国債を発行して……僕ら一般の国民にとっては、ええっというような話を平気でしている」。

別に原発だけが特殊なのではない。潜んでいるパターンはみな同じようだ。つまりはこういうことだ。災害復興でも、地域開発でも、そこに暮らす人々の考えとは別に、専門家や事業者らが結託して、何かの幻想を抱いて、希望ある設計図（プログラム）をつくってしまう。その設計図でつくるものは非常に大きくかつ複雑だから、それらの実施に伴うリスクは相当に高く、ふつうの暮らしの感覚であれば絶対に冒せないものなのだが、あまりに大きすぎて自分たちに直接関わっているという感覚がもてない。だから、「国がやることだし大丈夫だろう」という依存のもと、意外に安易にみんなで危険を冒してしまうもののようだ。しかし、その一線を越えたとたんに、地域のことを決める権利は、そこに暮らす人々の手から離れることになる。その結果、最初のプログラム通りにことが進まなくなったとしても、もはや自分たちの手では事態をコントロールできない状態に陥り、人々はただ待つだけの受け身の存在に甘んじるしかなくなってしまう。山下はこんな感覚をもっている。

「例の太平洋戦争の開戦や敗戦までの過程なんかも、長いものに巻かれろ的な安易な決定の繰り返しだったといわれている。この原発災害の事後対応を詳しく見れば見るほど、ここにも同様に非常に愚かな日本人の特性が出ているのかもしれないと思ってしまう」。

結局、日本人は前の戦争をそれほど反省せずに、戦後70年近くの過程を高度経済成長だ、バブルだなどと安易に浮かれて過ごしてしまったのだろう。その挙句の果てがこの原発事故だったのかもしれないわけだ。もちろん、ある時期まではこの国をみんな一人ひとりが頑張ることで支えてきたのも事実なのだが、しかし21世紀になって気がついてみると、もはや一人ひとりがこの国を支えているのではないようだ。しかも誰も支えていないにもかかわらず、人々はこの国に依存している。復興はなかなか興らない。事態は進行し、我々はきわめて危うい楼閣の上にいる。佐藤は被災者たちの動きを見てこう述べる。

「依存というのは確かにあると思う。飯舘村から避難している人たちの間でも、事故から1年ぐらいまでは、「国なり村なりがそのうちどうにかしてくれるんじゃないの」みたいな感じがあった。それがだんだん難しいと気づいてきたときに、汚染の深刻さも分かってきた。かといって、では戻れるか、あるいはこのまま避難し続けられるかというと、今や、もう仕方ないかなという、あきらめ感に変わってきているような気がします」。

こうして、本来の復興は、被災者やコミュニティの再自立のことであり、そして支援はそうした自立への動きを支えることであるはずなのだが、現実にはそうなっていかないところに、今回の原発事故をめぐる避難問題の難しさがあるようだ。そして、こうしてたどり着いた議論の結末は、さらにきわめて難しい地点に我々がいることを示している。

というのも、我々が迎えている現実は、単に専門家や政府、支援者やマスコミが「不理解」を示しているというのにとどまるものではないからだ。重要なことは、被災者自身の多くがまた、この事態を十分に理解できていないという点にある。そこから依存も生まれ、本当の復興に向けた声が出てくる回路も奪われているようだ。そしてそれは今最後に佐藤が述べたように、依存から自立への転換ではなく、むしろ「あきらめ」に行き着くようにも見える。依存の反対側にあるのはおそらく自立ではない。「よし、ならば自分で何とかしよう」ということではなさそうだ。依存の裏側にあるのは、あきらめのようだ。

いや、あきらめよりももっと悪い事態が近づいているのかもしれない。

あきらめと断ち切り

依存と自立のジレンマ

佐藤はいう。

「2000年代に入ってからは少なくなりましたが、それまでは、地方自治体でも補助金とかはどんどん入っていた。けれどもそれらが、住民からすれば必ずしも自分たちの生活のためじゃないようなお金の使われ方をしてきた。でも、大きなお金の流れに依存しながら生きていた時代が何十年も続いてしまうと、こういう大きな災害が起きたときに、やっぱり自分たちでどうこうできないことになる。いざ復興しようとしても、自分たちではできないから、結局、公共事業に頼るしかなくなっていく」。

そして、そうすれば自然と「人」が欠けていくことになるが、加えてそこに全国からの支援が分厚いかたちで入ってきたことで、ますます自力再建が難しい事態に陥ってしまったわけだ。

こうした依存と自立のジレンマは、現場にいる多くの人には分かっていて、復興にしても支援にしても「こんなの復興じゃない」「何がどう支援なんだ」という話は多方面で出てきている。しかし、こうした問題提起が一向に解決に生かされず、ただ文句を言っているだけになってしまうと、やがて「何を言っても仕方がない」に行き着くこととなる。

依存の裏側には「あきらめ」が潜んでいる。もはや自力で何とかしようとしてもできる話ではない。かといって、依存していても何とかしてくれるのではないと分かったとき、そのとき、それでは自力で何とかしようということにはならないようだ。だが市村は、これは単純に「あきらめ」ということではないようにも感じている。あきらめはたしかにあるのかもしれない。しかし、この事態の難しさは、さらにもっと別の方向へと人々を動かしつつあるようだ。

福島県内に戻ることの意味

避難生活は3年目に入り、避難が長期化していることの意味について、避難者自身がもう一度考えてみなくてはならない時期に入っている、と市村は感じている。

「避難者としての自分たちはこれまで、住む場所を確保するための補助とか、高速無料化とか、そういったことを政府や自治体に求めてきた。これらもまた、ある種の依存だといわれるものかもしれない。しかしその反面で、例えば実際に高速無料化がなくなれば、避難先からふるさとに行けなくなる人たちも出てくる。そのとき単純に、駄目だったか、というあきらめでは片づけられないんじゃないか」。

このことは、3年目に入る前後に、福島県外に避難した人のなかから徐々に県内に戻る人が出てきていることに、何か象徴的に現れているともいう。むろん、現時点で「戻る」といっても、例えば富岡なら富岡に戻るのではなく、いわき市や郡山市など県内の別の都市に戻るのにすぎない。今とくに、いわき市では土地価格の高騰が起きていて、住宅供給が追いつかない事態にまでなっている。だがこうしていったん県外に出ながらも、結局県内に戻る人が、みな戻りたくて戻っているのかというと、そうでもなさそうだ。

「今、県内に戻るというのはおそらく、帰りたいということではないのではないか」と市村はいう。元の場所には戻れないから、元の場所に近い都市を選ぶ。つまりは、ふるさとにはもう戻れないから、ふるさとに近いところに収まろうとするものなのだろう。だがなぜ、時間をかけて本当のふるさとを目指すのではなく、今それに近いものですませようとしているのかといえば、それはこういうことだ。

「今避難をしているということが、やっぱり耐えられないということなんでしょう。被災者であれば、どうしても何だかんだ依存しなきゃならない。けれども、その依存に耐えられなくなれば、今度はあきらめることになる。でもそれでも、何かをあきらめたくない人は何をするかというと、今度は「断ち切る」ということになってくるのではないかな」。

「「断ち切り」は、「あきらめ」とは違う」と市村はいう。あきらめて県内に戻っているのではなく、耐えられないから「断ち切る」のだ。

「あきらめたということではなくて、避難生活の耐えられない状況というのかな、それを断ち切りたい。そういうふうに言ったほうがいい」。

断ち切りができるのはむろん、ある程度、財力もあり、自力でそれができる人に限られる。この事態のなかでも自分で新たに家を買ったり、土地を得たりすることができる人であり、どういうかたちであれ仕事を続けることができる人でもある。そしてそうした人々は、今置かれている避難生活という現実そのものが嫌になって、その現実を断ち切って、別の人生を獲得していくということになるのだろう。

では、人々にとって最も耐えられないこととはいったい何だろうか。一つは被災者であることだ、と市村はいう。

「今も避難を続け、借上げ住宅でも何でも、そこにいること自体が被災者だということになる。そうやって支援を受けていることのつらさというかな。それが耐えられなくなってきている。これはあきらめとは違うと思うんだよね」。

このことは例えば、市村たちが主催する各地のタウンミーティングで、「仮の町」（帰還できない避難元にかわる一時的な町の構想）に対するこんな反応が出てきたこととも重なる、という。「タウンミーティングで、仮の町って何だろうか、という話になった。そのとき、「仮の町に住む住民というのは、仮の住民になるのではないか」といった人がいる。「仮の住民の人生は、仮の人生になるんじゃないか」と。じゃあ、仮の人生って何？　結局だから、それが耐えられないいんじゃないかと思う。避難している限り、自分は仮のままでいなければならない」。

佐藤はこの原発避難の問題を広く見すえて、次のようにいう。

「このまま、政府が決めたことや自治体がやろうとしていることに従っていたら、自分の人生は台なしになってしまう。そんな感覚につながってきているのではないか」。

当事者となってしまった被災者の立場はきわめて厳しいものだ。その厳しいなかで、人々はそれなりに終着点を見つけていかなければならない。この原発避難の状況を指して、これを「棄民」だとする議論もある。だが実態はもしかするともっと複雑だ。棄民は政府がするだけではない。被災者たち自らが事態の放棄を始めつつあるのかもしれないからだ。

理解されないから耐えられなくなる

原発避難3年目。まだ何も動いていないように見える。しかしながら、日々生活は動いており、結局、人々は生きている限り、この避難生活という現実のなかで、何かの終着点をそれぞれに見つけなければならない。それは一方で、「もういいや」とあきらめて本来の復興とは別の道を探すことでもあれば、他方で今見てきたように、耐えきれないから押し出されていくようなかたちで何かを断ち切ることなのかもしれない。そのどちらになっても、結局それは、新しい未来に向かって歩んでいこうという、前向きな生活再建ではなさそうだ。

そして、そうしたかたちに原発避難者を追い込んでいく根本には、この章で述べた最初の問題が、やはり非常に深く関わっているようだ。理解されないから、それが場合によってはある種の「不理解」というかたちまでとっているから、結局それが「耐えられない」わけだ。

同じ状況でも、周りの理解があって、それでもなお、こうならざるを得ないということなら、おそらく人々の考え方や反応も、何かもっと別のものになるはずだ。しかし、ここで見たような後ろ向きの生活再建であっても、これを外から見れば「生活再建したよね」という理解になってしまうのかもしれない。そしてそこでもやはり、避難者たちは押し黙るだろうから、あきらめや断ち切りが進めば進むほど、「不理解」のなかの復興には、ますます拍車がかかっていくのだろう。

日本人一人ひとりは捨てたものではない……のだが

だが、それでもなお、我々は、この「不理解」を突破することに賭けなければならない。そしてそのことが必要な理由はおそらく二つあるだろう。

一つには、それでもなお、日本人の多くはしっかりしており、基本的には不理解を超えて、本当の理解へと進める可能性のある人は決して少なくないということだ。とくにこの国を動かしている東京には、霞が関の官僚、メディア関係者、文化人や知識人、組織力をもった支援者、研究者などがいて、そうした人々には本来的に能力の高い人が多いようだ。我々がともに活動したこの2年間だけをとってみても、一人ひとりを見れば、ここでしてきたような話は決して理解されないわけではなかった。むしろ、何かの不理解はあっても、話をしていくなかで必ず最後にはそれを超えて、被災者の側に立った理解に変わる人たちばかりだったといってよい。我々はだから、それでもなお、不理解は理解に転換するという希望を捨てるわけにはいかない。

　これに対し、二つ目の理由は、もっと別の角度からのものだ。これまで見てきたように、この不理解は、元々原発事故がもっているきわめて複雑な問題構造に由来している。そしてその構造は、原子力発電所の事故という事態にとどまらず、この国そのものの歪みに深く関係しているもののようだ。それゆえ今後、日本社会が直面する問題は、この原発事故の程度ではすまないもっと大きなものになる可能性がある。この福島第一原発事故が社会にもたらした諸問題をきちんと処理できなければ、被災者たちがどうなるのかという問題を超えて、今後の日本のあり方そのものに関わる問題に発展していくかもしれない。そして、このことに多くの人も気づいていたからこそ、福島第一原発事故には無視できない何かを国民全体が感じ取っていたはずなのである。不理解の突破をあきらめるわけにいかない理由はこうして、被災者たちの側以上に、この国の今後のあり方に責任ある人々の側にこそ存在する。そしてそれはおそらく、例えば脱原発といった水準ではすまないほどの、社会そのものの変革を要請する議論にもつながるものだろう。

　原発事故の後、自分の子どもに「この国は駄目だ。おまえは外国へ行け」と、そんな会話をしている人もいるのではないか。避難者たちが体験しつつある、「耐えられないから、断ち切る」状況は、当事者のみならず、多くの国民にも共有されているものかもしれない。だが、この日本の社会が耐えきれなくなったり、その未来をあきらめたりするような状況が生まれたら、いったいこの国はどうなるのだろうか。

この問題の根底には、何かこの日本社会に対するあきらめや失望感といったものがうごめいている気配がある。それはいったい何なのか。逃げることのできる人はいい。しかしどんな状況になっても、多くの人はこの国からは逃げられない。この国自身を何らかの方向へと変えていくしかない。ではどこへ？　そして、どうやって？

「不理解」を超えて、何がどう理解されれば、被災者たちは、あきらめや断ち切りではなく前を向いてこれからの人生の選択ができるようになるのか。また現在、人々が置かれている状況をどううまく提示すれば、福島第一原発事故を国民全体で乗り越えられるような言説につながっていくのか。

少しずつだが、被災者自身の声を聞き、考えようという動きも始まっている。避難生活も3年目に入って、そうした状況が目に見えて増えてきている、と市村はいう。

「だから話をするしかないんだとは思うのね。何をどう分かってもらえば俺らは納得し、またこうしたらいいって俺らのほうも分かるのかっていう。このごろいろんな人と話をしていて、被災者の役割というのが問い直されてきたと思う」。

本書でも、そうした原発避難者の論理探しを試みる。そのためにも、本章の最後に、この国のかたちをめぐってもう少し論を進め、後に行う議論の下地をつくっておきたい。もっとも、この本章最後に展開する議論は、社会学やその近隣領域の議論になじみのない人にはやや分かりにくいものかもしれない。その場合はとりあえず、深く考えずに読み飛ばして次章に入ってもらって構わない。それでも第4章の最後まで議論が進んだときには、我々がいったいどこまで深くこの原発事故について論点を掘り下げるべきか（あるいは掘り下げることができるのか）、ここであらかじめ問うていたことに思い至るはずだ。

日本という国の岐路

この国の実態に気がついてしまった

「この原発事故を通して、我々はこの国の実態に気がついてしまったということなのかもしれない」と佐藤はいう。ここで見えてきたのは、きわめていびつなこの国の姿だ。

一方でそれは、我々戦後に生まれた世代が、子どもの頃から絶対にそこに戻ってはならないと教えられてきた戦前・戦中の時代と、かたちの上ではそう変わってはいないようだ。我々は戦前と戦後の間に断絶を感じながらも、その意思決定の曖昧さ、非合理性、大きなものへの無前提の依存や従属、こういった点ではいまだにほとんど変わらないままにいることを、この事故を通じて目の当たりにした。

他方でむろん、この国はまったく変化していないわけはなく、それどころかこの国は高度経済成長と日本国中で生じた大規模な人口移動を経て、戦前以上に統一的で一体的な国家になっている。そしてこの間の経済と人口の着実な伸びは、世界でも有数の豊かな社会を打ち立て、安全な暮らしを実現してきた。こうした状況をつくり出してきたもののうちの重要な一角に原子力発電はある。この国のかたちに原発は深く関わっており、だからこそ、その原発が起こした事故は、それがどう展開するのかによって、この国の将来を変えることにつながるはずだ。

だが、問題はそれだけではすまない。この問題は日本国内だけの問題ではない。この国の向こう側にある、他の国々との関係のなかにも、この問題を置いてみる必要がある。よく考えてみよう。この日本という国のなかで考えている限り、原子力発電などは成立しない。単に豊かで便利な暮らしが欲しいということならば、こんな無理はしなくてよかったはずだ。この原発避難を理解するには、さらにこの国の向こう側にあるものを見すえる必要がある。そしてまたその思考の時間軸は、最低でも数百年の幅が必要なようだ。

近代的統治とキリスト教

山下はいう。

「社会学ではよくやる議論の仕方なんですけれど、この問題はやはり、日本の近代化という枠組みのなかで、もっといえば日本に近代化をもたらした西欧との関係のなかで考えていかなければならないものだと思う」。

まずは原子力の発明に近代科学が深く関わっていることは自明だ。そして近代科学はむろん西欧発のものである。また原発は、資本主義のなかで、あるいは社会主義・共産主義のなかで育まれてきたものであった。これらもまた西欧によって発明された社会体制である。「社会主義・共産主義がカール・マルクスの発明から来るものであることはいうまでもないけれど、この体制を生み出した基礎には資本主義がある。そして資本主義が、実はキリスト教、なかでもプロテスタントから派生したものであることを見抜いたのは、社会学者のマックス・ウェーバーです。また、近代科学の成立がキリスト教的な世界観の変形であることもすでに見抜かれている。神のつくった世界の合理性を明らかにするのが、科学の最初のスタートだった」。

さらに加えて、原子力発電を現実につくり出した近代国家もまた西欧の発明であり、そしてその国家をめぐる統治のシステムにもキリスト教が関わっているという。山下が念頭に置いているのはミシェル・フーコーの議論だ。

「フーコーは、国家による統治の起源に、キリスト教の影響を置いています。人が人を統治する。それはどのように現れ、どのように合理化されてきたのか。とくに近代的な統治は、キリスト教がなければ出てこないと言っている」。

原発を考えるにはこうして、あらゆる面において西欧近代とのつながりをふまえねばならず、しかもそこには必ずキリスト教の影が存在するようだ。その際とくに、近代的統治の特徴を考えるにあたっては、キリスト教というものがもつ次の特徴を十分に理解しておく必要がある。キリストは神と人々をつなぐ存在である。そして、この関係は、牧畜文化を通してはじめて現れてくるものだということである。我々はこのことに十分に注意しなければならない。

キリストは単なる思想家ではない。か弱き羊である人間を、よりよい方向へと導いていく牧人である。そして、この牧人による導きという発想から、人間の群れを御す統治、それもよりよい統治という発想が生まれてきた。このよりよい統治が合理化されて、現在までの近代的な統治術が形成されるのである。このとき、我々の議論にとって重要と思われるのは次のことである。

「どうも、第二次世界大戦後の日本の現代史を振り返ったとき、僕には西洋の歴史のなかでは当然のものとして現れる、統治をめぐるゲームとルールの関係が、事態を理解するのに大きなヒントになるのではないかと考えるんですね」。

山下の理解はこうだ。例えば、中国の法も日本の法も、統治にとって理想的な状態を統治者が示し、それを守らせるためのものだった。これに対し、近代ヨーロッパの法は、自立した人間たちがお互いに自由に契約し、社会関係を調整していくためのものになっている。ここでは統治者は人々にあるべき姿までは強制せず、人々は基本的に自由である。統治者（ルーラー）はその自由な人々にルールを提示して人々の間で行うゲームを調整する。そしてそのゲームの調整を通じて、よりよい統治が実現するよう人々を誘導するのである。

「このことは、遅れたアジアの閉鎖的な社会に対する、進歩的なヨーロッパの自由社会というふうに世界史の授業なんかで習ってきたわけだけれども、近代化とキリスト教のつながりをふまえてみると、これはむしろ文化の違いからくるものだということに気づかされる」。

それはこういうことだ。人々が自発的に参加するゲームがどうやって成立するのかを考えたとき、そこには、牧人としての統治者という考え方が不可欠なのである。牧人は、家畜である動物たちをよりよい方向へと誘う存在である。同様に、統治者とは、制度を整え、人々を統制し、よりよい社会状態へと誘導する者にほかならない。要するに、近代的統治とは人の群れをよりよい方向へと導くための合理的な技術なのである。そしてこの、人々を群れと見なし、それを導くという構図は、牧畜の比喩からのみ可能であり、農耕文化のなかでは決して出てこない発想といわねばならない。もっといえば、神がつくる合理的世界を理解し、非合理な人間を導くというキリスト教からのみ派生する発明なのである。近代的統治とはまさに西洋文明そのものであるといってよい。

しかも、こうした合理的な近代統治国家というものは、国内的な事情のみで形成されたものではないことにも注意が必要である。近代ヨーロッパは諸国が乱立し、長期にわたって互いに争ってきた。国民を統治し、より強い国家へと導くことが、人々の幸福を追求するためにも必要だった。近代的統治は、諸国間の争いという条件から生まれてきたものである。だが増強された国力は、さらなる諸国家間の争いを導き、その争いを避けるため諸国はヨーロッパを飛び出して世界の海へと進出し、植民地形成を果たして世界中にヨーロッパを広げることとなる。だがそれも飽和状態に陥り、幾たびもの戦乱を経て、20世紀初頭には二つの世界大戦を引き起こし、大量の死者を生み出すに至った。そして第二次世界大戦後は、ヨーロッパは二度と大きな戦争をしないよう様々な工夫を設けて、新しい時代を築いていこうとするのである。その結果生まれてきたのが、東西冷戦体制であり、また西側においては経済競争による疑似戦争であった。それは戦争にかわる国家間のゲームであった。そして、フーコーによる先の近代的統治に関わる分析のなかでは、敗戦によって軍備を根こそぎ奪われた西ドイツが、その国力を全て経済発展に向けられたことで短期間に急速な経済成長を遂げ、前の戦争の敗者がかえって新しいゲームの勝者となったことが強調されているが、この解読はそのまま日本にもあてはまるもののようだ。[7]

21世紀を迎え、世界は今や、東西冷戦を乗り越えて、国家対国家の軍拡競争を解消し、国際間の経済ゲームにすべてを委ねる段階に入りつつある。我々は今新しいナショナリズムの時代にいるという。一見、各国は一触即発だが、互いにルールを守り、最終的な破綻が来ないよう、ゲームを続ける道筋をつねに探っている。それぞれに統治を徹底して国力を高め、それを互いに経済力を通じて示威しながら、突出した勢力の発現も避け、全体のバランスを保とうと四苦八苦しているかのようだ。

原発はこうした戦後の世界の変化、二つの世界大戦を経た後の国々のあり方にも関係して、今そこにあるものなのだろう。軍拡から経済競争へと、諸国家間の闘いの領域が20世紀から21世紀にかけて推移していくなかで、国際関係を自国に有利に乗り切るための手段として、軍事的経済的外交的判断のもとでおそらく原発は選ばれた。しかしまたその運営は他国からの介入にも影響され、原発をめぐる規制緩和やコストダウンまでもが我が国の判断だけでなされたものではなかった。こうして、この事故をめぐる遠因は、世界史的文脈にまで踏み込む必要もあるわけである。

西欧発のツールを、日本人は使いこなせるか

こうした日本の近代史を、改めて21世紀に入ってから見直してみると、考えるべきことはどうも次のようなことに思えてくる。ヨーロッパでつくられ、日本に19世紀後半に導入された近代的な文化と国家のパッケージが、この原発事故に深く関わっている。そもそも近代文化や近代統治を導入した結果が、この原発事故だったということさえできるわけだ。そしてもしそうならば、この失敗をふまえて、日本人はどんなふうに今後、西欧文明や世界の国々と付き合うのかを考え直さねばならないはずだ。その際、必要なのは次のことだ、と山下はいう。

「ヨーロッパ人にはあって、日本人に決定的に欠けているもの、まずはそれを自覚する必要がある。それは何かというと、ヨーロッパ人たちの発想する統治は自分たちでつくったものだから、それを相対化もでき、いったんつくったルールも、うまくいかなくなれば別のかたちに変え、調整もできるということです。ルールをうまく使いこなしている」。

それに対し日本人は、まず一方で、ルールの変更がきわめて苦手だ。

「日本人はゲームよりも、真剣勝負が好きですよね。どんなことでも気合いで勝ちを呼び込むことができると思っている。野球も結局、一球入魂でしょう。日本人は本当の意味でゲームができない。ゲームのルールを相対化できないから。ゲームを使いこなすというのは、ルールを上手にカスタマイズして、その場その場で今の自分たちに合うよう調整することだと

思う。だが日本人にはそういう発想がない。むしろ、既存のルールの上で無理に押し通し、力ずくで突破しようとする」。

　他方でむろん、そうはいっても現実の統治では、状況に合わせて少しずつルールは足され、加えられてはきた。国会の審議などはむろんそうした場だがその際、今度は次のようなことが起きていたようだ。現実に行われるルールの改変は、それを行う組織や集団の利害を反映するだけで、国民全体の利益を追求するものにはなりがたかった。しばしば私的にルールが調整されたり、あるいは運用のなかでなし崩しにされることが多く、そのルールを導入しようとした本来の意図は形骸化されて、日本では公的で筋の通った議論の入る余地はきわめて限定されたものになっている。

　日本には牧畜文化や、キリスト教のような一神教の考え方がないわけだから、こうしたこともある意味では仕方のないことだとはいえる。それどころか、西欧のものを取り入れても、日本の文化の芯を守り続けている限りにおいて、それは他国の文化に振り回されない、したたかな対処法だとさえいえるかもしれない。しかしながら、「結局、戦後の変化を振り返ってみれば、日本人は自己の文化の本質を忘れ、しかも完全な西欧化を果たすのでもなく、目の前に出てくるものの都合のよいところだけを取り出して、ただ欲望のままにつまみ食いしていただけなのかもしれない」と山下は感じている。さらに、と山下はいう。

「さらに付け加えるなら、この10年ほどは、今度は妙にルールが厳格化されるようになりましたよね。でも、今度はただ厳格になっただけで、なぜそのルールなのかは問われることがない。ともかくつねに、統治や自治のあり方は、日本社会の大きな課題なんでしょうね」。

こうした自国にも、他国にも、いい加減な文明的態度をとり続けてきた結果として、世界に対してもあまりにもみっともない原発事故を引き起こしてしまったということなのではなかろうか。それどころか、こうして2年半が過ぎても、この国には大事故を引き起こしたことへの本当の反省はなく、むしろその事故処理の過程のなかで、ますます文明の罠に深く絡めとられているかのようだ。山下はこう危惧する。

「この原発事故はいわば統治の失敗、原発をめぐる安全と利益のゲームに我々が敗北したということを意味しています。にもかかわらず、失敗してもなお、新しい事態に応じた新しいルールを導入することなく、既存のルールに従って、わざわざ失敗の傷口をさらに広げようとしている。しかもその背後で、この事故を千載一遇のチャンスと見て、私的に利用しようとしている勢力さえありそうです。原発はどうしても国家に関わる問題だから、その展開は国民国家の危機に直結するかもしれないのにもかかわらず、です」。

西欧から借りてきた様々なツール。もはや我々の暮らしになくてはならないものになっているこれらのものを、日本人固有の理性を今一度形成し直し、誰かの利益のためではなく、国民全体のために使いこなせるようになるのか。このことがこの原発事故が示す問題の本質なのではないか、というわけだ。

そしてそのように問うためにも、改めて日本人自身が、この国や自分たち国民のあり方を問い直さなければならないはずなのである。しかしながら、原発事故で見えてくるのは、もしかすると国民が国民を見る目線の劣化かもしれないのだ。というのも、これまで見てきたように、どうも国民自身が自分たちを「人」ではなく数で見たり、あるいはゲームの一齣でしか見られなくなっている可能性があるからである。

日本社会のいびつさ——負けたものは負け

「このことを再び原発避難の問題に戻していうと、こういうことです。災害が起きて被災したのだから、ルール上はあなたの人生はもうおしまいです、あなたは負けです、みたいなことを、日本人は何となく当たり前のこととして発想するようになってきた。国民のためのゲームであり、ルールであるはずが、逆転して、ゲームやルールのための「人」になってしまっている。でもこれは、元々の西欧の方々の考え方からしても非常に奇妙でかつ、危ない発想です」。

日本の社会は90年代までは基本的に平等で、それほど突出して豊かな人も少なければ、また突出して貧しい人も少なかった。その後の競争社会化は様々な格差を生じさせ、この10年くらいの間に、日本の社会は大きく変わったといわれている。人々の競争を通じて、国力、とくに経済力をあげていこうという発想が強くなり、結果として出てくる経済的な格差については、これはルールに則った結果の勝ち負けだといったかたちで現状を理解しようとする風潮が出てきている。市村はいう。

「たしかに、これは一見ゲームに見える。でもやはりこれはゲームじゃなくて、それぞれのポジションを確かめているというべきなのかな。ただ勝ち負けで人を色分けしているだけだ。しかも、だからといってお互いを尊重しながらそうしているのかといったら、たぶんそういうことではない。むしろ、「ゲームの結果そうなったんだから、そのポジションを受忍しろ」という方向にしか議論は動いていかない」。

日本のなかでやっているゲームは、ルールは変えられないまま、強者がさらに強者になり、また弱者がさらに弱者になっていく、それがルールなのだからあきらめるべきだと言っているだけのようだ。そしてそうした歪んだ精神状況が、この震災のなかでさらに顕在化しつつあるのではないかと思えるのである。

でも――と市村は続ける。

「そういう話を自分の立場に置き換えて、これはつらいと思うのは、被災者は弱者として避難生活を送ることに甘んじるか、いやいや僕は違うんだ、弱者ではないんだ、というかたちで弱者に陥ってしまった自分の立場を断ち切ろうとするのか、やはりどちらかにしかならないのかなということだよ」。

ゲームは、そのルールをつくる側からすれば、ゲームの結果があまりに一方的な場合はルールを変えて、誰かが極端に勝ち続けないようにするものだ。ところが、そうしたルーラーの発想がないと、ゲームの結果、負けたものは負けだ、だから負けを認めろと、そういうことになってしまう。日本の社会ではゲームのルールはお上が示すものだから、ルールを変えようという発想にはどうもならないようだ。しかしルールが硬直したままでは、社会そのものが機能不全になるのは目に見えている。山下はいう。

「この原発事故って、もしかすると、こういうことのような気がするんです。近代ヨーロッパが海を越えてやってきて、この国の扉を無理矢理開かせた。我々はそれを受け入れたが、その後150年ほどの歴史のなかで、ただそのかたちを取り入れただけで、きちんと使いこなせていない。このことが分かってきた」。

統治国家も、近代科学も、議会制民主主義も、資本主義も、法治制度も、自分たちの血肉からできたものではなく、それゆえ上手に統制できていない。しかもそのことでこれまで大きなやけどを何度も経験しながら、私たちはいまだにこれらのものがもつ危なさに気づかないふりをしているかのようだ。

本当の復興が見えるなら

元からあったこの日本社会の歪みが、21世紀に入る前後から経済状況が悪くなり、災害が相次ぎ、東日本大震災まで起こり、さらに原発事故が生じて、ぼろぼろ、ぼろぼろと、借り物の鎧が外れて脆弱な中身が露呈してきた、そういったような状況なのだろう。もはやこの戦線は継続不可能のようにも見えるのだが、問題は、この戦線がこれから実際に崩れた後、何がどうなっていくのか、そしてそれを誰がどのように再構築していくべきなのかも分からない状態にいることだ。我々の混迷は相当に深い。市村はしかし、この文明レベルの議論の行く末が、自分たち避難者の未来をたしかに左右するだろうと感じている。

「なんでそれを俺は気にするのかというと、こうしたレベルの議論が、これからの自分たちの問題にどうフィードバックされるかによって、今後の人生の選択肢や、生き方が見えてくるのかなと思うから。それが、さっき言った「あきらめ」にしかならないのかという問題にも直結してくる気がするんだよね」。

原発事故はそうした、日本の文明はいかなるものかという大きな枠組みの下でも見ていく必要がある。それは、この事故で当事者となった人々の生き方にも返ってくるきわめて重要な問いである。当事者たちはそれほどの隘路に立たされている。だからこそ悩みも深いが、それを乗り越えた先には、今まで見えていなかった新しい世界が見えてくるのかもしれない。おそらく、こうした議論をもっと重ねていくことでしか、本当の復興とは何かは分からないのだろう。ここには明らかに、この原発事故の避難者だけの問題ではない、この日本社会そのものが抱えている矛盾が関わっている。そのために、今避難者たちの側にいる市民活動が、どんなふうにこの社会改良に関わって支援してくれるのか、そして研究者や専門家も、どこまで覚悟して自分たちの専門性を活用してくれるのか、そして政治家はどこまでこの国の政治をしっかりとつかさどって、よりよい方向へと導いてくれるのか、そうしたことが問われてくるのであろう。そして、もし「これならできる」というこの国の方向性が見えてくるのならば、避難者たちも、復興政策に前向きになって、自分たちの未来を賭けることができるようになるのかもしれない。科学者に対しても「研究材料じゃない」から、「研究材料でいい」というふうになり、また支援者に対しても「一緒に闘ってくれ」「協力してくれ」

と言えるようになるのではないか。

震災前の状態から、物差しやルールを変えずにこの事故に対処していること。原発事故そのものを引き起こした条件のもとで、事故後もいまだにその対応をやっていること。それどころか、「支援者が被災者に依存している」「科学者の実験材料になっている」といったかたちで、被災者以外の人々が事故後に出てきた新しい状況を利用して、事態をますます抜き差しならないものにしていることが問題だ。

「理解できない」のではない。きちんと理解しないまま、「不理解」のままに、ただ物事が事故前と同じスキームで動いていく。このことが問題なのだ。そしてその先には、「被災者のため」と言いながらも、被災者たちにとってはまったく思いもしない政策が、しかも20兆円という巨額な資金が導入されて、知らないうちに、しかし取り返しのつかないかたちで進行することになりそうだ。

原発事故が起きたこの国で、今すべてがひっくり返っている。復興と人間の関係も、支援と人間の関係も、そして科学や技術、国家や統治と人間の関係も。では元に戻すには何が必要なのだろうか。それには当然、被災者である人間から議論を出発させる必要があるが、問題はこの「被災者」という言葉だろう。いったい何の被災なのか、そしてそもそも原発避難とはどういう事態なのか。人々は何から避難し、何がどういう被害をもたらしているのか。被災・避難・被害が、自明なようでいて、実は最も分からないままでいるものかもしれない。次の第2章ではこのことについて考えてみたい。

各論1
私はどう避難したのか――富岡町民の一人として

市村高志

富岡から東京までの避難経緯

　私の住んでいた福島県双葉郡の富岡町には、かつて人口約1万6000人がいた。太平洋に面し、温暖で雪の少ないとても過ごしやすいところだ。私は町内で自営業を営み、小学校のPTA会長を務め、中学生2人と小学生1人、私の母、私たち夫婦の家族6人で暮らしていた。

　3月11日はちょうど長女の中学校卒業式が行われた日で、私は妻とともに式典に参加していた。その後、中学生の子どもたちと遅い昼食をとるために外に出た。帰宅途中、買い物に立ち寄った店の駐車場を歩いているときだった。午後2時46分。それは私たちが今まで経験したことのない揺れだった。アスファルトが波打つのを見て、「こんなに柔らかいものか」と驚いたほどだ。一緒にいた家族は立ち上がることもできず、危険だと分かりながらも建物から離れることができなかった。

　揺れがやっと収まると、私は自宅に残した母親の安否を確かめるため、必死で車を走らせた。防災無線からは津波到来の警告が流れ、道路が至るところで寸断されていたようだが、そのとき自宅にどうやって戻ったのか、はっきりとは覚えていない。母の無事を確認して、やっと我に返ったように思う。

それから、一番下の娘が通う小学校へ向かった。幸いどの家の子にもケガはなく、子どもたちは体育館に集合し、それぞれ家族の迎えを待っていた。私は自分の娘を見つけ、そこでようやく家族全員の安否を確認することができた。自宅に戻ると建物には亀裂が入り、家の中は食器などが散乱していた。その後も大きな余震が続いていたため、私たちもご近所の方と同様、自宅近くの空き地に車を停め、一夜を車内で過ごした。子どもたちには、自宅の冷蔵庫に残っていた食料を食べさせた。

その日は「これからいったいどうなってしまうのか」と考え、一睡もできなかった。「夜が明けたら家の片づけをしなければ」とも思いながら、私は携帯電話を車の電源につなぎ、ワンセグ放送で津波の映像を観ていた。後に、富岡町でも震度6強の地震と高さ約21メートルの津波によって、沿岸部を中心に尊い命が奪われたことを知った。

翌12日の午前7時頃、防災無線の放送が流れ、私たちはそこで、福島第一原発が危機的状況に至ったことを知った。「原発から半径10キロメートル以内の住民はただちに避難を」「一刻も早く避難を」さらに、「自力で避難できない人は主だった公共施設に集合し、隣の川内村にバスで移動せよ」と呼びかけていた。

・後に分かったことだが、この指示は国や県によるものではなく、富岡町の独自判断に基づいていた。大熊町をはじめとする第一原発から10キロ圏内の町村に避難命令が出たことを町がテレビで知り、それが避難指示を出す判断材料となったようだ。

防災無線を聞いた私たちは、壊れた家財のなかから現金、毛布、食料品などを取り出し、飼い犬の小屋の前に大量の餌を置き、自家用車に乗り込んだ。しかし十分なガソリンがなかったため、集合場所に着くと、そこから町が用意したバスに乗り換え、川内村に入った。

町内の道路は集合場所に向かう車で渋滞し、道路脇は荷物を抱えて歩く人々でごったがえしていた。警察の特殊車両や防護服を着た人たちが行き交う姿も目の当たりにした。「ただごとではない」という感覚はあったが、しかしまさか、この日を境に自宅に帰ることができなくなるとは思いもしなかった。

私たちは、集合場所に到着したものの、バスに乗り込むまで3時間以上待ち、ようやく出発した。富岡町の集合場所から避難所になっていた川内小学校まで、通常なら30分で着くところ、避難の車や人による渋滞で約3時間かかった。

バスのなかでもらった1人1個のおにぎりを子どもたちに食べさせ、私と妻の分は今後のために食べずにとっておいた。川内村に着くと、この次いつ配られるか分からない食料を確保するため、配給のおにぎりと水をもらう長い列に並んだ。

第一原発の1号機で水素爆発が発生したことを知ったのは、午後4時過ぎのことだった。避難所に置かれたテレビには、1号機の爆発の模様が映し出されていた。その映像を見たときに、自分たちがもう家に戻れなくなったことが直感的に分かった。当時、避難所にいた1800名近い方々が、みなそう感じたはずだ。

そのときまで私たちは、原発が爆発する

ことなど思いもよらず、「長くても2〜3日で帰れるだろう」と思っていた。津波の被害も近隣市町村に比べれば軽微で、周りの人たちと「落ち着いたら町の復興に取りかかろう」と話していたから、まるで狐につままれたような思いで爆発の映像を見ていた。加えて当時の枝野官房長官の記者会見の表情からも、ただごとではないことが伝わってきた。

しかし、私たちには何の装備もなかった。避難所ではその日の夜に、「配られたヨウ素剤を飲むよう」命令が下された。しかし、飲んだ後の健康については、「薬事法上は自己責任だ」と言われた。乳飲み子たちが避難所で最初に口にしたのがヨウ素剤だったことは、現場にいる大人として、いたたまれない気分にさせられた。このとき川内村には、富岡町から約7000名の町民が避難していた。

川内村に全村避難の指示を知らせる放送が流れたのは、16日朝のことだ。この放送をきっかけに、まさに「雪だるま式」に避難が拡大していった。それまでは、電気は使用できたものの、テレビ以外からの情報は一切入らず、携帯電話も一般電話も不通のままだった。情報が圧倒的に不足していたなかで、多くの人はそれ以上集団で行動することもできず、まさに蜘蛛の子を散らすように避難していった。

幸いなことに私たちの場合は、北茨城に避難していた知り合いが車で助けに来てくれた。北茨城の避難所に着くと私たちは、身体にガイガー・カウンターを当てられ、放射線量の測定をされた。このとき、子どもたちには本当に酷な、かわいそうな経験をさせたと思っている。

北茨城に向かう車中で携帯電話が使えるようになり、東京に住む従兄弟たちと連絡がついた。それでようやく状況説明をして、北茨城まで迎えに来てもらい、東京まで出てくることができた。私たちは、避難先を自分で選択したことはなく、限られた情報や個人的な伝手にすがりながら避難を続けたというのが実態だ。

東京都で避難者に対する住宅支援が始まったのが、3月20日あたりからだった。親戚宅に居候を続けることもできないため、その頃から東京じゅうをまわって、借上げ住宅への入居申請を繰り返した。

見知らぬ土地に子どもを置きっ放しにしておくこともできず、家族5人を引き連れて移動していたので、電車賃だけでもずいぶんかかった。手持ちのお金もあまりなく、安い外食に頼らざるを得なかった。3月いっぱい、そういったことを繰り返した結果、たまたま都営住宅の入居募集で当選し、4月1日から現在の住宅に移ることになった。

しかしその後、また新たな問題に直面することになった。それは子どもたちの就学の問題、とくに「中学を卒業した娘が入学する高校をどうするか」ということだ。もともと入学予定だった福島県内の高校に問い合わせたところ、入学金支払いを求められ、福島県教育委員会に事情を説明したのだが、「それは学校の裁量なので県には関係がない」と言われた。

親としては、現状把握ができず、避難者に対して理解がない教育機関に自分の子どもを預けられるはずもなく、その志望校への入学は取りやめざるを得なかった。その後、東京都の教育委員会に諸事情を説明したところ、避難先に近い都立高校に新入生として迎え入れてもらえることになった。「子どもの就学先を決める」という当たり前のことを何とかするのに、4月いっぱいを費やすことになった。

私の家族の避難経緯はこのようなものだ。他の多くの町民も、川内村から避難する際に、縁故知人をたどって様々な場所に移っていった。富岡町と川内村の避難先に指定された郡山市のビッグパレットに移った人は、それほど多くはなかったと聞く。

現在、富岡町民は全国47の都道府県すべてに散らばって生活している。福島県外で多いところは東京、埼玉、茨城、千葉、神奈川、それから新潟などだ（避難者数順）。人口は震災前に比べ、1000人ほど減っているという。一方で、町が広報等を発送する世帯数は事故前の約6300世帯から1000世帯以上増えているそうだ。すなわち家族の離散が進んでいるということだ。

避難の全体像を見ると、いわゆる「仮設住宅」に居住されている人は全体の17％だ。それ以外では、福島県内の「借上げ住宅」に45〜50％ほど、残りは福島県外への避難者だ。子どもをもつ世帯のほうが、県外へ出ている率が比較的高いようだ。逆に福島県内の「仮設住宅」では高齢者の入居率が高い。そして町行政の本体機能は、現在、郡山市に移っている。

とみおか子ども未来ネットワークの意義

震災後、安全神話のマインドコントロールから解かれ、徐々に現実を取り戻していくなかで、私たちは大きな怒りを抱えこむことになった。自分が置かれた状況がつかめていなかったせいもあるだろう。

「なんでここにいなきゃなんねえんだよ」

「なんで家を奪われなきゃいけねえんだよ」「故郷を汚染して、帰れない場所にして、今まで東京電力が俺たちにいってきたことは嘘だったのかよ」……。

しかしそうして怒りを込めながら、自分が避難してきた経緯を仲間に話していると、自ら(みずか)が置かれている状況が少しずつ分かり、落ち着きが出てきた。すると今度は茫然とする時期が訪れ、ようやく「今後」のことを考え始めるようになった。その頃、同じような思いを抱く同世代のメンバーが3人ほどいた。後に今の活動の発起人となる仲間たちだ。「帰りたい。けれども帰れない」、そして……「自分たちのこれからを、ほかの誰かに勝手に決められたくはない」。

大臣や政治家たちが仮設住宅だけをまわり、「帰りたい」という言葉を取り上げ、それを「政策にします」と繰り返すのは、他の人々の思いを切り捨てることにもなる。放射能の問題は、政府がいうような簡単なものではない。子どもたちは原発事故によって、有無をいわさず離ればなれにされた。家に帰ることすらできず、学校や近所の友達と遊んだ故郷を根こそぎ奪われたのだ。

避難生活のなかで私たちは、避難者として、日々闘いを強いられている。それは家族のなかにも、メディアに対しても、国や行政に対しても、そして世論に対しても……。それは私たちにとって、当たり前の生活を取り戻すための闘いだ。本来であれば、誰も闘いたくなどない。しかし、被災者や被災地の実情が正しく理解されていないために、そうせざるを得ない状況に追い込まれている。そこに被災者の最大の苦しみがある。だから、被災者一人ひとりが、今抱えている思いを吐露し、それを共有する場所が必要だと思った。おそらくは、そこで紡ぎ出される言葉こそが、闘いのためには必要だから。

２０１２年２月11日、私たちは、それまで理解・協力してもらった方々から支援をいただき、とみおか子ども未来ネットワークという当事者だけで組織した市民団体を立ち上げた。私たちにとっては、故郷に戻る／戻らないだけが重要なのではない。今回の事故によって失われたものとは何だったのか。どうすれば将来、被災者がいなくなるのか。復旧とは、復興とは、誰のために何がどうなることを指すのか……。今すぐ、「何をすれば、どうなる」といった答えがあるわけではない。まずは、こうした思いをより多くの人たちと共有するため、行動をともにしていく仲間づくりに努めてきた。

２０１３年６月にはＮＰＯ法人の認可を受け、現在は、富岡町民一人ひとりが、この苦難を乗り越え、心の復興を果たすために、「それぞれの新たな未来」「愛する人たちの未来」、そして住民が主体となった、「富岡町の新しいかたち」を実現していくことを目的として、「届ける活動」「求める活動」「創る活動」を行っている。

今私たちが直面している問題は、被災地や被災者だけの問題ではない気がする。政治や行政、あるいは経済活動、ひいては私たちの生活を取り巻く社会システムの根源に関わる大きな問題として問われている気がしてならない。私たちは人として、大人として、この国の将来、何よりも子どもたちの未来を真剣に考えて、行動を起こすべきところにまで来ているのではないだろうか。

第2章 原発避難とは何か——被害の全貌を考える

「避難してください」と言われてきたときは、2、3日で帰れるのかと思ったんです。ですから何も持たないで……。
（主婦、長岡タウンミーティングにて）

二つの避難から帰還政策へ——事故からの2年を振り返る

原発避難の二つの意味

福島第一原発の周囲からは、公にされていない数も含めれば、今も約15万人もの人々が避難を続けているとされる。全国の自主避難者を含めれば、それがどの程度に収まるのかは計り知れない。だが、そもそも人々は何から逃げているのだろうか。避難とは何か、避難者とは誰のことなのか。次にこの点を問題にしてみよう。まずは市村がいうように、「原発避難」には、次の二つの意味があることをしっかりと認識しておきたい。

「そもそも避難は二つあるんじゃないかと思っている。避難当時のことを考えれば、一番最初の避難は爆発の危険性からの避難指示。そしてもう一つが、飯舘村のように、放射性物質で汚染されたから避難しなさいというもの。（水素）爆発前の避難があり、それから爆発後の避難があって、たぶんこれらの中間にあたるのが、川内村みたいな、爆発して汚染されている状態のなかで自己判断をしたという、そうした微妙な避難になるのではないか」。

　原発の爆発の危険性からの避難と、事故による放射性物質の拡散がもたらす汚染からの避難。この二つは別のものだ。そして、政府の避難指示の経緯をたどると、まずは爆発の危険性からの避難指示があり、その後で汚染に伴う避難指示が追加されていったと読み取ることができる。地域によって、人によって、避難の意味もスタートも違う。このことがなぜか曖昧にされている。そして、この二つの避難が２０１１年3月から夏にかけて福島県内で起きていた現実であったとすると、その後、２０１２年に入ってからは、国の「帰還政策」とも呼ばれるものが展開してきた。緊急避難から帰還政策へ。その流れをまずは整理しておこう。

第1期（2011年3月11日〜12月16日）
――「ともかく逃げろ」から、警戒区域・計画的避難区域の設定へ

　２０１１年3月11日、東北地方太平洋沿岸一帯で生じた地震と津波は、多くの人々の命をのみ込んだ。津波は福島第一原発、第二原発の内部にまで到達し、第一原発では全電源喪失の事態に陥る。

　3月11日の避難指示はまずは3キロ圏内から始まるが、政府にも事態がまだよく分かっていない段階である。11日の夜に10キロ圏内の屋内退避指示があり、1号機の爆発があった12日までには、第一原発の20キロ圏内まで避難指示が出る。さらに3号機の爆発の後、3月15

日には20キロ圏から30キロ圏内に屋内退避指示が出た。この間、ベントも行っているから、漏出する放射性物質からの避難も含まれている。しかしこのとき、20キロ、30キロと同心円状に指示が出ているのは、何かが起きたからそれに対して避難するというものではなく、これから起きることに対する警戒としての避難指示であるのは明らかである。そしてその何かとは、放射性物質漏れからの避難である以前に、原子炉そのものの爆発の危険性であったことに注意したい。

こののち、事故から約40日後の２０１１年4月22日に、ようやく警戒区域が20キロ圏内に設定され、屋内退避指示が緊急時避難準備区域に再編されるが、これが20キロ圏から30キロ圏のやはりほぼ同心円であったのも、当初の状況をふまえてのことであろう。とくに、20キロ圏内に関しては、単なる避難指示ではなく、立ち入りを禁止する警戒区域の設定へと規制を強化しているのは、この時の原発の状態がまだ決して安全なものではなかったことを意味している。そして、4月22日の区域設定はさらに、3月15日の2号機からの大量の放射能漏れが、30キロ圏を超えてさらに大きく広がっていたことへの対応でもあった。

福島第一原発の北西方向にある、飯舘村・川俣町・葛尾村などでは、30キロ圏の同心円を超えて、高濃度の汚染が広がっていたことが確認され、舌状に50キロまで延伸するかたちで計画的避難区域が新たに設置された。このとき、ごく一部を除いて、30キロ圏まではほぼすべて避難を終えていた。これに対し、計画的避難区域は、この時点から「逃げてください」と後手にまわった避難である。例のＳＰＥＥＤＩの問題はこの地域に関連したものであり、

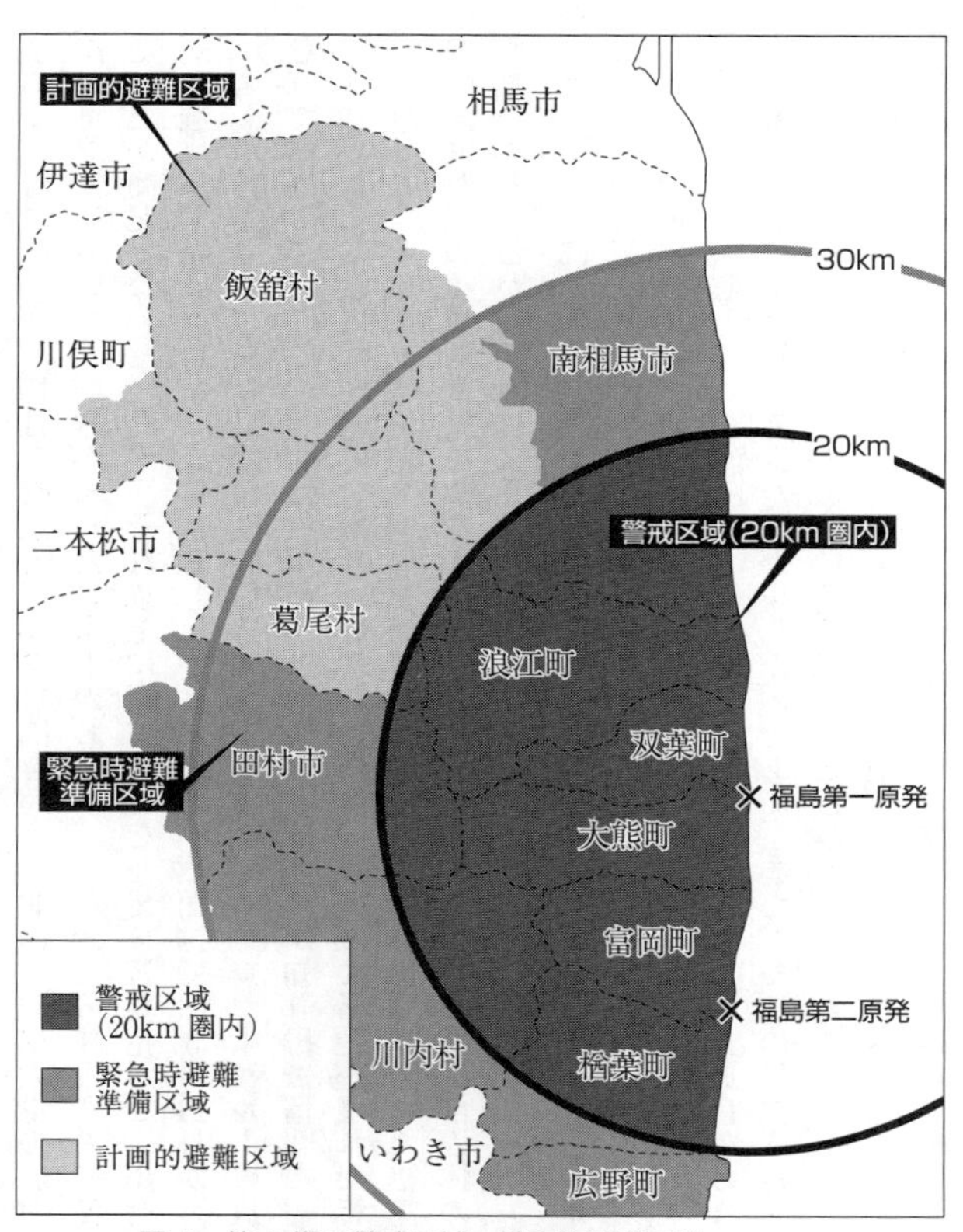

図1　第1期の警戒区域・計画的避難区域
出所：経済産業省資料（2011年9月30日）をもとに作成

すでに政府には、3月15日の時点で、20キロ圏を超えた北西方向に大量の放射性物質が漏れ出た可能性についての情報があったにもかかわらず、それが当の住民たちに伝えられなかったことが問題となった。だが、それ以上に、1カ月を超えて避難指示さえ出せずにおり、公式な避難が大幅に遅れたことに留意したい。例えば、飯舘村では3月14日からモニタリングポストが設置され、翌日夕刻に役場周辺で毎時44・7マイクロシーベルトの放射線量が計測されていた。[1] 当時、この情報は役場および住民の一部のみが知り得た情報で、ただちに村民に通知されることはなかった。飯舘村を含む計画的避難区域の指定が遅れた背景には、政府内において「100ミリシーベルトまでは安全」という方針を受け入れた福島県への配慮と、避難区域設定の根拠と基準をめぐる攻防があったこと、その後の国と自治体の折衝に時間を要したことなどがあげられよう。

もっとも、こうした避難指示が出ていた地帯以外にも濃度の差はあれ放射性物質は広がっており、後にその汚染状況が文部科学省のホームページで示されることになる。このときすでに、放射能漏れの影響は全国に及んでおり、とくに関東を含めた東日本一帯が濃度の差はあれ広範囲に被曝していた。そしてこうしたことを予測して、福島県内のみならず、関東地方などからも自主避難する人たちが現れたのである。また、多くの外国人たちはその居住地にかかわらず母国に帰国、あるいは関西以西へと避難した。

このように、避難といっても、その経緯は地域によって大きく違う。当初（3月11日から12日）避難した20キロ圏内は、4月には警戒区域に設定されて、許可なしに入ることができ

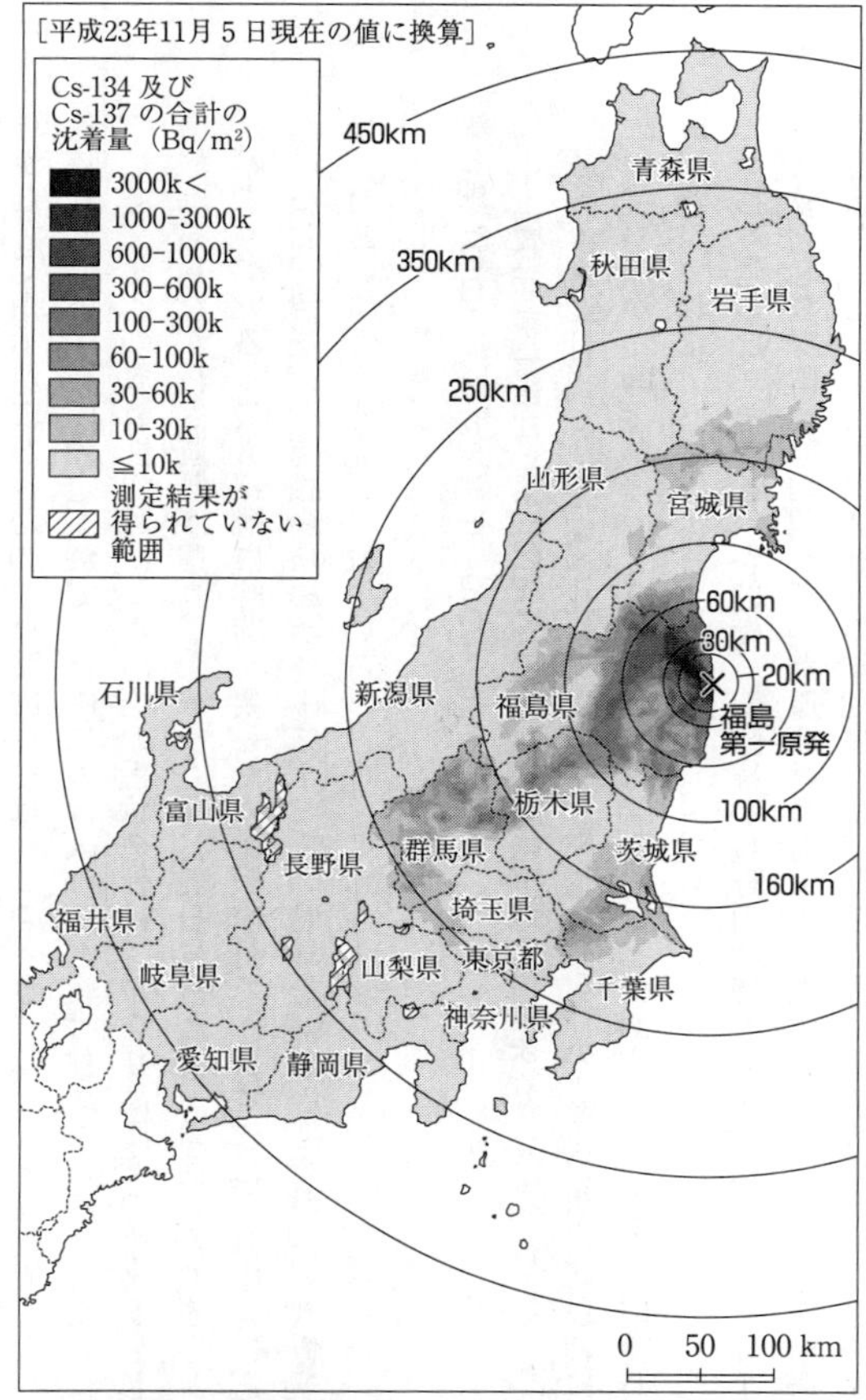

図2 東日本全域の地表面におけるセシウム134、137の沈着量の合計

※福島第一原発からの放射性物質は関東一円に達しており、埼玉や東京、千葉なども汚染の輪の中にあるのである。

出所：文部科学省HP「文部科学省による第4次航空機モニタリング結果について（平成23年12月16日）」（http://radioactivity.nsr.go.jp/ja/list/258/list-1.html 2013年10月15日アクセス）内の、参考2「第4次航空機モニタリングの測定結果を反映した東日本全域の地表面におけるセシウム134、137の沈着量の合計」をもとに作成。

なくなり、強制退避の事態となった（いわゆる「強制避難」）。また3月15日に屋内退避というかたちで指示が広がった30キロ圏内もやはりこのときにほとんどが避難をし、その後、緊急時避難準備区域に設定されて、自由に人は入れるが夜は住めない場所となる（準強制避難）。そして、北西の放射性物質による汚染の舌状地帯は、かなり高濃度の汚染が生じているとの情報はありながらも避難が遅れ、ようやく4月22日に計画的避難区域が設定され、順に避難が始まっている。最も避難に時間を要したのは飯舘村で、公式には8月中旬に避難を完了した。なお、伊達市や南相馬市のホットスポットの地域を対象とした特定避難勧奨地点の設定は、11月にようやく完了されている。

第2期（2011年12月16日〜2013年3月末）
——事故収束宣言から警戒区域の解除、避難指示区域の再編まで

この4月22日までに完成された、「危ないから入るな」の避難枠組みが最初に変更されるのは、事故から約半年後の２０１１年9月30日のことである。このときに緊急時避難準備区域が解除された。

今振り返ると、そのきっかけは、菅政権から野田政権への交代にある。２０１１年9月2日に成立した野田佳彦内閣が行った原発避難対策の最初の仕事が、この緊急時避難準備区域の解除だった。そして、２０１１年12月16日、野田総理は事故収束宣言を発表する。そしてその前日に、避難指示区域再編の話が報道を通じて浮上した（「福島民報」２０１１年12月15

日）。我々の考えではこれはリーク（漏れ情報）であり、しかもおそらく意図的なリークだと推測されるが、実態はよく分からない。その際の報道では、２０１２年３月末までに避難指示区域を再編し、帰還可能となる場所から早期に解除を行う方針が示されていたが、実際には約１年半後の２０１３年３月末まで区域の再編は延びた。[2] この警戒区域の解除と避難指示区域をめぐる攻防が続いた１年数カ月を、ここでは第２期としておきたい。

当時、「警戒区域の早期解除を何が何でも阻止しなければならない」という市村の思いに山下、佐藤も賛同し、ともかく何が起きているのか、政府関係者やメディア、知り合いの研究者にあたって必死に情報を集めていた。情報を収集している間に様々なことが分かっていったが、この間の状勢を整理するなら次のようにまとめられよう。

２０１１年12月16日に、野田総理は、原子炉の冷温停止状態による事故収束宣言を発表した。これは震災当初の事故対応工程表のうち、ステップ２が完了し、中期的課題への対応段階に入ったことを示していた。そしてこれによって爆発の危険性がなくなったことになり、先述の避難の２類型のうち、「爆発危険性からの避難」の解消が宣言されたことになる。しかしながら二つ目の避難、放射性物質による汚染の問題は残る。ただし汚染は同心円ではなく、むらがあるわけだから、それを見直す必要がある。汚れていないところは帰れるため、それ以上に賠償する必要はなく、また汚れたところはすぐには帰れないので引き続き賠償する、そうした区域の再編がもくろまれたのである。ただし高汚染地域も時間をかけて除染をすれば帰れるはずなので、すぐに除染できるところと、除染に時間がかかる場所とに分けるかたちとなる。このような考え方で避難指示区域の見直しが進められていったと考えられる。

しかし問題は、工程のステップ2が完了したといっても、放射性物質が漏れていないのかといえばそうではなく、実際には漏れ続けており、ベントも行っている状態にある。また、野田総理が使った「冷温停止状態」という定義も科学的な根拠に基づいたものではなく(「冷温停止」という用語はあるが、これとはまったく異なる状態を指す)、曖昧で不明確な説明であり、後に同じ政権の復興大臣が「そんな定義はありません」と公言した事実さえあるわけだ。しかしながら、この宣言によって、ともかくも事故の収束が確定されてしまい、その曖昧な確定に基づいて避難対策は新たな段階に入ってしまったのである。

第3期(2013年4月以降)――避難指示区域の再編以後

避難指示区域の再編については第4章でも詳しく解説するが、ここではまず、警戒区域と避難指示区域とは大きく性格の異なるものだということに注意しておきたい。避難指示区域は、ただ避難を指示するだけで強制力はない。これに対し警戒区域は、許可なしに侵入すれば罰せられ、強制的な性格をもつものである。そして第3期に進んでいたのは、強制力の強い警戒区域を解除した上で、避難指示区域を(これもすぐには解けないので)三つに再編し、線量の低い区域から順に解除していくための準備を行うというものであった。その区域再編の基準が年間積算線量20ミリシーベルトである。

要するに、汚染の濃度でいえば、早期帰還を目指すところ(年間積算線量20ミリシーベルト以下）、数年で帰還を目指すところ（年間積算線量20〜50ミリシーベルト）、5年以上帰還できないところ（年間積算線量50ミリシーベルト以上）があり、そしてそれ以外は、すでに汚染されている状態ではないので（厳密にいえば、汚染はされているが避難すべきレベルのものではないので）帰れますよということである。おおむねこのような理解をすれば、避難指示区域再編についての政府の考え方というものは整理できるだろう。[3]佐藤はいう。

「問題は、我々の調査から明らかなのは、実は爆発からの避難についても、まだ住民はみんな不安に思っているということ。さらに放射能汚染からの避難に関しても、一度汚染された後でも、どうも数値が動いているらしい。除染したところ、いったん下げたところが上がったりする。さらには一時キセノン135が出ているという報道もあった（2011年11月）。キセノン135という物質は、半減期が通常9時間というもので、そんなものがなぜ発見されるのか。放射性物質は出ていないとは信じがたいというのが、現実的ではないだろうか」。

山下はいう。

「我々も町民とかいろいろな方々に話を聞くことがありますが、実際に町民の人たち、被災地の人たちというのは、知り合い等に現場に入っている人たちも多いので、いろいろな情報が出てくる。そういうものを聞いていると、基本的にはまだ止まっていないとか、事故当時と変わっていないとかいう話が、我々の耳にまで届く。そういう状況のなかで、住民が安心して帰れる条件が今揃っているかというと、そうではないだろうという気がする」。

だが、こうした研究者たちの話に対して、市村はこうもいう。

「内部で作業をしている人たちに関しては、そのなかの情報が外に出ている問題について、僕はちょっと懸念を抱くね。東電の内部の人たちにとっては、東電が発表しているものが基本すべてなのよ、あそこで作業をしている関係上はね。要はあそこで作業をしているのは人間なんだから、東電だって命は惜しいぞと。爆発の危険性に関しては、東電の人間たち自身の命に関わる話になるから、それは確かに対応しているんだろうと思う。でも、その対応をするために何かが犠牲になってはいないのかという疑念は残る。例えば放射性物質の海洋流出がそうなのか、それは分からんけれども、そういう側面からは懸念をもつ」。

いずれにしても、警戒区域の解除と避難指示区域の再編に至る過程では、おそらくここで述べた様々な疑問を自治体側が実際に政府にぶつけてきた。そうした抵抗もあって、多くの自治体で再編が実際に完了するのは、当初予定から1年以上ずれ込んだ2013年の3月末になった。とはいえ、その時点でも唯一、双葉町だけが再編できずに残っており、これは当時の井戸川克隆町長が真っ向から政府に抵抗していたためであった。だがそれも町長辞任を経て(2013年2月)、2013年5月28日には区域再編が実施される。これで警戒区域解除・避難指示区域再編に関わる作業は終了した。[4]

ここで我々は、爆発が起きるような危険はまだあるのか、あるいは放射性物質の漏れはまだかなりの程度で起きているのか、そうした事実の確定が重要だというかたちで議論したいのではない。そもそも、そういう議論はできない。というのも、たとえ事故当初の抜き差しならない状況からは脱したのだとしても、事故現場周辺にはもはや近づくことさえできず、

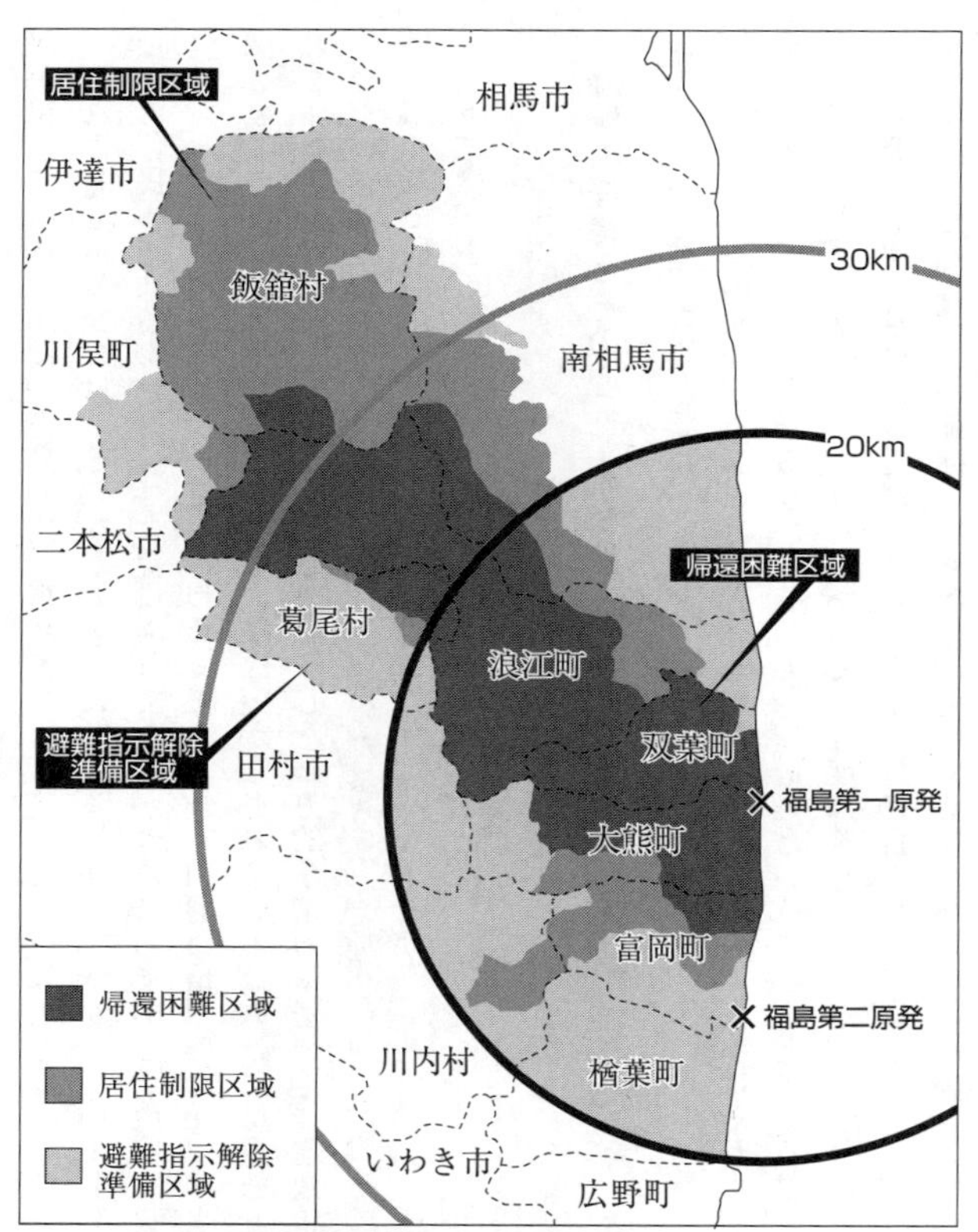

図３　第３期の警戒区域解除・避難指示区域
出所：経済産業省「避難指示区域の概念図」（2013年8月7日）をもとに作成

何が起きているのかは、当分の間、専門家でも確定することはできないからだ。

それよりも重要なのは、そのなかで事故に関わる情報が、分かっている限りでも的確なかたちで住民へ、あるいは国民へと提供されてこなかったことである。政府や東電はただ「安全である」を強調するばかりで、きわめて曖昧で一方向的な情報のなかで、当の住民は一切関与することなく原地帰還という重大な決定がなされている。人々には避難元の安全性を判断する権利はないのだろうか。そしてこうした一方的な情報に基づく帰還政策は、これからいったいどんな事態を生み出すことになるのだろうか。「帰還政策」そのものに関する議論は、第4章で展開することとしよう。

以下では、さらに避難の実情を掘り下げていくことにしたい。

避難の経緯とその心性——何からどう逃げてきたのか?

「なぜ、着の身着のままの避難だったの?」

避難には二つの側面があることは確認した。ではそもそも、人々はそれをどの程度、どのくらい認識して逃げたのだろうか。そして今、避難ということをどのようにとらえているのか。市村に山下が疑問をぶつけるかたちで、今度は避難の心性を順に切り出していこう。

そもそも最初の避難指示だが、２０１１年3月11日から12日にかけて、官邸では必死になって状況を把握し、どの範囲まで避難指示を出す必要があるのかを検討している。もっともその避難指示も、当の現場や住民に伝わるかどうかは一切未知数であり、ともかく指示を出さねばならないというだけのオペレーションだったようだ。

これに対し、現場の各町役場には国からの避難指示が直接届くことは一切なく、それどころかきちんとした第一原発の情報も入らないまま、ようやく3月12日に入って、危ない状況だと知ることになる。役場は急遽、防災無線で町民に避難を呼びかけ、12日の午前中にバスなどを手配して住民を集め、乗り込ませるという緊急避難が始まった。このことをふまえて、山下はまず次のようにいう。

「この原発事故に関する各種の事故調等では、政府がどの時点でどういう判断をして住民に避難の指示を出したかという話がよく出てきます。しかし、それが住民にしっかり届いているかというと、そのことには疑問がある。各自治体の職員にヒアリングをすると、役場の災害対策本部には、3月11日・12日の時点でさえ政府から直接に避難指示が届いていたという形跡がない。直接の人の行き来や、あるいはテレビなどを通じて、いろいろなかたちで現場の情報が入ってきて、これらを役場で自主的に判断して住民に避難を呼びかけ、バス等を用意して12日の朝に移動を始めている」。

むろん地域ごとの微妙な違いにも配慮が必要だろう。最初の3キロ圏内の避難要請は、第一原発から発せられた様子がある。第一原発内では事故の緊迫性は明らかであったから、第一原発に近いところでは（空間的距離のみならず、社会関係上も第一原発に近い人は早いうちに情報を知り得た）11日にも避難は始まっていた。

それに対し、市村のような少し離れた地域の一般の町民は、何も知らないまま一夜を明かし、早朝に町から避難を呼びかけられることになる。山下は問う。

「僕の疑問は、最初の避難の指示が、原子炉が「爆発するぞ」というものであって、それが政府から自治体に来て、自治体から住民にその指示が伝わって動いているのであれば――それが本来、想定されていた指示の流れなんですが――今でも政府を信頼しろということは分かる。けれども、それはまったくなしに、町の独自判断でただ逃げろとだけ指示され、とにかく着の身着のまま逃げて、振り返ってみると爆発が起きている。しかも、3月15日の2号機からの大量の放射能漏れでは、SPEEDIによって政府はその情報を知り得たのにもかかわらず、自治体にも住民にも伝わらなかったという現実がある。これは少なくとも逃げている住民側からすると、避難命令そのものに対する信頼というのが、最初から実は存在しないというべきなんじゃないですか」。

住民からすれば、避難指示すら正確にできなかった政府に対し、もはやそこで信頼は失われているといってよいのではないか。帰る/帰らないは、そこから議論すべきではないかというわけだ。しかし市村の答えは、この事態は信頼の崩壊などというかたちで簡単に説明されるものではないことを示している。

「それはイメージが違う。防災無線で避難の指示はたしかにありましたよ。でも、それがどこからの発令だとか、そんなことは住民にとっては関係ない。町だとか、国だとか。ただそのなかで、後で考えれば、当時状況の分かっていた人は早くからいなくなっている。でも、多くの一般の人、状況の分からない我々のような人間は、それこそ訳も分からず着の身着のまま逃げているんですよ」。

このときを振り返って、避難当初は「数日で帰れると思っていた」と市村がいうことを、我々は十分に吟味する必要がありそうだ。

「『原発事故が起きるという状態なのに、なんで着の身着のままなの？』という聞かれ方をよくされた。今思えばそれもそうかなとも思うけど、自分が当事者の立場にたっているのではない見方としてはね。でも現実として、やっぱりそこで「安全神話」といわれるものが、いかに地域の人たちのなかに強くあったのかが思いっきり露呈していたと、今となっては感じられるんだよね」。

ここは非常に重要なところだ。市村の説明を丁寧に読み解いていこう。

「それは信頼していたものが崩れたということではないの？」

「それが信頼というものなのか、いわゆる「原子力ムラ」といわれる構造なのか、あるいは「安全神話」という言葉でいわれていることなのかは素人には分からない。要は、にわかに信じがたい状況ということ。何十年と蓄積された関係性のなかで培われていたものが、防災無線一発で、はい、さようなら、という話になるなんて、そのときはやっぱり分からなかったのかな。それは、自己反省も含めてなんだけれども、やっぱり分からなかった。それが着の身着のままということの理由になっているのではないのかと思う。本当に追われて出ているんですよ。これはあまり言っていいのか分からないけど、「よーい、ドン」で逃げたわけではないです。防災無線があって、「何？　どうなってるの？」と考えながら出ていく。ただそれが、同じ原発避難のなかでも、津波に襲われて何にもなくなってしまった方もいらっしゃるからね。そういう人たちにとってはまた、着の身着のままは当然の話であって、俺らみたいに「避難をしなさい」と言われて出た人たちと、ちょっと違うのかなという気はするけど」。

富岡町でも海側の地域では、ＪＲ常磐線・富岡駅の駅舎も含めて、かなりの津波被害が生じている。市村の住居はそうした津波被害とは無縁の高台の住宅地であったから、地震で家中の物が倒れたとはいえ、原発事故さえなければむしろ、その後は地域活動のなかで被災地域を応援する側にまわっていたはずだった。そして避難を始めた時点でも、まさか原発で事故が起きているなどとは考えてもいなかったのである。

振り返ったら帰れなくなっていた──「え？　本当？」が続いている

「結局、そういう考えで逃げているから、やっぱり絶対帰れると思っていたんだよね。何日間かで帰れると本当に思っていたもん」。

これは、だが、いわゆる「安全神話にどっぷりつかっていた」と世間でいうこととは少し違うようだ。

「信じていたものに裏切られた、という感じですか？」

市村は答える。

「結果的には裏切られたんだけど、当初の感情としてはそれとはまたちょっと違う変な感じで。振り返ったら、帰れなくなっていた。とくに爆発の危険性があって出た人たちにはそういう感じがあるんですよね。だって出るときには帰れると思っていたんだもん。12日の朝の時点では。ところが出て、避難をして、落ち着いて、後ろを振り返ったら帰れない現実になっているわけだよね。安全神話の裏返しみたいな話かな。裏切られたというよりも、神話が崩壊するという。それこそ神話なんだろうね、崩壊したことの無力感というか、何て言ったらいいのかな、表現が難しすぎる。何か……」。

「それはもしかすると、しまった、みたいな感じ？」。

「しまった、はあったかもしれない。「えっ、何事？」という感じ。何が起きているんだろう、という」。

どうも要は、事故が起きたことに対して、「えっ何？」という事態の分からなさ、不可解さがともかくの出発点だったということだ。これはたしかに、「神話」と呼べるものかもしれない。だがそれは、やはり次のように言い換えるべきもののようだ。市村はいう。

「マインドコントロールですよ、むしろ。私たちは信じ込まされてきた」。

こうしてだから、避難者たちの心情は、しばしばメディアに求められるような政府・東電への不信とか、あるいは原子力というものに対する怒りなどというものとは異なる何かである。避難者たちにとっては、ひたすら「えっ何？」が続いているのであり、２０１３年の区域再編も、あるいはその後展開された賠償の時効問題なども含めて、みな分からないことの連続でしかないのである。

人々の間でよく出る、「なぜだか涙が出てきて止まらなくなる」という話も、こうした文脈から考えれば、それが何を意味しているのかが分かってくるだろう。2年が経過してもまだ人々は、自分たちの置かれた立場が分かっていないかもしれない。避難者たち自身の「不理解」は事故の当初から続いている。そしてそのマインドコントロールは一気に解けるのではなく、時間をかけて徐々に解けていく。しかもその解けていく時間がまた、とてつもなく辛いのである。

我々はこうした避難の原点から原発避難者の立場を理解していく必要がある。当人たちにとって、理解しようにもできないことがずっと続いているのだ。そして、その当事者たちが理解できないことのうちに、我々国民の世論の動きもある。もしかするとこの事態の打開にとってより大切なのは、彼らが受けてきたマインドコントロールが解けること以上に、我々一般の国民自身の側にあるマインドコントロールに気づくことなのかもしれない。この点はのちほど第3章で検討することとし、ここではもう少し、避難の心性の理解に努めてみよう。

避難で感じた得体の知れない恐怖

佐藤が市村に問う。

「そのときに、恐怖心というのはどの時点から出てくる？　「えっ」から、「怖い」という認識への転換はどのあたりから？」

「恐怖心は人それぞれだろうけどね」と市村は言葉を濁す。

ここで市村の避難経路を示しておこう（各論1も参照）。市村の場合、3月11日の震災で家の中がめちゃくちゃになり、すぐ近くの空き地に車を出して近所の人とともに避難した。明けて12日、早朝に町の防災無線で避難の指示を聞く。ガソリンが乏しいことから、集合場所となったリフレ富岡（町の健康福祉施設）に向かう（なお、すでにこの時点で放射性物質が漏れていたという情報が、ずいぶん後になって公表された）。バスの手配がなかなか進まないなか、ようやく昼前に富岡を出発。避難先となった隣の川内村までは、避難する車の渋滞で3時間かけて到着する。そして避難所となった川内小学校に入っていたときに、最初の水素爆発の報道を聞いた。12日の午後4時頃である。

最初は、帰れると思ってバスに乗る。バスを降りた後、最初の爆発の報道を聞いて「あっ、これはもう帰れない」ということになる。しかし、本当にマインドコントロールが解け始めるのは、さらにその数日後、3月14日から15日にかけてのことのようだ。14日午前11時頃、3号機が水素爆発し、また翌15日朝6時頃、2号機が大量の放射性物質を撒き散らし、さらに4号機が水素爆発に至る。2号機のほうは水素爆発をしていないので一見、何事もないかのようだが、実際はこの放射能漏れが今回の事故では最大の汚染となった。12日から15日までの川内村での様子を、市村はこう語る。

「川内村にいたときには、村民の人たちに本当にいろいろお世話をしてもらった。食事でも何でも。農村だからお米とかもあるし、毛布もみんなで持ち寄って出してくれたりとか、いろいろやってもらって本当に感謝しています」。

だが、次第におかしなことに気づくことになるのだ。

「あれはね、3号機の爆発あたりからなんだよね、実際には」。14日、3号機の爆発が報じられた直後から、自分たちが何か得体の知れない状況のなかにいることがはっきりと認識されてくるのである。

「問題は村の人たちではない。別に何の被害もなく、生活に何の不自由もなかった川内で、なぜ通信網が途絶えていたのか。道も完全に分断されているわけじゃない。郡山方面からも自由に入って来られるわけだから。いわき方面なんかも、ふつうにがけ崩れもなく通れたわけだよ。これは、その後逃げるときに自分の目で確かめたことだけれど、震災から4日も5日も経てば現場がどういう状況か分かるわけでしょう。それが何も上がってこないんだよね。無線機1本持ってきたっていいじゃん。道はあるんだから。でも、それがないことの怖さというかな」。

そして情報どころか、食料や燃料もなくなっていく。岩手や宮城の被災地では、急ピッチで道路の復旧が進められ、被災地に生活必要物資が次々と運び込まれていた時期である。これに対して、福島の被災地には、道路の寸断も何もないにもかかわらず、外からのアプローチがなぜか一切途絶えているという不気味な現実があった。

「川内村では、救援物資とかいうんじゃなくて、本当に村の人たちのご厚意として、ご飯も毛布もいただいていたんです。でも外からは何も入ってこない。気がつけば自衛隊も警察も見かけなかったし、燃料が届かないから自分たちで移動もできない。でも道はあるんだよ。命の危険性というのか、何か得体の知れない状態だったなという気はしますよね」。

このあたりは何かの作動が働いていたのか、電話も最初はつながっていたものが、急につながらなくなったという（町役場がもつ衛星電話が2回線つながっていたのみ）。インターネットも見られなくなる。事故直後はつながっていたものさえもが、順に切れていく。

「表現として難しいんだけれども、このあたりはね。正直にいえば、2年経ってもここはうまく表現できない」。

そしてこうした状況のなかで、15日の2号機からの大量の放射性物質漏れがあり、20〜30キロ圏に屋内退避指示が出された。市村たちが避難していた川内村もそのなかに入り、指示は屋内退避だが、川内村からも外へ向けて避難が始まることになる。

市村たちも、「とにかく早く子どもを出さなきゃならない」という意識に切り替わり、川内を離れてさらに遠くへと向かうことになる。富岡町は、川内村とともに郡山市にある公共施設ビッグパレットふくしまに移動を決定するが、そこは当時、施設自体が地震で被災しており、川内村に避難していた人々のすべてを収容できる場所ではなかった。そこで役場と同行する本隊から離れて個別の避難に切り替えた人々が大勢おり、市村も家族とともにそうした一人となる。とはいえ、市村の場合も、燃料もないなか、北茨城市に避難していた知り合いが川内村に訪ねに来てくれたことでようやく移動の手段を得ている。その後、市村は4月1日に東京都に住宅（みなし仮設）の提供を受け、そこで家族とともに暮らすことになる。

こうして、いわば狐につままれたように避難は開始され、しかも避難した先でさえ、事故の真実は伝わってこず(これは役場の災害対策本部でさえ同じ状況だったことに注意したい)、それどころか外部からの情報がまったく途切れた状態のままで、突然、本当に起こっていたことが——それも非常に断片的なかたちでだが——間接的に示される。命に関わる問題でありながら、必要な情報が遮断されている。そのなかで、自分のみならず、家族や子どもたちのすべてを判断しなければならない恐怖。気がつけば見えない放射性物質で汚染された場所にいながら、その情報がまったく入ってこない不気味さ。

避難の実情がこうしたものである以上、そこには疑念、不信、恐怖などの負の感情が大量に張り付いてしまっており、そこに政府から、「もう安全だから帰ってください」「線量の低いところは帰れますよ」と避難解除の指示が出されても、人々はそう簡単に受け入れることはできないだろう。こういう避難でなければ、「政府がいうなら帰りましょう」もあるのかもしれない。しかし、このときの避難の経緯や、情報の流れ、そしてさらに気がつけば放射性物質で汚染されたなかにおり、被曝させられてしまったことを知ったときの「しまった」を伴う恐怖心。これらは、いったん体験してしまえば、もはや「なかったこと」にはならないものだ。人々が避難指示が解除されてもなかなか戻ることはできない背景には、こうした経験がある。

爆発はもうしないよね

ところで、こうした恐怖は住民はむろんのこと、避難自治体の職員たちこそ強く感じていたものであり、かたちは変わるが当時の政府関係者にとっても共通するものがあっただろう。そしてさらには——いまだに十分に明らかになっていないが——、恐怖は東電のなかでさえ同じだったはずだ。言葉にもできないような不安と恐怖のなかで、この原発避難が行われたことに留意する必要がある。そしてこのことを考えたときに、今度はなぜかあるときから突然政府が態度を豹変し、避難を解消させ、人々を元の地に追い戻そうという力が働きはじめていることの違和感にも思い至るだろう。

政府はその方針を避難から帰還へ180度転換させた。そしてその異変が、当時の民主党政権のなかの転回に、すなわち菅政権から野田政権へと移行したこと（2011年9月）に呼応していたのは明らかであり、現在の帰還政策はこの時点から動き始めたと考えてよいようだ。そして民主党の衆院選敗北（2012年12月）までにはその道筋はつけられて、自民党・安倍政権に移行して2013年3月末にはほぼ帰還への道筋が確定したことになる。

すなわち、第一の避難「爆発危険性からの避難」は、2011年12月16日の時点で必要のないこととされ、また第二の避難「放射能汚染からの避難」も、一部地域を除いてもはや必要はなく、除染とインフラの再建が進めば、警戒区域に設定されていた20キロ圏内であっても徐々に避難指示が解除されることになっている。すでに、警戒区域を設定していなかった地域（緊急時避難準備区域と計画的避難区域）においては、警戒区域を設定していた20キロ圏内に先駆けて避難区域の解除や再編の動きが進んだことも、政府主導で事態収拾の方向性が決められていることの傍証になろう（詳しくは第4章）。

だがそうしたなかで、避難指示が解除された地域でさえ、多くの人々が戻っていない現実がある。今後、これまでの警戒区域内で避難指示が解かれても、少なくとも当分の間、多くの人は帰らないだろう。というのも、当然ながらそこには、今見てきたように次のような論理が働くからだ。再び市村に語らせよう。

「そもそも、帰還の基準となっている年間20ミリシーベルトという数値が何を意味しているのかは、原発立地地域であったからこそ、ほとんどの人が知っている。でもその上で、除染をして効果があるのならよいが、除染に限界があることも、事故当初からよく言われていたこと。そして、除染ができるのであっても、「もうこれ以上汚染されないよね」という確信があって、はじめて帰るということになる。いや、さらにプラスして、「爆発はもうしないよね」ということかな。だから、今の帰還政策はそこからしてちょっと違うんじゃないかなみたいな気がする、明確ではないけれども。でも、結局みんなと話をしていると、やっぱりそこに行き着くんだよね」。

この避難指示解除の基準となっている年間積算線量20ミリシーベルトという数値の意味については、もう少し後で考えたい。ここでは次に、こうした「帰れない」の声に対して、きわめてあり得る国民からのあの非難に答えておくことにしよう。それは、「被災者は賠償が欲しいから、帰らないのではないか」というものである。そもそも政府筋のなかでさえ、そうした認識で賠償問題を見ている。ここまで避難の内実について3・11直後の状況から検討してきたが、次に賠償問題という観点から、避難の本質にさらに接近していくことにしたい。

賠償が欲しいから帰らないのか？

賠償問題に潜む不理解──「賠償もらってよかったね」

「帰らない」ことが、「賠償がもらいたいからだ」という話にすり替わるとき、そこには大きな論理の飛躍が生じている。そしてここにはまた、国民と避難者との間以上に、避難者どうしや福島県民の間の分裂も根深く関わっているようだ。

賠償の問題については、今回しばしば見られる「不理解」を一つ解いてから話を進めよう。賠償とは、加害者が被害者に対して何らかの被害をもたらした場合に、その被害を償うために行うものである。賠償とはその字のごとく、貝を倍（「賠」）出すことによって「償」うこと（倍返し）であり、元に戻すことが不可能なので、金銭で解決を図るものだ。賠償をもらうということはだから、それだけの痛みをすでに負ったからだということを十分に理解しなければならない。このことが理解できないと、その不理解はしばしば次のような台詞を被害者に向けることになる。

「賠償が出たんだって。よかったですね」。

おそらく被災者への思いやりから出ているであろうこうした発言が、次のような比喩を用いれば、きわめて危ないことを言ってしまっていることに気づくはずだ。今目の前に、愛する家族を殺人犯に殺された人がいたとする。その人に、慰謝料として賠償金が支払われた。そんな人に向かって、「賠償もらってよかったね」と言えるだろうか。

「賠償金をもらって遊んでいる」「強制避難者は賠償金をもらってよい思いをしている」も、福島のなかでこそ、よく聞かれるものだ。ちょっとするとこぼれ落ちてしまうこうしたささいな話のうちに、避難者たちにとっては耐えがたい毒が潜んでいる。

同様に、政府の政策のなかにも、賠償をめぐる不理解が潜む。いや、潜むというよりも、堂々と公文書のなかに現れてさえいる。政府が公表する資料のなかで、「生活再建」策の筆頭に「賠償」があげられている。あたかも賠償が生活再建そのものであるかのように扱われており、だからこそ「賠償もらってよかったね」なのだろう。市村はいう。

「なぜか生活再建が賠償と直結してしまっている。でも賠償は償いであり、すでに失ってしまったもの、あるいはこの原発事故で背負わせられてしまったものへの対価じゃないか」。

ここにもまた大きな不理解が、国民と政府の双方にまたがって覆い被さっているようだ。

本質としての原状回復論──「元の放射能のない地域に戻してくれ」

こうした不理解がさらに一歩進むと、「賠償が欲しいから、なかなか帰らないのではないか」になる。避難指示が解除されたにもかかわらず人々が帰らないのは、賠償をできるだけ長くもらおうという魂胆があるからではないかというわけだ。市村はこれに対して次のように答える。

「お金に関する話がまったくないということはないとしても、とくに警戒区域内の人たちの話のなかで、「賠償をもらいたい」という表現はあまり聞かれなかったと思う。逆にどんなことが言われているかというと、「放射能のない元の状態に戻してほしい」ということだよ」。

たしかに、我々が行った聞き取り調査でも、あるいはまたタウンミーティングにおいても、賠償の話はまず出てこない。人々の自由な会話のなかで賠償の話が中心になるのは、例えば財物賠償の基準価格や東電への申し立てに関する制度などをめぐって、何かが動いたときだけだ。親しい仲間内でさえ「カネが欲しい」というかたちで議論することはまずないという。

だが、この市村の見解に対し、佐藤は、県内の別の事例を見ながら次のように反論する。

「いや、カネの話が結構出る地域もありますよ。「戻れないんだったらカネよこせ」と。悪く言うとね」。

でも、と市村が行う再反論はより明解だ。

「それって「カネよこせ」だけ取ればそうだけど、その前に「戻れないなら」とちゃんとあるじゃない」。

市村のこの言葉のなかに、公害問題を考えるための基本があるといっても過言ではないだろう。被害の解決は賠償ではなく、補償ですらない。原状回復である。むろん何かが破壊されたことから公害は始まり、すべてを旧に復することは無理だ。だが必要なことは、徹底して原状回復を追求することであり、原状回復ができないものがある場合にも、そこを補償なり、代替なりで補い、それでも駄目なものを賠償していく、正しくはこういう手順になるはずなのである。ところが今回の件に関しては、国民世論も、福島の県民世論も、そして国策そのものさえ、人々が原発災害で被った被害の回復を、最後に考えるべき賠償でとらえている節がある。そもそも被害の全貌さえ明らかではないにもかかわらずだ。市村の反論を続けよう。

「本当に欲しいのは賠償ではない。欲しいのは賠償じゃなくて、元の放射能のない地域に戻してほしいということ。そうした願いは当然ありますよね。ところが、それが今度は、報道とかメディア上の表現では「帰りたい」に変わったりする。でも、誰も言わないけど、「戻れない」というのもみんな分かってきているんだよね、一時帰宅を経ながら」。

「一時帰宅を経ながら」という表現も重要だ。2011年5月から始まった一時帰宅。それまで「帰りたい」と言っていた人たちが、一時帰宅で次第に朽ち果てていく家やコミュニティが消滅した様子を見て、「これはそんなに簡単に戻れるところではない」と実感していくことになる。

「そうすると、もう戻れないとするならば、失ったものの対価として賠償があるべきだろうと。しょうがないから、「元に戻せないんだったら、きちんと賠償してほしいな」という気持ちにはなると思う」。

だが、おそらくこのように原状回復と賠償の関係を理解している被災者は少ないだろう。それは国民世論も同じであり、「元に戻せないなら賠償しろ」の後半だけをとって、賠償を要求する動きに対し、警戒している気配さえある。それはまた一般国民よりは、現場で賠償等を動かしている人にとってこそそうなっているはずだ。むろん過去のダム移転などの公共事業の事例を考えれば、様々な裏社会が入り込んでカネをむしり取ろうとする勢力は現れ得るわけだから、警戒は当然の反応でもある。賠償に関わる担当者には、それはそれでしっかりとやってもらわねばならない。

だが、今回の原発災害の賠償とダム移転のそれとの違いについて、市村は次のようにコメントする。

「ダム移転と俺らのケースは、たしかに近いところはある。でも、考える時間というか、出ていくまでの時間とか、あるいは立ち退きを拒否する権利だとか、そういう駆け引きが俺らにはない。自分の財産とか人生とか、生業とか、すべてを切り売りするわけだよね、ダムの場合も。でもそれはそれで、自分なりにいろいろ時間をかけながら決定をして地域を出ていくことができる。そして、その際にはそれ相応の対価というものを請求できる。ここには駆け引きがある。俺たち原発災害の場合が異なるのは、俺ら強制避難者は意志をもって出ているわけではないということ。それは、自主避難の人たちだって、自分たちの意向で出てはいないというのかもしれない。でも「自主避難」という言い方になっているのは、あの人たちには、俺らとは違う、何らかの時間をかけた決定や選択があるんだよ。そこが大きく違っていて、それが何か俺らにとって不利に働いている気がする」。

時間感覚のズレが賠償の意味を変える

市村はここで、時間の問題を持ち込んでいる。だがこの時間軸は、市村がしたように過去の決定（避難する／しない）にだけ持ち込むべきではないようだ。山下はさらに、原発災害は、未来に向けても非常に難しい状況をつくり出している、という。

「一般的に考えてみれば、ここに「何が何でも原地に戻りたい」という人と、「戻らないで避難を続ける」という人がいたときに、ふつうに考えれば、賠償に飛びつくのは「戻らない」人。「戻りたい」人はむしろ、原状回復を要求するはずです。例えばダム移転の反対派は、原地を維持して残りたい。ダム移転の受け入れ派は、賠償をもらって出ていこう。こういうことで分かれるはず。でもそれは、ダムができるかどうかで白黒つけられてしまうから、問題構造は単純です。つまりは未来について開かれていないから、その程度で分裂は終わる。これでも大変な分裂なんですけどね」。

だが、原発災害は未来にさらに開かれてしまっている。その未来への関わり方によって、人々の間に次のようなことが起きているのではないか、という。

「戻りたい人は、どうせ戻るなら、今すぐにでも戻りたいわけです。そうすると、実は原状回復は多少どうでもよいことになる。ある程度のリスクを背負ってでも、戻るということを優先しようとさえするかもしれない。それはまた、早く帰って生活を再開しなければ、「ふるさと」が永久に失われかねないという、犠牲精神にも結びついているから、「早く」ということが目標にさえなる。これは、高齢でそれほど残りの人生に時間がないと思っている人なんかにとってとくにそうでしょう。そして――ここが問題なんですが――早くということから、賠償も早くやってくれということになる。決定が長引くよりは、額は多少小さくなっても早くまとまった金銭が欲しいということになる」。

そうすると――と佐藤が引き取る。

「早期帰還を望まず、避難を長引かせようとしている人間は、賠償を引き上げようとしているのではないかとの疑いももち得るわけだ。被災者の間で」。

ところが、戻らないと決めた人々も、完全に帰還をあきらめたわけではなく、何らかのかたちでふるさとの再建に貢献したいという人は多いわけだ。そして実はこうした人々にとってこそ、今度は原状回復が目標になってくる。むろんその場合は、時間のスパンは短期ではなく、長期で考えられており、まず30年は帰れないが、逆にそこまでには原状回復は可能なのではないかと見ている層だともいえる。そしてこれができるのはむろん、40歳代以下の中年層より若い人々ということになる。

「ともかく早く戻って、早く原地再建を」という勢力と、「長期避難を実現して、しっかり賠償を取って、着実な原地の回復を」という勢力は、ぶつかり合うべきものではなく、この事態からの原状回復の難しさを考えれば、5年後、10年後、30年後と地域再生を計画的に進めていくために、相互に補い合うべきものだ。だが、立場がずれ、認識がずれ、利害がずれることで、互いに認め合うことが難しい状況が生まれつつある。そしてこうした人々の間の相違が政策にいいように利用されて、ますます互いに連携できない状況が生み出されてきているようだ。

今の帰還政策は、明らかにこのうち、早期再建派のみの言い分から論が構築されてしまっている。事故後6年をめどにすべての政策を終わらせようとする志向性も、早期再建を考える住民とならば合致する。だがそのことで、被害実態に即した賠償は退けられ、また長い時間をかけて安全な地域社会を取り戻すという長期再建派の地域再生への参加が阻まれる可能性がある。そしてそれは実は、早期再建派が描く再建そのものをも難しくするものになるかもしれない。だがこの点は、後で検討することにしたい。

「生活再建したいなら、早く和解したら?」

ここでの問いは、「賠償が欲しいから帰らないのか?」だった。だが右の議論をふまえれば、避難者に対してこう問うべきものではなく、むしろ東電・国に対して「まだまだ帰れる状況にないのに、なぜその賠償をしないのか?」と問うべきものだということは明らかだろう。ここでもまた、いつの間にか、事態が逆転してしまっている。市村はいう。

「だからといって誤解してほしくないのは、俺らは決して賠償から話をスタートさせたいわけではないということ。原則的には原状回復だけれども、それがかなわない場合に金銭で代償する、それが基本だと、それだけのことだ。そしてその賠償金は被害者の失ったものの対価のはずで、そのお金をどう使おうが、その人の自由であるべきだと思う」。

しかしながら、現実には政府の側が賠償からすべてをスタートさせ、それどころか「賠償金で生活再建しろ」とさえ言っていることに大きな問題がある、と市村はいう。たしかに賠償金で生活再建をする人もいるだろう。しかしなぜ政府にそこまで言われなければならないのか。しかも事態はそれで終わりではなさそうだ。避難生活が続くなか、このままでは、「生活再建したいならお金が要るでしょう。ならば早く和解しなさい」といわんばかりの状況に切り替わりつつある。そして事実、避難者の一部にとってはすでに、「賠償金が出ないので、生活再建できない」という認識が現れつつあるのだ。その反面、慎重に避難者の権利を主張する人々には、「賠償つり上げ」のレッテルが貼られかねない。どちらに転んでも、事故を引き起こした加害者にとっては有利な展開だが、本来被害者の側から事故処理を考えるべき政府が、加害者である東電の側からものを考え、この賠償＝生活再建のトラップにかかっているのがやっかいだ。人々は「なぜ帰れないのか？」をより説得的に論理付けする必要がある。

今、賠償問題に絡めて、時間のなかで避難者の置かれた現状について検討した。ここではもう一つ、空間という次元からも原発避難を検討しておこう。先の「避難の心性」の議論は事故直後のものだった。その後、人々は全国に散らばった。むろんその背景には、福島県浜通りの人々が、すでに全国の人々と交流し、婚姻し、あるいは職場を通じて広くつながり合っていた事実がある。しかし、これほどまでに避難先が広がった背景にはさらに何かがあるのだろうか。ここにも避難の心性を解く鍵がありそうだ。

広域避難を引き起こしたもの——なぜそこにいるのか？

安全よりも安心を求めた広域避難

今回の避難は、47都道府県すべてに散らばる広域避難となっている。福島県からは、強制避難・自主避難合わせて、現在15万人が避難しているといわれるが、そのうちの約5万人が県外避難者だ（2013年10月現在）。例えば富岡町でも当初、徳島県以外のすべてに散らばり、2012年度中に徳島県に移った人が出たことで全都道府県への避難となった。むろん、東北や関東、北海道などが多いが、なかには海外まで出ている人もいる。これはいったい何を意味しているのか。山下は問う。

「やはりこれは、事故に対する恐怖心がそうさせたというべきなんだろうか」。

市村は、もちろんそれはあるだろうけど、といいながら、避難の論理をさらに詳細化する。

「ただそれは恐怖心だけで考えるべきじゃなくて、もう一つ、別のものが加わっている。俺がすごく感じるのは、避難先を選んだ理由として、「縁故知人による」という言い方をしますよね。タウンミーティングで集まってきた人に、なんでそこに避難したのと聞いたら、友人がいたとか、親戚がいたとかそういう言い方をする。なかには市民団体のような支援してくれる先があったからそこに行ったという人もいるんだけれども、それは相当少ないんじゃないかなと思うのね。その理由はなぜかといったら、やっぱり恐怖心とともに、避難からくる心細さというか、要するに、情報断絶みたいな状況が起きていたなかで、拠り所というか、少しでも安全な場所というかね、そういうところに……」。

「それは、安全というより、安心に近いですね」。

「そう、安心という意味での、最低限の何らかの人間関係。それが何なのかは人それぞれだろうけれども、最初に避難をしたのはそういうところなのかな。何となくそんな気がする」。

だから、市村が東京を選んだことも、おそらく本人が元々横浜出身であったということに由来しているのだろう。

「例えば、東京だってどうなのかという話になるわけだよ。原発事故からの避難先として考えれば。大阪に行っちゃったほうがよかったわけよ、現実問題ね。でも、なぜ東京にとどまったのかというと、もう行き場がないって。俺はそう感じて東京にいたんだけれども。「関西に行ってどうすりゃいいの」って。行けば支援はあったと思う。関西だってしっかりやってくれているのは分かっているから。でも、そういうことじゃないんだよね」。

それゆえだから、しばしば報道などで出てくる市民活動などの支援グループを頼って避難先を決めていくという例などは、強制避難においては限定的なのではないかと市村は考えるわけだ。

「やっぱり友人がいるとか、同級生がいた、親戚がいた、叔母がいた、姉がいた、妹がいた。もしくは息子・娘がいたというものも多い。というのは、安全というよりもむしろ安心を欲したからだという気はするかな」。

こうして見れば避難は、ただ爆発の危険性や放射能の恐怖から逃げたということだけではなさそうだ。今までふつうに暮らしてきて、安全だと言われていたものが、ある日突然、危ないものに切り替わる。人々は何が何だか分からないまま、不安と恐怖に陥り、情報も助けもない、孤絶の状況に投げ出される。ともかく安心を求めて頼れる先へと必死になって逃亡する――だからこそ、100パーセント安全だとはいえないことを知りながらも、福島県内にとどまる人もいるわけだし、またできるだけ遠くへと、避難先を求めた人もいたわけだ。その避難先が1カ所で落ち着く人もいれば、転々と移っていく人もいた。そしてまた、場合によっては、危険を覚悟で元の地に帰りたいという人も出てくるわけである。避難の背後にある恐怖と、安心を求めた逃避行。立地40年を超える原発の事故で、約15万人もの人々が今なお元の地に戻れず広域避難をしているという事実の重みを、我々はもっと思い知ることが必要だろう。

福島県内にとどまる人、戻る人、再び出ていく人

こうして、ここまでにひもといてきた「避難の論理」をひっくり返せば、なぜ人々は帰らないかでもあり、またなぜ帰るのかでもあるはずだ。

「帰りたい」と言っていたのに、避難指示が解け、帰れるようになっても実際に人々は帰っていない。ここにはいったい何があるのか。戻らないのになぜ人々は「戻りたい」と言うのか。あるいはまた、一度福島県外に出ていたのに、いわき市や中通りあたりに戻ってきて、しかもまたそこからさらに出たり戻ったりを繰り返す場合がある。こうしたことがなぜ起き

表１　福島県から県外への避難状況（2013年10月10日時点）

地方名	都道府県	A 避難所（公民館、学校等）	B 旅館・ホテル	C その他（親戚・知人宅等）	D 住宅等（公営、仮設、民間、病院含）	合計
北海道	北海道			258	1,458	1,716
東北	青森			237	236	473
	岩手			142	397	539
	宮城			999	1,485	2,484
	秋田			234	576	810
	山形			449	6,081	6,530
	福島	—	—	—	—	—
関東	茨城			578	3,179	3,757
	栃木			524	2,416	2,940
	群馬			187	1,298	1,485
	埼玉	67			2,927	2,994
	千葉			3,406		3,406
	東京			1,566	5,595	7,161
	神奈川				2,211	2,211
中部	新潟			222	4,571	4,793
	富山			24	187	211
	石川			32	277	309
	福井			37	164	201
	山梨			119	566	685
	長野			95	835	930
	岐阜			53	157	210
	静岡			184	572	756
	愛知			97	667	764
近畿	三重			70	150	220
	滋賀			126	83	209
	京都			161	499	660
	大阪			87	556	643
	兵庫			138	410	548
	奈良			46	51	97
	和歌山			13	26	39
中国	鳥取			21	102	123
	島根			14	86	100
	岡山			106	220	326
	広島			89	184	273
	山口			23	66	89
四国	徳島			3	37	40
	香川			3	46	49
	愛媛			59	30	89
	高知			29	24	53
九州	福岡			60	278	338
	佐賀			7	100	107
	長崎			18	67	85
	熊本			41	67	108
	大分			8	123	131
	宮崎			36	101	137
	鹿児島			26	101	127
沖縄	沖縄			21	656	677
合計		67		10,648	39,918	50,633

出所：復興庁資料（2013年10月25日提供）をもとに作成

るのか。

この後者の例についても、原発避難とは何なのかという文脈から、我々は十分に解析しておく必要がありそうだ。そもそも賠償が欲しいからとか、支援が欲しいからとか、そういうことで人々がこんなとんでもない逃避行を続けているはずはない。避難に至った経緯をふまえ、この事故で人々が何を失ったのかということと、原発避難の現実とをしっかりと結びつけて考える必要がある。市村は続ける。

「避難先で何が起きているのかについては、こう考えられる。そもそも避難先で受ける支援は、縁故知人から受ける支援であっても、2週間、3週間、1カ月なんてやっていくのは、それはまた尋常じゃないことですよ。最初は「避難できてよかった」であっても、長引けば最初の安心感は次第に失われていく。状況が逆転するわけです。すると振り子のように県内に戻ってくることになる。ところが県内と言ったって結局はこれも避難先だから、決して居心地のよいところではない。だからさらに再び県外に出ていく人もいる。そのときに「何が頼れるものだったのか」というのが、人々が今いる場所を理解する大きなポイントになるのかなと思う。それを避難先で見出した方もいらっしゃれば、そうでない方もいらっしゃったのかなと」。

避難先の縁故知人の支援。そしてまたこれまで面識のなかったボランティアや市民活動による支援。これらはこの原発避難を乗り切るためになくてはならない資源であった。かといって、人々が失ったものはあまりに大きく、一時的にはともかく、長期的に支えるのには、各家庭や市民活動の力はあまりにも限られたものだったと考えるべきだろう。

人々は、様々な資源を状況に応じて使い分けながら、ともかくこの考えられない事態のなかで、自ら納得できる場所、「ここなら大丈夫」と安心できる場所を探し求めていった。その居場所探しは今も続いており、おそらく多くの人々にとってこれからも続く。そしてそれは、早期帰還を目指すのであっても、長期避難を続けるのであっても、あるいは原地を離れて新たな地で再建を目指すのであっても、長い時間を必要とするものであることは、原発避難を経験したみなが気づいていることだ。そしてこうした実情を考えていったときに、その互いの支え合いの一資源として、元々のコミュニティが——すでに土地からみな離れ、もはやその実体のないコミュニティが——今すぐ帰れるわけもないのに、なぜこの先も維持されなければならないのか、その意味が見えてくることにもなる。

信頼、安心、裏切り

こうして、「避難」ということ一つをとってみても、当事者の感じているものを理解するのには相当の論理の積み重ねが必要だということが分かるはずだ。「避難」、それも「原発避難」を理解するのはただごとではない。しかもなおも避難は新しく展開し、被害は未来に向かって広がってさえいる。この被害を理解するのにも、想像力と論理の積み重ねが大切なようだ。

ここまでの議論を整理しよう。本章では最初、原発避難の解説から始め、信頼の問題を取り上げた。そして避難で味わった恐怖体験と、賠償問題における不理解、そして広域避難の実態を整理していくうちに出てきた重要なキーワードが「安心」である。山下はいう。

「安心の反対は不安です。それに対し、信頼の反対は、ふつうは不信なんだろうけど、この分析で出てきたものは、不安ではあっても、不信ではない。むしろ信頼という語を「頼る」と「信じる」に分けるなら、「頼る」の反対、「頼りない」のほうが原発避難者の心境としてはしっくりくるだろうか」。

市村はいう。

「頼る……やっぱり、なぜ頼らなければならなかったのかというと、もう突然になくなってるものがあるから。頼りないっていうのは、それを補うものがないからじゃないの。頼れるということのなかには、物質的なものだけでなく、精神的なものとか、様々な環境を含めたもろもろがあるんじゃないのかなと思うけれど」。

佐藤はこうしたところに、震災前から調査で確認してきた日本型コミュニティの特徴を見る。

「信頼ってずいぶん前からあちこちで話題になっているじゃないですか。信頼と安心はよく並べられますよね。僕は、この信頼と安心こそが日本型のコミュニティの特徴だとずっと思ってるんです」。

そしてやはり、市村がいうように「信頼」と言うよりも「頼る」と言ったほうが、よりしっくりくるだろうという。佐藤は続ける。

「頼るというのは、元々は日本の村のなかで長年にわたって関係性を築いてきたことが基層にあると思うけれど、それは都会の暮らしのなかにも浸透しているものです。気づいていないだけで。頼る社会は、日本の社会全体の大きな特徴だと思う」。

この「頼る社会」はただし、一方向的なものではなく双方向的であり、より正確には頼り合う社会というべきだろう。そしてその頼り合いには、横もあれば縦の関係もある。国民は支配層を頼るとともに、支配層を信じることでこの国の統治を堅いものとしてきた。だが、そう考えていくと――と市村は引き取る。

「今回の事故でいえば、もしかすると、「頼る」の反対は「頼りない」ではなく、「裏切り」なのかもしれない」。

事故を引き起こしたことによって、信じ、頼るべき存在が、その信頼を裏切った。住民は国を頼り、東電を信じていた。そこには絶対の信頼があった。それはまた国や東電自身がそうしむけたことでもあった。原発に関わるすべての情報と状況判断の決定権は国と東電が握っており、そのために不信や疑心を一切認めない、絶対的な権力といってよいものさえ構築されていた。だがそれは、事故は絶対に起きず、安全が絶対的に守られることが前提であった。だからこそ、人々は原発に協力し、奉仕もしてきたのである。

今回の事故はあっけなくそれを裏切った。この「絶対的に信頼すべきものの裏切り」という構図が、この事故やその後の経緯を考える際には重要である。大きなものの裏切りの果ての逃避行として、原発避難は理解されなければならない。

だとするならば、まずは何より、この「絶対的に信頼すべきもの」がどのように構築されていたのかが問われねばならない。なぜなら、よくよく考えてみればそのようなものはこの世には本来存在しないはずだからだ。しかもそれを、「福島県民は安易に安全神話を信じるから駄目なんだ」というかたちで議論しては、この事故の理解からはますます遠ざかることになろう。そこには福島のみならず、日本が潜んでいる。だが、この点については第3章で続きを行おう。

事故を起こして、「もうないから信じてね」と言われても信じられるわけがない

ともあれ——こうして事故直後の状況から避難を経て、現在までの過程をざっと避難者の目線から追ってみれば、たとえ「帰りたい」「帰る」という声がありながらも、現地になぜ多くの人が帰れないのかが[6]、次第に理解されてくるだろう。市村はいう。

「繰り返すけれど結局、基本は、爆発の危険性なんだと思う。とくに半径10キロ圏内にとっては、爆発の危険性がまだあるから、それが全部払拭できない限り帰れないということになる」。

この根本にあるものがいまだに一切分からずにいる状態であり、しかもその上で放射能というまったく訳の分からないものが、ばらまかれてしまっている。

「見えもせず、においもなく、しかし一定量が集まっていれば確実に人は死ぬ、そういう物質。これはもうただの恐怖なんですよね。あるのはただの恐怖」。

しかしこの恐怖は、やはりただの恐怖ではない。3・11以降、それまで信じ、頼りにしていたものが一気に崩壊した上で、その信頼していたものの手によってもたらされた裏切りとしての被曝と放射能汚染。文字通り信じられない恐怖。この恐るべき恐怖に対して、それを「リスク・コミュニケーション」と称して、専門家が「安全だよ」と声高に叫び、放射性物質の安全性を避難者たちに理解させようとしても、そしてそこに大量の資金をつぎ込んだとしても、ここで生じた恐怖心や信頼の喪失というものは簡単に解けるようなものではない。市村は話し尽くしたといった感じで、やや落ち着いて次のように述べた。

「この地域の信頼は、40年、50年かけて積み上げてきたものだ。それが驚くべきことに一瞬にして壊れるわけだよね。でも、その上で、「明日からまた信じてね」なんて受け入れられるわけがないし、「何を言っちゃってるの？」となるのは、やはり当然だと思うんだよね」。

「戻れないのが分かってきた」と「もう戻れないですよね」の間

そして、こう考えてくれれば、「戻れないのが分かってきた」と被災者がいう意味合いにはきわめて複雑なものが含まれているということになり、その複雑さに対して、第1章の最初にあげた「不理解」の例、「もう帰れないですよね」が、物事を単純化しすぎることによって被災者の感情を逆撫でする感じも、ようやく腑に落ちてくるのではなかろうか。「戻れないのが分かってきた」と、「もう帰れないですよね」は、言葉が指示するものは似ているが、意味するところはまるっきり違う。

市村の使う比喩は、ややくだけすぎてはいるが引用しておこう。

「おちゃらけていえば、子どもの宿題と一緒。「ほら、彰彦、早く宿題しなさい」「今、やろうと思ってたのに」みたいなのと近いというのかな」。

もう少し説明してもらおう。

「だから現実の話として、「戻れない」と覚悟することは、「宿題しなさい」と同じくらい、いつかはやらなきゃならないことなのは分かってる。戻れないのは分かってるけど、自分の整理がつかないという感じかな」。

「もう帰れないですね」と言っている専門家は、少なくとも素人よりは状況を分かっている。分かっているからこそ、そう言っているのである。このことは前にも述べた。そしておそらくそういう専門家の多くは、政府がいう「安全」も、まして「リスク・コミュニケーション」も、そういうことは頭から信用しておらず、たぶん、これらに対しては不信の側にいる。そして、政府や東電に対峙しているという意味で、被災者の味方のつもりでもある。あえて悪い表現をすれば、正義の味方でさえある。

だがこれに対し、当事者は、「もう戻れません」と似たような言葉を使っても、思いとしては根底に「帰りたい」「戻りたい」があって言っている。だからこそ「もう戻れない」をなかなか口にできずにいるわけだ。だからそれを、当事者ではない他人にあっさりと「戻れないよね」と言われて「そうですね」とすんなり返せるものではない。むしろ「いや、そんなことはない」―「本当は失いたくない」と反論したくなるのだが、そうすると今度はそれが

「戻れる」「戻りたい」という意味で解釈されてしまい、帰還一本槍の政策につながっていくことにもなるわけだ。山下はいう。

「おそらく、「帰りたい」「戻りたい」という言葉の根底には、「失いたくない」「失うのが怖い」ということがあるのではないか。ふるさとを完全に失うことに対しての、すごくデリケートな心情が働いている。それが言葉としては「帰りたい」「戻りたい」になる。だがそれが、そのまま字義通りに都合よく解釈されて、帰還政策に利用されてしまっている。そんな気がする」。

他人がいう「もう戻れないよね」というのは、ただ単にそれだけのことかもしれない。だが、当事者にとっては「戻れない」ということには避難で感じた恐怖の再現とともに、大事なものをさらに失うかもしれない恐れまでもが複雑に交錯する。

「こうしてみれば、当事者は「戻りたい」とは言えても、「もう戻れない」とは、なかなか言えないことも分かるよね、少なくとも公衆の面前では。本当に心から「戻りたい」人だっているわけだから、そうした人のことを否定してまで、「あの地域は戻れない場所だ」などと言える人はいないでしょう。構造的にそうなっている」。

しかしながら、当事者たちはみな、「でも、戻れない」ともよく分かっている。当事者からすれば、そもそも「戻れないと分かってる」と「戻りたい」は、同じ一つの意見であり得るのであって、同じ人が両方を主張してもまったく矛盾はないものだ。佐藤が付け加える。

「現に、タウンミーティングでは、「戻らないけど、ふるさとを残すには……」という、両立の話をしている。別にそこに対立構造なんてない。タウンミーティングでは、戻る／戻らないの判断はそれぞれにあるとしても、富岡町を失うことを、それでよしとする話はまったくないですよ」。

市村もいう。

「そういう言い方をする人はいないね。富岡の人どうしであれば、自分は「帰らないつもりだ」という話だって出てくる。同じ立場の者どうしだから、「帰らない」ということがイコール、失ってよいという意味にとられるような、そんな心配なしに話せているんだろうね」。

この、「帰れない」ということに潜在する心理的な喪失感。この言葉を表明することがもしかすると引き起こす、ふるさとの消失可能性。この喪失感や消失可能性がないのであれば、人々はもう少し自由に話すだろう。市村は続ける。

「「帰れないですよね」は、言われたくないということじゃないんだよね。分かってるんだよ。さっきの子どもの宿題がいい例なんだけど、山下先生みたいなエリートの先生には分からない心情かもしれませんけれども、「勉強しろよ」と言われて「今、やろうと思ってるよ」というのと近いと俺はすごく感じる。言っている言葉自体は分かるのよ。でも、その根底にはやっぱり、失いたくないとか、やっぱり戻りたいという思いがどこかしら残る。それはなんでかって、そもそも覚悟をもって出ているわけではないから。完全に強制的に出されてる人間にとってみたら、そういうことになってくるのではないか」。

「戻りたい」と「戻らない」は矛盾しない。だから「戻りたい」という声に従って帰還政策を進めても、多くの人は現実的な判断として戻らないだろう。なかには、放射線リスクの問題を正面からとらえて、20年、30年のスパンでいつかは帰るつもりだが、「今は帰らない」と決める人も大勢いそうだ。だが、その向こう側で、帰還困難区域をのぞいて、5〜6年で帰還させようとする政策が現実に動いているわけである。こうしたなかで、政府が示す帰還の猶予を超えて、人々が帰らない（帰れない）という決断をした場合、その人々はいったいどうなるのだろうか。山下はいう。

「その場合、たとえ「いつかは帰る」ということであっても、「当分もう帰らない」と決めたのなら、それはもはや避難ではなくなるんじゃないでしょうか」。

避難とは何か？　被害とは何か？　被災者とは誰か？

「帰らない」と決めれば避難は終わる？

今最後に山下が示した論点が、これまで見てきた原発避難の複雑な問題構造の根底に潜んでいる。

いよいよここで、「避難」とは何かについて整理を試みることにしよう。避難とは何かは、「避難者」とは何かということであり、同じように使われている言葉、「被害者」「被災者」との差異を確かめることによって、その意味内容を詰めていくことができそうだ。まずは避難とは何かについて、この避難はいつ終了するのか、というところから話を進めてみよう。

山下はいう。

「避難とは、何かを避け、逃れることです。このとき、その避けるべき何かがなくなれば避難は終わります。今回の場合は、原発本体や放射性物質に対する危険性がなくなったときに避難は終わる」。

だが、さらにもう一つの終わり方もある。

「もう一つは、逃げることをやめたときです。避難先に落ち着き、逃げることをやめれば、それは移住であって避難ではなくなる。「帰らない」と決めれば、そこで避難は終わることになる」。

この説明に市村は驚いた。

「えっ、避難じゃなくなるということ？　帰らないということになれば」。

そしてつぶやく。

「分からなくなることがあるんだよね。住所はそのまま富岡になっているんだけど、もう東京に住んでいるわけだよね。今ここで起きてる現実があり、社会があるわけだよね。そこで、最低限の日常が始まっているわけですよ。でも、僕たちは避難をしてるんですよ。その時に例えば、自分では「今いる場所が避難先だ」と思っていても、その俺が「帰らない」と決めた時点で避難は終わることになるの？　仮設でもみなし仮設でも何でもいいですけれども、今、避難中だというときに、その人が「私は帰りません」と判断をした瞬間に、そこは避難場所ではなくなるの？　避難者ではなくなるの？」。

だが、「避難」という言葉の定義としてはそうなるはずだ。避難が続く限り、避難という問題は続く。逆にいえば、避難が終われば「原発避難」という問題は解消する。そういうかたちで考えることはできる。

市村は続ける。

「例えば、5年間は避難生活を余儀なくされるとなってきたときに、いつかは帰ろうと考えていた人が、「もう帰らない、無理だもん」と、いろんな諸事情——例えば、生活、家庭問題などの諸事情——から考えて、そう決断した瞬間に、その人の生活は避難生活ではなくなるの？　自分が被災者個人として、ここで帰らないという選択をどこかのタイミングで本人がすることによって、県内、県外、どこでもいいですわ、郡山なら郡山でいいんだけど、そこで選択をすればそれで避難が終わるということなの？」。

「論理的にはそうですよね。避難は戻ることが前提だから、戻らないと決めても、避難は解消する」。

例えば、避難先に住居を確保し、住民票を移したとする。それはもはや移住だ。避難は終わり、引っ越し完了ということになってしまうのではないか。だが、と山下はいう。

「それを個人の選択で決められるのならまだよい。今進んでいる帰還政策は、避難の終了を避難者自身ではなく、政府が決めるという方向になっているんですよ」。

原発避難を終わらせるために何が必要か。帰れる場所をつくること、人々を元に戻すことだ。帰るところを確保することで、「避難という問題を終わりにしましょう」、そういう政策になっているようだ。むろん、放射能汚染の度合いによって、それぞれに復旧の時期は変わってくるから、その時期をはっきりと示すために、避難区域を3区分する。そして段階を追って避難を終わらせ、賠償も終わらせる。むろんそこで帰らないという選択をする人もいるかもしれないが、その時点で帰らないと決めれば、それもまた避難の終了だと受け取ってよいだろう。政府が帰れる場所を確保した。そこに帰る帰らないは個人の自由だ。公的にはそこで避難は終了する。

帰還政策は要するに、避難の終了時期を政府で決定して、そこで避難を終わらせ、原発避難問題を終了させる政策だと考えることができる。[7] 山下は続ける。

「避難が解ければ避難者ではなくなる。では避難を解くために何が必要か。元の場所に戻させるか、あるいは、もう戻らないと決めさせるかのどちらかですよ。そのときに2011年12月16日の事故収束宣言の意味を考えてみれば、今起きていることはよく分かる。「事故は収束したのだから、後は除染をして、空間放射線量が一定程度下がればもうそれで安全。帰れますよ、避難は終了です」という宣言でもあるわけです。でも、それは政府の一方的な話であって、実際の避難者からしてみれば、それで避難が終わるかというと、そういう話ではない。でも、今の政策はそういうことなんですね。論理的には、政府が決めれば、そこで避難は終わる」。

市村はいう。

「変な話だ。帰れることで終わるって。政府の論理は分からなくはないけれども、こっち側の話をすれば、帰れるというのは、原状回復してはじめてできることなんだけどね」。

　これは逆にいえば、原状回復についての政府の考えと、避難者たちの考えが違うのだということでもある。政府にとっての原状回復は、年間積算線量20ミリシーベルトを下回る被曝量まで下げることであり、避難期間中に破損したインフラを復旧することである。さらには公共事業としてできるハコモノづくりや、壊れた産業に替わる新産業形成への支援といったところまでだろうか。残りは賠償金も出ているので、基本的にはそれで各自やりなさいということなのだろう。山下はいう。

「政府の復興の論理がこうやって分かってくると、先にふれた「もう帰れないですよね」と言われたときの違和感も、また同じ角度から分かってくるかもしれない」。

　つまりこういうことだ。「もう帰れないですよね」という言葉の裏には、「原地をあきらめて別のところで生活再建することを決めないといけませんね」という意味が含まれている。もちろん避難先で生活再建するという課題は残るが、「帰るか、帰らないかを決めること」が避難が終わる転換点であるという意味では、政府のそれと同じ考えに立っているといえるだろう。山下はいう。

「でも避難している側からすれば、避難が終わることとは何なのかといえば、もう帰れないと決めて生活再建することでもないし、戻れないと分かっていながら戻ることでもないんだと思うんですよ。故郷再生のために身を張って戻るにしても、賠償が切れ、支援も終わるので仕方なく戻るにしても、そこで避難が終わるわけでは決してない。最初に避難したとき、何から避難したかというと、恐怖とか不安とかそういったなかで逃げた事実があるわけではないですか。そうした恐怖や不安は政府がいくら「安全だ」と言っても残り続ける。じゃあ、避難とはいったい何なのか。おそらくここにすでに「不理解」があるね。この問いをもっと掘り下げて、理解に持っていく必要がある」。

強制避難、自主避難、生活内避難

ここで、山下と佐藤が所属する、社会学広域避難研究会で行っている避難者・避難地域の分類に関する議論を引用しておこう。[8] 研究会では大きく次の三つを定義し、避難を考えている。

第一に強制避難。これは居住地が「警戒区域・計画的避難区域・緊急時避難準備区域・特定避難勧奨地点」[9]に指定されたことで、自宅に戻れずにいる人々・地域のこと。すでに緊急時避難準備区域と特定避難勧奨地点の一部は指定が解かれており、これら解除済みの地域・地点に関しては、仮設住宅やみなし仮設住宅等の支援制度は継続される一方、東電からの「精神的損害に係る賠償」については、一定期間が経過した後に打ち切りとなっている。[10] 今後、存続する支援制度が解かれてくれば、それ以降の避難は次の自主避難に移行することになる。このことは警戒区域・計画的避難区域に指定された場所に暮らしていた人にも将来的には同じことがいえる。すなわち、警戒区域・計画的避難区域はすでに三つの避難指示区域に再編成されており、今後、避難指示解除準備区域から順に避難指示が解かれていけば、その後も避難し続ける人は自主避難となる。

第二の類型が自主避難である。これに該当するのは、右のような避難指示がないまま、自主的な判断で避難を行っている人々である。自主避難者はむろん福島県民に多いが（とくに浜通りと中通り）、さらに福島県以外からの避難もあり、当初は関東などからも多くの人が自主避難した。

これらの避難元と避難先との間には、いわば玉突きの関係がある点にも注意が必要である。第一原発に一番近いところにあった20キロ圏（のちの警戒区域）からまずは30キロ圏（同じく緊急時避難準備区域）への避難が行われ、これらの区域から、いわき市や相馬市、そして中通りの地域への避難が行われ、さらにこれら県内の避難受け入れ地域からは、福島県外の地域へと自主避難が行われていった（とくに中通りからは、関東圏のほか山形県や新潟県等への自主避難者が多い）。そしてさらに関東圏からは西日本への自主避難が行われ、避難者を受け入れる地域から、避難者がさらに次々と外へ避難する展開となっている。

「原発避難」として一般に認識されているのは、これら強制避難と自主避難である。しかしながらさらに第三に、生活内避難をとらえておくことが必要だろう。福島県内ではとくにそうだが、県外でも放射能汚染が生じた地域では、地域にとどまりながらも日常生活が平常に行われていないという意味で、そこでも原発避難が行われているというべきである。たとえ住み処を変えないにしても、多くの人が口にするものや外出先に気を遣い、とくに子どものいる家庭では、なるべく外に出さないなどの配慮をする、こうしたかたちで生活内での避難が続いている。生活内避難については、佐藤のいう次の点も重要だろう。

「この2年間、福島県内では様々な調査がありましたが、子どもたちが受けた放射線被曝の数値については問題がある。正確にいうと、その扱いや捉え方には注意が必要だと思う。福島市内やその周辺などでは、そもそも生活内での避難を続けている人がほとんどですから、ふつうの生活をしているわけではない。例えば、子どもには「外で遊ばせない、触れさせない」というかたちで、親御さんたちが徹底的に気を遣った上で受けた外部被曝の数値であることに留意する必要がある。でもそうした数値を使って今後の対策なんかも決められるようですね。行政に関わっているリスク・コミュニケーションの専門家のなかには、「実際に測ってみたら意外に被曝していないから、心配することはありません」と言う人もいる。あるいは「できるだけ屋内で生活して、山のものや路地野菜は食べず、皆さんが自分たちでしっかり線量管理をして危険な場所に近づかなければ、ふつうに生活できますよ」と言う専門家もいます。もちろん、そうした取り組みの必要性は否定しませんけど、しかしそこには、生活のなかで避難を続けることのつらさに対する理解とか配慮が欠けている気がする」。

だが、そもそも政府の政策上の「避難」のうちには、自主避難も生活内避難も入らないわけだ。いや、福島県内に関しては、原発からおおむね50キロの23市町村の住民すべてに、避難しようがしまいが一律8万円の賠償と、妊婦と18歳以下の子どもに関しては40万円の避難費用の支払いが認められている。「原発事故子ども被災者支援法」も、強制避難以上に自主避難や生活内避難に向けた支援をもくろんだものだ。こうしたかたちで「自主避難にも生活内避難にもきちんと対応はあるではないか」と反論があるかもしれない。だがこうした対応も、帰還政策を前提にした現実のなかで、なし崩しにかたちだけのものになっていることに注意しなければならない[11]。強制避難でさえこれから帰るのに、自主避難や生活内避難などはもはや、政策の対象として見られてはいないようだ。

さて、こうして三つに分類してみれば、強制避難者の行く末もまた、今後二つに分かれていくのだということも分かる。政府の政策は、おそらく強制避難の強制性を解きたいのである。強制性を解くことによって、政府と東電の責任は終わる。自主避難は政府や東電にとっては避難ではない。ましてや生活内避難は一般の多くの人にとっても、避難と見られていないだろう。そして強制避難者は、帰還政策が進むなかで、原地に戻って生活を再開するか、戻らずに避難先で生活再建を試みるかということになるが、本人たちにしてみれば、どちらも正常な生活に戻るということではない。前者は生活内避難に転換し、後者は自主避難に転換するだけだ。本人の生活のなかでは、避難はこの先もずっと続くことになる[12]。山下はいう。

「たとえ戻っても、次の事故の可能性や放射能汚染に対して、ずっと不安に思って生活しなければならないわけですよ。人によっては、自分の身体に何か影響があるんじゃないかということをずっと不安に思いながら過ごさなければならない。でもおそらく政府や東電の側からすれば、そうしたことは避難でもないし、この事故による被害でもない、責任をとる必要はないということになってきているんだと思うんですよね」。

そして実際に、今回の原発事故では、現実に放射性物質による直接的な身体被害は今のところ出ていない。もちろん原発避難地でも津波で流されて亡くなった人があり、あるいは避難の過程のなかで亡くなった人も少なくない。さらには避難生活を苦に、自ら命を絶たれた方もいる。こうして直接・間接的に、避難が身体や命に影響した例はいくつもあるが、放射性物質による明らかな被害というものは今のところ出てきてはいない。だからこそ、政府の側からは「原発事故で亡くなった人はいない」という主張も出てくるわけだ[13]。山下は続ける。「身体被害のない公害。このことがたぶん、今回の原発事故の問題の取り扱いを非常に難しくしていると思う。これはまったく新しい公害であり、我々がまだ経験したことのない新しい事態です。たしかに放射線量は数値上は高い。だからリスクはあるんだけれども、そのリスクは確率論的には放置して何の問題もない程度だ、とそんなふうになってしまっている」。

だからこそ、避難を続けるよりは帰ったほうがよいと主張する専門家もいるわけであり（これも一つの正義である）、要するに避難を続けることで負う心身の健康上のリスクと、戻ることに伴う被曝のリスクを確率として考え、考量するのである。しかしこれが帰還政策に連結すると、妙な話になってくる。現在の放射性物質による汚染は、年間20ミリシーベルトを下回れば健康被害のリスクはないし、あっても受忍程度のものでしかない。したがって、除染で20ミリシーベルト以下になれば、数値上は被害がない状態であり、したがって避難する必要性もない。この状態を不安に思う人は、放射性被曝に関する知識のない人なので、正確な知識を身につけさせることが必要だ[14]……。

しかし、人々は「危険」を察知して自ら逃げた。そしてその危険は、当初感じていたものからすれば、もはや途方もなく大きなものとなっており、今もその恐怖は続いている。しかし、その現実としての危険が、いつの間にかリスクに置き換えられていく。現実の危険が仮想としての確率論にすり替わっていく。

危険からリスクへ――避難の矮小化が起こっている

危険がリスクに置き換わる。原発避難者が向き合っているのは危険ではなく、リスクである。実際に危険な事態が生じる確率はゼロではなく、一定程度あるわけだが、その確率は日常的に人々が被るもの（自動車事故、喫煙など）に比べて大きなものではないとされている。

山下はいう。

「今、僕がここにいても、実はこの下に活断層があって、それが動いて、震度7ぐらいの地震が起きて、明日の朝には死んでいるということもあり得るわけですよね。いや、それどころか、そこを歩いていたら車にひかれるとか、そういう可能性は十分にあるわけです。そうした交通事故のリスクで実際に年間約4000〜5000人が死んでいる。自殺者の場合はもっと多くて年間約3万人強だ。その程度の確率で、私もあなたもいつ死ぬか分からないわけですよ」。

市村がさえぎる。

「それは笑えないよ。現実に避難していて自殺する人がいるんだからね」。

「そう。でも自殺は避難しなくても起きるんです。避難が原因とは限らない。それから、交通事故で死ぬ割合だって、自殺に比べれば低いけれどもあるわけですよね。それから皆さん、たばこを吸いますけれども、たばこでがんになる確率というのは結構高い。日常的にそういうリスクはあるわけだから、それを放置して問題ないことになっているのに、放射線リスクだけ、ことさら過剰に取り上げるのはルール上おかしい、そういうことなんでしょうね」。

だが、放置されているリスクというのは、基本的に管理されている状態のものだ。自動車もたばこも、一定のリスクはあるが、それ以上のリスクはあり得ず、またその使用は自己決定し、自主的な管理の下で行われる。どんなリスクがあるかは目に見えている。これに対して、飲酒運転や無免許の運転は基本的に禁止されていて、それを冒して暴走したときには、それはもはやリスクではなく、危険の領域に入っているといえるだろう。原発事故はたしかに起こり、危険は生じてしまった。だがなぜか、12月16日の事故収束宣言が出た時点から、政府・東電としては「もうこれは危険ではなくなっている」のであり、それはなぜかといえば、もう事故現場は制御できるようになっているからだ、というわけだ。山下はいう。

「でも政府のほうで制御できていると言ったって、それはまた受け手の判断もあるわけですよね。とくに放射線被曝についてはどういう影響が出るかは定説がないわけだから、それぞれでどの程度リスクを受忍するかを判断せざるを得ないということになる。こうだ、という決定的なものはないわけですから」。

むろん、放射線被曝については専門的にまったく知見がないわけでもないし、またある程度は制御されてもいる（放射線管理区域などで）。だが、汚染前の状態と汚染後の状態は大きく異なってしまっており、もはや制御できなくなっているのは明らかであって、それを当事者にすべて押しつけるのは明らかに変だ。山下はこんな比喩を持ち出して説明を試みる。

「高所恐怖症の人だと、絶対に高層タワーみたいなのには登らないという人がいます。人によってはエレベーターさえ怖くて乗れないという人もいる。あれは、要するに高い場所を危険だと思っているからなんですよ。周りは笑うけれども、本人はまじめなんですよね。制御できていないという恐怖がある。たとえが悪いかもしれないけれども。この例でいうと、原発事故の現状は、ある一方の人たちからするとエレベーターに乗らないというのと同じなんですよ」。

　その判断を周りは笑っても、それはその人の意志に基づくものだ。エレベーターが落ちるかもしれないという危険性はないわけではない。飛行機に乗らない人もいる。これもその人の判断だ。これらの判断は、エレベーターや飛行機はコントロールできるものだという技術者の立場から見れば馬鹿みたいな話になるのかもしれないが、しかし国民の一般的な了解としてみれば、エレベーターに乗らない、飛行機に乗らないというのは、それぞれ自由に判断すべきものであり、他人がとやかく言うものではない。まして嫌だと言うのに、エレベーターや飛行機に乗ることを強要すべきものではないはずだ。山下は比喩を続ける。

「そのときに、そういうエレベーターが怖い、高いところが怖いという人の家が、高層マンションの最上階にある日突然なったとしたらどうします？　エレベーターに乗らなければ……」。

生活できない。ならば階段で上り下りすればよいということだろうか。高層マンションの最上階に家が突然置かれてしまって、エレベーターが怖ければ、階段で上り下りするしかない。が、それでは生活にならない。市村が口を挟む。

「ちょっと待って。エレベーターが嫌いな人がなんでエレベーターのあるマンションに住まないとならないの?」

「いや、だからそれは比喩の比喩だからそうなっただけで」。

「でも、それは比喩の比喩じゃなくて、それが今回の事故の根本的な話であって、エレベーターが怖い人、要するに原発や放射能が怖い人が、なんでそこに戻されなければならないのかという話と一緒なんじゃないのかって」。

政府の帰還政策は、おそらくそうなっているのである。年間20ミリシーベルトを切れば、その場所はもう帰れる場所なので、それ以上のことはもうしませんよ。帰りたくない人は別に帰らなくてもいい。強制はしません、自由ですから。でももう避難は終わりなんですよ、戻るのが嫌なら自力でどこか別の場所を見つけてください、と。おそらく、そういう論理が働いているのではなかろうか。そして帰還の基準となる年間積算線量20ミリシーベルトは、政府の側からすれば十分にコントロールできている範囲であって、それを信用しない人は別に信用しなくても構わない。ただし、その人たちに対して、もうこれ以上の賠償や補償、支援をする必要もない。おそらくそうした考え方に切り替わりつつあるのだろう。

「でもこれは、避難ということの問題性をどこかで矮小化しているんだと思う」。

では、何をどう矮小化しているのだろうか。

1階だった家が突然30階になる

市村はいう。

「だから、避難指示が解かれて、帰れる場所になって、でも帰る帰らないの判断は自由でいいよと。帰らないにしても、それはあんたの勝手でしょうと。この話は、さっきのエレベーターの例で言ったら、「エレベーターが嫌いなら、そんなところに住まなきゃいいでしょう」となるけれども、そこに住まざるを得なくなった理由は、別にその人にあるわけではない。にもかかわらず、どうしても、そのエレベーターのあるマンションに住まなければいけないとしたら……自分の選択などは何もなしに」。

「そう。昨日まで1階だったのに、突然30階になっちゃった。そんな感じですよ、突然ね」。

ある日突然、自分の家が30階になった。本人には何の落ち度もなく、突然そういう家に住まなければならなくなったとき、もし高いところやエレベーターが怖いという人間であったなら。そこを引き払って別に移る場合に、それを本人の責任でやれと言うのは、常識的にはおかしな話ではなかろうか。市村はいう。

「別に何も求めてもいないし。何かをしたわけでもない。勝手に30階にされてしまった。自分の家が。そういうことでしょう？　「じゃあ、あんたら自由にしたら」という話とは違うよね。「じゃあ、1階に戻してくれる？」という話だよね。それがふつうでしょうという話だよね。1階から30階になったのなら、それを30階から1階に戻すというのが原状回復だと思うんですよ」。

だが今、国がやろうとしているのは、30階だったのを除染でせいぜい5階くらいまでに戻そうということだ。ゼロにはならない。

「ゼロにはならないけど、5階まで行きゃいいでしょうと、そういう話をしているわけだ、一方的に。でも、その人にとってみたら、30階だろうが5階だろうが、「やっぱり違うでしょう」という話ではないの？」[15]

たとえ危険ではなく、リスクであるとしても、加害者側の人たちは、リスクを被らなければならない状況に人々を追い込んだ責任を逃れることはできないはずだ。こういう状況をつくった以上は、この状況に対して向き合う責務がある。それを被害者に押しつけてはならないはずだ。佐藤はいう。

「今の政権も政策で「リスクがある」とは認めている。リスク・コミュニケーションをやって、リスクとうまく付き合って暮らしていきましょうと言っているんだから」。

だがそれは、リスクを受ける側から発したものではなく、その承認を得たものでもない。まったく外からの一方的なものだ。

加害者側とされる人間たち、本来、この問題に対して責任をとらなければならない人々が決めたことを、被災者が押しつけられるかたちで物事が進んでいく。リスクはあるが、たいしたことはないから我慢しなさい。でもそのリスクを加害者側が負うわけではない。被害者のみがそのリスクを引き受けるのである。そこには、たとえ表向きの表現は優しくとも、言っていることの横暴さは存在する。むろん政策が最初から被災者をそういうかたちで扱うつもりはなかったにしても、結果としてそうなっていく。

１階に住んでいたのに、30階にぽーんと飛ぶ。放射能は目に見えないが、このように視覚的に考えれば、ここにある問題が少しでも具象化できるのではないだろうか。むろん、１階が30階になっても気にならない人もいる。同じように放射能が怖くない人もいるだろう。毎日階段を上り下りしたほうが健康になるという言い方もでき、同じく放射能に関してもむしろ浴びたほうが健康によいという話もある。リスクをとる／とらないに関してはだから、とりあえずそれを強要するのではなく、人々の感受性に合わせて選択肢を増やすことがまずは必要だ、と整理することができそうだ。そして、おそらく、自主避難や生活内避難が続いている地域でも、こうした方向で考えることで状況の整理はかなりできるはずだ。

だが、強制避難の地域の場合、問題はそこで終わらない。山下はいう。

「その場合にも、さらに問題となることがある。それは次のようなことです。自主避難や生活内避難に関していえば、個人を単位にして、個人個人それぞれでリスクを選択できる環境をつくればよいということになるかもしれない。しかし現実には、個人個人ばらばらにそこに住んでいるのではない。人は社会のなかの一員です。社会の視点は、とくに強制避難の場合、欠くわけにはいかないものです。しかしその社会の視点が今回の場合しばしば抜け、そのことが事態をますますおかしくしている感じがする」。

一人ひとりの復興論／家族と地域の復興論

このことをまずは家族の単位で考えればこうなる。多くの人には家族がいる。親がいて、子どもがいて、じいちゃん、ばあちゃんがいて、一緒に暮らしている。そのなかのある人が、自分の判断で帰還を決断したとしよう。そのときに、放射性物質の汚染によるリスクはお年寄りにとっては受け入れてよいものかもしれないが、子どもたちにとっては難しいという話が出てくるわけだ。リスクは人によって受け止め方が違う。エレベーターでも同じだ。階段は年寄りや幼児が上がるのはつらい。乳母車を押しては上がれない。嫌でもエレベーターを使わなければならない。市村はいう。

「例えばそのときに、おじいちゃん、おばあちゃんが家族にいて、足が悪くて階段が上れないとしても、「俺がおぶって上がるよ」と息子が言う、孫が言う。そうやって無理をして暮らすことになっても、それがその家族にとって一番よい方法だと思えれば、それは復興になるのかもしれない。でも逆にそれがどうしても苦になって、どうにもならないという人たちには、その策では復興にはならないよね。今、国がやろうとしている政策は、家族で無理して帰らせることの強要なのではないか。帰ることが復興だ、それでいいんだと思う人もいれば、それでは無理だと言う人もいる。子どもなんかがいればね。でも政府の策は無理してでも帰還するという人向けにしか用意されていない」。

帰還政策による復興は、きわめて危ういものだ。ここには次のような大きな欠陥がある、と山下はいう。

「帰還政策は、そもそも一人ひとり戻ることが政策の目標なんですよ。一人ひとりの積み上げとして復興が考えられている。ところがそのときに、リスクの受け止め方も、判断の仕方も、一人ひとり違うわけですよね。とくに放射線リスクの問題は、子どもと年寄り、男性と女性なんかで受け止め方がまったく違う。すると結局、家族があっての暮らしだから、誰かが駄目なら、家族としても帰還できないということになってしまう。逆に帰還するとなれば、家族を犠牲にするしかなくなる」。

一人ひとりの復興論はたしかにあってもよい。しかし現実は多くの人がそうはいかない。人には家族がいるからだ。

だがそれでも、とりあえず家族で話し合って、調整はできるといわれるかもしれない。夫が原地に残り、妻と子が県外に出る。家族はバラバラだが、そういう選択肢も可能ではある。実際に自主避難を行っている家族の多くは、一家丸ごと避難ではなく、多くがそのように家族で調整することで避難を実現している。

「だが、強制避難の場合には、さらにそこに地域社会のレベルでの問題が関わってくるわけです。ふつうは複数の家が寄り集まって、地域社会が成り立っているわけですよね。一軒の家だけで暮らしているわけではない。寄り集まるからこそ、暮らしができるんです。そのときに、ある家は帰るけども、他の家は帰らないという判断をしたとしよう。じゃあ、帰った家だけで復興できるのか。うちは帰るつもりだ。でも周りが一緒でなければと、おそらくそうなるはずです。一人ひとりの復興論をやられると、ある家は帰るけれども別の家は帰らないということが起きてくる。そうするとある家では帰るつもりにしていたけれども、結局はみんな帰れないということになりかねない。よく言ってるでしょう。「みんなが帰るなら、帰りたい」って。これなんかも、最初の「みんなが帰るなら」が綺麗にはがされて、後半の「帰りたい」だけが一人歩きしているようだ」。

政府の帰還政策は、こうして一人ひとり、一軒一軒を切り刻んで、それぞれにできない選択を強要するものだ。山下はいう。

「政策は人々が帰ることを前提に進んでいる。でもこれは現実には、帰れない人は帰らなくてもよいという政策にもなっているんですね。帰ることを強要できるわけではないから。帰らないという判断をする人は帰らなくてもいいし、帰ろうという判断をした人だけで帰りなさいということになっている。帰る場所を用意することで、帰るという選択肢を用意しているといえばしているんだけども、それ以上でもそれ以下でもない。だがこれは非常に危うい政策だ」。

というのもおそらく、このことからは次のような二つの層が現れてくることになるはずだからだ。

「とりあえず帰還のラインに乗る人々・家々は、被曝のリスクはあっても、今後も何らかの政府からの補助や対策・対応が続く。これに対して、帰らないことを決めた人々・家々は、被曝のリスクは回避できるかわりに、それがたとえ本人たちにとっては避難の継続であっても、政策上は避難は終わり、もはや被害はないというふうに見なされてしまう。まして避難先に住民票を移してしまえば、原発事故でなくても仕事の都合などで住所を変えたのと何ら変わるところはないということになりかねない」。

このままでは住民の多くは帰れない。それゆえ帰る人も、帰れない人も、いずれも厳しい状況に追い込まれていくだろう。現在進行中の政策のやり方では、そうなっていく可能性が高そうだ。

被災は死ぬまで残る、被害は賠償でとれる

もっとも、避難は定義上、どこかで終わるものではある。あきらめであれ、断ち切りであれ、避難は自らの手で終えることができる。

それに対し、ずっと残るものがある、それが「被災者」だ。被災はもしかすると、避難を断ち切っても、一生ずっとついてまわる。それは一つの経験であり、本人や家族が一生抱えなければならない記憶である。また被災の経験はスティグマでもある。逃げようとしても、外側からたえず嫌でも押しつけられる烙印である。市村はいう。

「みんなそう思ってる。一生言われるだろうって。とくに、子どもが言われるだろうって。避難先では必ず「なんでここに来たの？」という話が出る。新しい地に住めば終わりというわけではない。戻らないことによるリスクも実はあるんだということなんだよね。それは、元の地に戻ればなくなることかもしれない。でも、戻れば戻ったで、別の問題が発生する」。

戻っても、戻らなくても、問題やリスクは存在し続ける。そして一生、「被災者」であり続けなければならない。もしかすると、こうした意味での「被災」の経験は、自主避難者にはないかもしれない。だが、市村はこうもいう。

「でもね、自主避難が一生ついてまわるような「被災」でないのであれば、賠償すればそれで終われるってことなんだよ。でも、そうなってはいないでしょう。たぶん、経験として被災は確実にしている、自主避難の人たちも。俺たちとは違うレベルだけれどもね」。

経験としての被災も多様であり得るというわけである。では「被害」はどうだろうか。「被害は賠償でとれるんではないか」と市村はいう。

被害は賠償でとれる。少なくとも被害は償われることで薄まり、かたちとしてはその人から外れていく。とはいえむろん被害も経験であり、スティグマにもなる。だが、その意味合いを「被災」という語にもたせれば、原発被害は実害のことであり、その実害は復旧したり、あるいは賠償に置き換わって清算されることで、解消することができるのかもしれない。

ここではこのように、「被災」、「被害」、「避難」を整理しておこう。「被災」は経験、「被害」は実害、「避難」は状態のことである。そしてこう考えるなら、被害者は実害を清算することで抜け出すことができ、また避難者も避難を終えることで終了することができる。これに対し、被災は経験であり、取り去ることはできない。

もっともこれはあくまで用語上の整理であって、実際には一人の人間のなかで混在しながら、被災・被害・避難は経験され、現象している。被災は実害でもあり、被害は状態でもあり、避難は経験でもある。これらは現実でもあり、また想念でもある。人々を守るための枠組みであるとともに、しばしば人々を傷つける刃にもなる。かつ、これらがそれぞれに、主観的な認識、客観的な状況、社会的な立場、制度的な位置づけと、多種多様な面で絡まり合って現象をつくっていくので、一人の避難者＝被災者＝被害者は、自らをどう同定してよいのか分からないくらい混乱し、途方に暮れる。一方で、「もう被災者と呼んでほしくない」と思うのだが、被災者である現実はついてまわり、だから他方で「自分は被災者だ」と主張することではじめて自己のアイデンティティが保証されることもあるわけだ。原発避難は実に多重にできている現象だ。そしてせめて、避難も被害も早く終わってくれればよいのだが、現実にはそうはならず、かつ、よりやっかいなことに、制度的にはこれを、当事者にとっては未解決のまま、早く終わらせようとする強いドライブがかかっている。被害者・避難者の仮面はむしろ、もしかすると、いやでも国のほうから制度的に引きはがされることになるのかもしれない。

自主避難と強制避難の間――「避難する権利」をめぐって

こうして見る限り、自主避難と強制避難の間の差は、質的には大きなものではなく、被災・避難・被害のあらゆる面から見て連続したものである。

だが、にもかかわらず、この二つを同じものとして考え、一つのものとして扱うことにはやはり無理がある、と山下はいう。そして、このことはとくに、「避難する権利」の問題提起について考えるのが、一つの手がかりになるだろうと。というのも、避難者を守るはずの「避難する権利」は、今のところ、自主避難の問題から発する主張として理解されてしまっており、強制避難や、避難せずにとどまっている生活内避難のほうからは、何か冷ややかに見られている現実があるからだ。「避難する権利」をめぐって、何がこれら避難者の間に溝をつくっているのだろうか。山下はこう考える。

「先に示した生活内避難と自主避難の間から検討してみよう。本来、「避難する権利」は、この両方を見すえたものです。しかし、実際には避難した人、自主避難者だけに費用弁償を与えるかたちにしかなっていない。「避難する権利」では、避難できる人はよいが、現実にどうしても避難できない人々にとっては、自分たちにはなんの権利もないかのように作動してしまう。避難したい人が避難できるような選択肢をつくることがこの権利の本意なのだけれど、結果として、避難できる人とできない人の間の分断を生むものと解されてしまっている[16]」。

他方で、強制避難者と自主避難者の間には、別の溝が存在する。

「自主避難は自己選択です。強制避難は基本的に選択ではない。事故が招いた現実。事実としての強制避難です。だからこそ、月々の賠償も出ているのだけれど、自主避難からすると、それが「避難する権利」が認められているように見えてしまう。でも正確には、強制避難者は嫌でも避難させられているのであり、むしろ戻る権利がないというほうが正しい」。

市村が返す。

「でも今後、避難指示が解除されれば、強制避難者も避難を続ける限り、自主避難を余儀なくされていく。それは同じではないの」。

たしかにそう考えることもできる。だが、山下は両者の違いをはっきりさせることが必要だと考えている。それはこういうことだ。

「生活内避難と自主避難はいわばセットです。人々はどちらにもなりえ、相互転換し得る。でも強制避難はこれらとは決定的に違う面がある。それは何かというと、強制避難者にとっては、避難以外の選択肢はなかったということです。そしてこのことによって、すでに大きな問題が生じてしまっている。これはただ単に、生活内避難や自主避難の避難は、やはり強制避難の避難とは、避難の水準が違う。これはただ単に、自主避難より強制避難のほうが大変だ、ということではないよ。自主避難と強制避難では、避難のステージが一段階違うと言ったほうがよいのかな」。

そしてこのことは、生活内避難の立場にいる人が、なぜ容易に実際の避難に踏み込めないのか——たとえ「避難する権利」が認められたとしても、なぜそれをなかなか行使できないのか——を考えてみればよく分かるという。

「生活内避難の人々は、なぜ暮らしのなかで放射能を我慢して、県外へ出ようとしないのか。あるいはまた別に問いを立ててもよい。せっかく自主避難した人が、なぜ避難をやめて、福島県内の元の場所に戻ってしまうのか。それは、人にはそれぞれ暮らしがあり、暮らしには家族の都合があり、地域のなかでの役割があり、仕事場や学校のなかでの切り捨てられない大切な関係があるからです。簡単に人は移動できない。暮らしの場所を変えることはできない。自主避難の人はそれを無理してやっている人たち。他方で生活内避難は、そうした実際の避難ができないので、暮らしのなかで工夫しようとしている」。

こうしてみれば、自主避難と生活内避難はまったくの連続線上にあり、そして「避難する権利」は本来両者をつなぐものとして提起されたものであったわけだ。生活内避難にある人が、自由に自主避難が可能になり、また逆に自主避難していた人が元のコミュニティに自由に戻ることが実現できる権利。機能したかどうかは別として、「避難する権利」は、自主避難と生活内避難の間を、放射能汚染に悩んでいる人々が相互に行き来しやすくするための装置であったはずだ。

「だが、この相互転換が可能なのは、あくまで避難元のコミュニティが存在する場合です。あるいは、こうも言える。生活内避難者が、コミュニティから離れず、そこにとどまり続けている人々だとすれば、自主避難者が避難できるのは、生活内避難者が元のコミュニティを維持し続けてくれているからです。避難しても元のコミュニティは残っている。だからこそまた戻ることもできる。選択肢は残り続ける」。

これに対し、強制避難は条件が大きく異なってしまっている。それはこういうことだ。

「強制避難では地域社会丸ごと、しかも長期に避難したことによって、コミュニティがすべて元の場所からなくなっている。だから避難先から戻ろうとしても、戻るべきコミュニティが今やその場には存在しないわけです」。

自主避難・生活内避難の場合は避難元のコミュニティは存在したままだから、避難という現象を、個人の水準で考えることができる。それゆえに、個々の避難を権利の文脈からサポートすることも可能であるわけだ。だから、「避難する権利」なのである。しかしながら、強制避難は違う。すでにすべてが避難した。このすべてが避難した現実からスタートしなければならない。そして、すべてが避難した現実がもたらす最も大きなこと、それが先ほどから出ている「コミュニティの崩壊」なのである。

だが市村は、この山下の議論に疑問を投げかける。

「でも自主避難の場合も、関係は大きく壊れたというべきではないの。避難していったん外に出た後で、今度は帰るときに問題が出る。自主避難をやめて、福島市とか郡山市に戻ろうとした場合、素直に「戻ってきました」と手を上げられない状況がある。そっと家に帰るしかない。だって周りの人にとっては、「あの人は逃げた人なんだよね」となるわけですよ。結局、自主避難の場合でもコミュニティはそこで壊れていると思う」。

しかしそれは、人間関係が壊れたということであり、強制避難でいったん全員が出てしまって、そこにあったコミュニティが存立できなくなったということとは次元が違う話だ、と山下はいう。

「強制避難の地域の問題は、そこにあった村や町内のいろんな組織とか、自治体そのものとか、様々な事業者や、働いている人たちの関係や、ともかくその土地の上で展開されていた関係が一切合切外に出てしまっていることにあります。長期的に避難をして、それらを戻すといっても、もはや帰るに帰れない人も出てきて、「これはなかなか元通りにはならないぞ」という話ですよ。単にいくつかの人間関係が壊れたというのではなく、人々の関係でつくられていた大きなものが総体として失われている。それに対して、例えば福島市内のある町内から黙って自主避難をしたAさん一家が、避難先から戻ってきてなかなか以前のように地域に溶け込めないという話は、やっぱり水準が違う話です」。

山下の解釈はこうだ。

「自主避難も被害だけれども、コミュニティが生きている以上は、コミュニティで解決できる問題が多い気がするんです。誰のせいでそうなったのかという責任論は別にしてね」。

それはこういうことだ。

「今の市村さんの話は、自主避難したことによって元の地域で差別されるようになった、それで帰りづらくなったと、そういう話ですよね。あるいは、帰ったけれども周りと話ができなくなった。これはたしかに被害だということはできるし、そのことを例えば、賠償に結びつけるのもよい。けれどもそれではきっと解決にはならない。問題解決ということでいえば、自主避難したことについての意味をその地域のなかでちゃんと理解し合って、逃げた人、逃げられなかった人、それぞれの立場の違いや選択のあり方というものを、お互いに分かり合い、支え合っていくことのほうがよほど大切です」。

つまりは、コミュニティが生きているので、こういうことができるのである。そしてそう考えれば、福島の暮らしの現場で2年以上もの間、日々積み重ねられている人々の改善の努力は、それこそ原発事故によって破壊された人間関係を、コミュニティの資源や工夫によって復旧していこうとする、辛く、苦しい道のりだったということができる。そしてそこにはまだ、この試練を乗り越えて、コミュニティが新しく復興していく道も見えなくはない。むろん、放射能汚染による健康被害が今後もまったくないとした場合の話ではあるが。

これに対し、強制避難の地域で問題となっているのは、コミュニティそのものが崩壊したところから、何らかの再生のかたちを考えていかなければならないということなのである。いったんすべてが出た後で、帰れる人だけが帰るという現実のなかで、どうやってコミュニティを再建し、かつ持続可能なものに再生していけるのか。重ねていおう。放射能汚染と被曝の問題を抜きにしても、やはり強制避難と自主避難・生活内避難とでは、強制避難という現実を通じて生じた被害の大きさがまるっきり違う。

でも、と佐藤はいう。

「そうした、地域のコミュニティを失ったという話はありなのかもしれませんけれども、今はコミュニティという概念自体が広がって、バーチャルなものもあれば、ネット上のコミュニティとかいろいろありますよね。あるいは実体があったにしても、せいぜい町会の活動だとかって、それだけのものじゃないですか――そう言われちゃうんですよね、他の分野の学会とかに行くと。なんでこんなことを切り出したのかというと、例えば、都市部で生活する人にさっきのコミュニティの話をしたときに、彼らがそれをどう受け止め、どう考えるか、ということとなんですよ」。

市村もいう。

「コミュニティという話を聞いて、人間関係が壊れれば、それがコミュニティが壊れたことだと俺は単純に思っていた。一般的にはそう解釈するんじゃないの？　今みたいな意味での生きたコミュニティがなくなったなんて話、俺らはそれを体験しているから感覚的に分かるけれども、それを聞いた一般の人は、とくに都会の人なんかだと、「そんなの、うちなんか隣に誰が住んでいるかもすでに分からないよ。そんなコミュニティなんてもの、あってもなくても、壊れてしまっても別に問題はないだろう」って、そういう話になりそうなんだよね」。

コミュニティが壊れた

被災コミュニティ問題――「コミュニティなんか要らない?」

「コミュニティが壊れた」――原発避難の問題を考える場合に、もしかすると最も理解を得にくいのはこのことかもしれない。

だが、とりあえず次のことは分かるはずだ。少なくとも双葉郡8カ町村・約7万人規模の地域社会が、根こそぎ総避難を強いられている。長期広域強制避難がもたらす影響について、今のところ十分に検討された研究などはない。[17]だがこれだけのことが起きれば、その影響は計り知れないことは誰にも想像がつくだろう。ここではそれを、「コミュニティが壊れた」

という角度からさらに掘り下げて検討してみよう（以下の議論に関しては、佐藤による各論2のタウンミーティングの結果分析も参照のこと）。

「コミュニティ」はここでは、地域社会内に存在する共同関係や共同体そのものの総称を指すものとして用いておこう。別により適切な表現があればよいのだが、日本語では、村や町、町内や村落など、様々な単位を表す言葉はあるが、それらの総称がない。いや、「地域共同体」という語があるにはあるのだが、近代以前の地域社会のあり方を批判的に示す際にしばしば使われて、否定的な意味内容を含んでしまっている。そこで便宜的にカタカナの「コミュニティ」を総称として使うが、要するにニュートラルに、イデオロギーや偏見を脱色して、まずはそこにある現実として、一定の地域的範域のなかで展開されるまとまった人々の生活の営みや関係性をそのように呼ぼうということである[18]。

もっとも、そうして使う「コミュニティ」の概念も、すでにイデオロギーや偏見から逃れているわけではなく、例えばマルクス主義の伝統のなかからは、結局はコミュニティもまた前近代の遺物であるから、近代合理性に対立する古き悪しきものだとして批判されてきた。近代性を信じる学問スタンスからすれば、「コミュニティ」はいずれなくなるべきものであり、さらには積極的に否定すべきものでさえある。「お互いに干渉し合うような地域社会というのは嫌いだ、むしろなくなればいい」という話は、研究者の議論のなかでもまだ登場するものだ。とくにそうした話をするのは、70歳代以上の世代が多く、おそらくそこには戦争体験があるのだろう。だが戦後世代の我々にとっては、そこまでいけばやはり暴論だ。

市村はいう。

「たしかに面倒くさい。面倒くさいですよ。じゃあ、面倒くさいからって、それを不要なものとして排除してしまえばそれですむのか。そんなことを言ったってしょうがない気がするんだよね」。

　話を戻そう。問題は、現実に福島のある地方で、原発事故を機にあらゆる人々が避難をし、そこにあったコミュニティが崩壊したということである。そこに暮らしていた人々すべてが、全国に散在してしまったときにいったい何が起きるのか。本来そこでは、人々が毎日、毎月、毎年を暮らし、あるいは生まれ育ち、そして産み育て、やがて老い死んでいく、そうした当たり前の生活が何事もなく続いていた。それは事故さえなければ未来に向けても持続可能なものだった。にもかかわらず、それがある日突然壊された。暮らしを実現し、また暮らしの結果でもあったコミュニティが地表からなくなったこと。これはいったい何を意味するのか。

　長期避難に伴うコミュニティの崩壊は、それが存在していた土地から人々が出されたことによって、まずは外側から壊された。むろん避難が数日や数カ月で終わり、爆発もなく放射能も漏れていなければ、元のかたちに戻すことはできたのかもしれない。また外に出たとはいえ、まるっきり人々の関係が切れるわけではないから、外にいながらでも少しずつだが、人々のつながりとしてのコミュニティは回復していく。しかし他方で、避難が長期にわたり、先が見えないため、コミュニティの内側からも崩壊は進んでいく。長期避難を覚悟した人々から、少しずつ避難先での生活再建が試みられていき、元のコミュニティから離脱していく。

だがそういう前向きなものならばいい。タウンミーティングでも出てきた次のような話は、いったん地域から外に人々が出てしまうことで、とくに田舎から都会に出ていくことで、それまで地域のなかでは当たり前であった規範や暮らしが、当たり前のものでなくなっていく過程を示している。これも避難によるコミュニティの内側からの崩壊のリアルな一面だ。佐藤はいう。

「ある家のことだと言って、こんな話が出てきました。お嫁さんが、都会に避難してきて、そこで「もう元の地域に帰りたくない」と言っているという話です。今まで一緒に暮らしていた嫁と姑が別れて暮らし始める。3世代家族には気苦労も多い。今までは一緒の暮らしが当たり前だったけど、やっぱり我慢はしていた。ところが、今回の避難によって「姑と離れて暮らすことができたことがどれほどうれしいか」って話になるわけです。同居の暮らしが当たり前のうちは何ともなくても、いったん別居すれば、今度は元に戻ることが耐えがたいものに見えてしまう。これもある意味で、地方と都会の話なのかなと思う」。

市村が引き取る。

「都会はやっぱり便利であって、年寄りだってそう言うよね。病院に行くのにも何でも、「いやあ、こっちのほうが便利でいいや」と言うわけよ。病院や買い物に出るのにも、自分でバスに乗っていけばいいんだもん。今までなら家族の誰かに車で送ってもらっていた。それが家族のやっかいになることがない。だからそういう心理ってすごく分かる」。

これは、津波被災地でも出ている話だ。今までは沿岸半島部で海の暮らしを当然のものとしていた。それが津波で流されて、土地がないので都会の仮設住宅に入る。周りは店もあり病院もあって、今までと違って便利だ。だから「もう戻りたくない」という反応が出てきてしまうわけである。佐藤はとくに長年懇意にしていた飯舘村を思い浮かべながらこういう。

「でも、それでよいのかというと、本当に難しい。今まで自分の畑で野菜をつくって、ご近所や友人、都会で暮らす孫たちにお裾分けして、相手に喜んでもらうのが生きがいだった。そういうお年寄りとかも多いわけです。それで人に頼らずに楽しく豊かに暮らせていた。でも都会に出てみると、スーパーで何でも買えてしまう。しかも今は放射能で汚染されているから、作物を育てることもはばかられる。ああした人たちは、二度と元通りの暮らしに戻れないのではないか」。

市村は今、東京に避難している。だが、その理由は別に元々自身が横浜の出身で、友達がこちらに多いからというようなことだけではない。

「なぜ東京に今いて、それがいやすいかというと、よく知っているからということもあるけど、東京だとやっぱり被災者というレッテルを貼られることも、「避難しているんでしょう」っていう干渉も少ないから。いかにも被災者だよというジャージ姿で歩いているよりは、ふつうの皆さんと同じ格好をするというのかな。そのことによって被災者と見られなくなり、干渉されなくなるだろう、そういう勝手なバリアが働くんだよね。それってある意味、居心地がいいといえば居心地はいい」。

だが市村は、コミュニティなんて必要ない、という考えには賛成できない。東京に暮らしてもやはり、元のコミュニティを捨て去っているわけではないからだ。

「じゃあ「そこにずっと住むんですか？」と聞かれたら、ずっとは住まないかな、と思う。なんでだろう。分からんけど。「コミュニティなんて必要性ない」という人に逆に聞きたいのは、じゃあ、それがすべてなくなった社会はどういう社会なのかってことだよね」[19]。

コミュニティのもつ固有の価値

原発避難者たちが「コミュニティを失った」ことについて、環境経済学者の除本理史（よけもとまさふみ）氏は「固有価値」という観点から、その賠償可能性を議論し始めている[20]。今回、原発事故で人々が失ったもののなかには、その地を離れては享受できない、その地固有の価値といえるものがある。農地や山林はもちろん、その地に育まれていた歴史や文化、さらにはその地固有の人間関係や社会構造など、コミュニティに関わる様々なものがそこには含まれる。

原発賠償は、現在までのところ、個人個人の財産補償というレベルでしか進んでおらず、まだ被災コミュニティ問題を扱うスキームまではできていない。しかし、この先「コミュニティが壊れたこと」が現実として明るみに出てくれば、当然のことながら、こうしたコミュニティレベルの損害についても、加害者が責任をもって補償し、賠償しろという話になるはずだ。

現行法で考える限り、コミュニティ被害を認めましょうという話にはなかなかならないかもしれない。この問題がきちんとしたかたちで取り扱われるようになるためには、その前提として、世論の理解がどうしても不可欠だろう。しかし、その肝心の世論の理解こそがなかなか難しそうな気配がある。というのも、多くの国民にとって、コミュニティの構成員がばらばらになって全国に散ったことで何が起きているのか、このことがまだ十分に理解できないでいるようだからだ。いやすべての国民がではない。佐藤はいう。

「私の義母は熊本にいるんですけど、「あの人たち（原発避難者）は、当たり前にあった暮らしを奪われて大変だね」って、何か感覚的に分かっている。すべての日本人が、原発避難によるコミュニティ丸ごと避難の大変さを理解できていないというわけではない。ここには、日本の中央と地方をめぐるある種の隔絶を想定したほうがよいのではないかと思う」。

　山下が答える。

「みんながばらばらで自由に生きる社会というのが、あたかも成り立っていると思われているのは、僕らの社会の一部が、たしかにそうなってしまっているからなんですよね。あるところでは一見、みんな自由で気ままに生きて成り立っている社会はある。でも、それは見かけだけなんですよ。実態は必ずしもそうなってはいない。むしろ逆です」。

　たしかに、首都圏や関西中部の大都市圏、あるいは地方の政令指定都市クラスの都市ならば、一見、みな自由に生きてそれで社会が成り立っている。しかしそれは、社会の規模が大きいからそう見えているだけで、むしろ個人はより社会に拘束されているともいえそうだ。

「僕は、授業のなかで、「今朝、水汲みをやった人」とか、「火をおこした人」とか、わざと聞いてみたりします。むろん、そうした人はいない。でも百年前ならみんな、朝起きたらそうしていたんだよと。蛇口をひねれば水が出てくる、スイッチをひねれば火がつく。こんな仕掛けができたのはせいぜいこの半世紀くらいの話。服だって素材をつくるところから始めていたわけだけど、今はほとんどすべてが化学繊維の既製品だ。生活の基礎にあるインフラやシステムが非常に大きく複雑になったから見えにくくなっているだけで、逆にいえば、こうした大きなシステムなしには私たちはひと時も暮らせなくなっている。それに対して、昔のほうが暮らしのシステムは小さいから、かえって人間そのものは自立していたというべきかもしれない」。

そしてこの大きなシステムの代表が電力であり、なかでも原子力はその大きさからして最たるものであったわけだ。

「こうした、暮らしを支える巨大システムは、大きすぎて、暮らしのなかでは本当に見えにくくなっている。とくに首都圏のそれは大きすぎ、複雑すぎるから、もはやこうしたものに携わっている人たちでさえも説明が難しいだろう。例えば、利根川上流の群馬県のダムの建設が実は首都圏の水問題から始まっているなんて、もはや具体的に考えることのほうが困難かもしれない。でも、地方に行くと、暮らしのシステムは比較的小さいから目には見える。例えば、福島第一原発は東京電力管内の電力生産をしているのであって、うちで使っていたのは東北電力からの電気だとか、そういうことはよく分かっている」。

むろん、もはや地方の暮らしだって、首都圏があってはじめて成り立つものだ。地方と中央は持ちつ持たれつだが、そこには、日本国民の暮らしを支えるシステムの二重構造がある。

おそらくこの二重構造を想定しておくことが、今回の「コミュニティが壊れた」ことの問題性についての理解・不理解をとらえる上で不可欠な論点になってきそうだ。

日本が二つの社会に分かれている

山下の説明はこうだ。

「今、私たちの暮らしを支えているインフラには、大きく分けて二つがあり、それに伴って二つの社会システムが併存しているかのようだ」。

一つは、日本全体に関わるもの、あるいは日本全体に広がることで成立しているものだ。エネルギーや物流はもちろん、公共交通や道路も、全体としてつながっていることで成り立っているインフラである。また通信や情報に関わる様々なサービス、電話やインターネット、新聞やテレビの配信もまた全国レベルのインフラである。そして、消費ももはや全国規模のスケールで成り立っており、大型店やコンビニが象徴だが、全国チェーンの各店舗による商品の販売は、全国津々浦々にまで行き届くことでその競争力を高めている。各企業はそのようにしのぎを削っているわけであり、これらは、すべて日本という一国の経済・一国のコミュニケーションが成り立っていることの裏返しでもある。そしてその土台として、こうした状況を実現するための国政府・官公庁やその出先機関があり、またこれらが内政のみならず、国外に向けては外交や軍事（防衛）を行使することで、世界から切り出された日本という一つの全体システムが安全に作動しているのでもある。その全体システムの中心が東京・首都圏であり、原発はまさにこのレベルの全体インフラであった。

　これに対し、もう一つのインフラの形態が、それぞれの地域社会に関わる生活インフラである。これは今や国家インフラのサブインフラともいえるようなものになっている。先に水道を大きなシステムの例にあげたが、どちらかといえばこれは、地域レベルのインフラであって、関東圏や関西圏を除けば、一般に規模は小さなものだ。というのも、水は基本的に分水嶺を越えては移動できないからである。この他、各地域には地域ごとに行う行政サービスがあり、商工業があり、これらが生活の基礎をつくっている。むろんその基底には農林漁業がある。そして、より重要なことは、先ほどの日本全体に関わるインフラが成り立つのも、根元にこうした地域インフラがあるからなのである。

　大型店の物流を実際に支えているのは、各地にそれぞれの物流システムがあればこそであり、また大手メーカーの製品も、各地の産品づくりがあり、あるいは下請けがあり、末端での商品のやりとりがあるからこそ実現される。すべてが全国レベルのインフラで作動しているのではなく、こうした各地域のサブインフラが全国システムを支えているからこそ日本が一つのシステムとして成立しているのである。全国と地方の二層のシステムが相互に支え合って、日本という社会はできているといってもよい。山下はこう続ける。

「問題は、この二層に人間自身が分配されてしまっており、もしかすると、今やお互いのことを理解できなくなってきているのかもしれないということです」。

　一方で、全体インフラに携わる人々を中心とした社会システムがある。こうした人々の居場所は首都圏・大都市圏を中心とし、人々は比較的高学歴で、能力も高いから、雇用先をある程度自由に移動できる人々が多い。またそうでなくても、大企業のなかで働いている限りは、もし災害のような事態が起きたとしても、どこか別の場所に移っていくことで、他に仕事を得ることが可能になる。転勤などで地方に働く場所を変えることもありながら、基本的には首都圏を軸に自分の生活を設計している層だ。[21]

他方で、地方に侵食している大企業ネットワークを取り除いてしまえば、そこには地域インフラに関わって地域に根を張る社会システムが残る。そこには農業や漁業のほか、商工サービスに関わる地方中小企業や自営業者層がある。地方公務員や団体職員も地方には多いが、例えば国家公務員でもキャリアとノンキャリがあるように、現地採用の大企業社員などもしばしば現地のシステムのなかにいることがある。こうした層は地域にくっついているので、コミュニティが広範囲に崩壊すると、まったく生計が立たなくなる。なかでも自営業者は、一番再建が厳しい層となるはずだ。

人々はこうして二つの社会システムに分かれている。山下の解説を聞こう。

「自営業者って、どこでも自由にやっているわけじゃなくて、ローカルに展開された人との関係をつくっていくことによって成り立っているわけです。そして本来、仕事というものはそういうもので、大企業だって本当は個別の縁で成り立っているんですけれども、図体が大きくなるとある程度自由がきくようになるんですね。ある1カ所の仕事場を閉鎖しても、別に移せば再生可能であったりするんです。でも、自営業者が自分の仕事場が壊れて、従業員が散逸して、しかも顧客のコミュニティまで壊れてしまうと、再建はきわめて難しくなる。「他に場所を移して仕事をしろ」と言われても、よほど技能のある事業体でないとそういうわけにはいかないんですよ。今回はそういうことが広範に発生しているわけです」。

そして重要なことは、こうした地域社会システムでの暮らしは、しばしば家族のレベルとも複雑に絡まり合っていて、このことがいったん壊れた場合の再生を非常に難しくしてしまうということだ。

「そこにさらに、家族がくっついているんですよね。例えば、自営業はたいてい家族経営です。また、従業員として夫婦両方が働いていたり、家族の何人もが関わっていることもある。こういうこともあります。例えばある家で農業をやっているとする。それだけでは現金収入が足りないから、家族の労働力をほどよく内と外で割り振って様々な産業に投入してやりくりするわけです。あるいは季節のなかで、１日のなかでも割り振って、それこそ周りの雇用環境をちょうどよくバランスをとりながら活用して暮らしを立てている[22]。それも長年かけてそうしたものをつくっている。そうすると、それが崩壊したときに、「さあ生活再建するぞ」と言っても、一人の人間の都合だけでは全体の再建は決められないんですよね。家族みんなが、あるいは従業員みんなが揃わないと事業は再生できなかったりする」。

一人ひとりみんなばらばらで、結婚もせず、子どももたず、ただ働いていればいいという社会であれば、どこでも暮らせるし、それが一番干渉もなく、しがらみもなくてよいはずだ。そういう社会であれば、一人ひとりの復興で間に合う。しかし人間は、ただ働いているだけでなく、結婚し子どもを生み育て、仲間をつくってたまには遊び、また仕事をするにも人と力を合わせ、あるいは世話をしたり、世話になったりして暮らしている。山下はいう。「こうした、何でも人と関係し合いながら暮らしをつくり、ものをつくるということ、本来これが当たり前の社会の姿だと思うんです。その当たり前のコミュニティがここにもあったわけだけれども、それが原発事故によってなくなった。そのなくなったということに対して、もしかするとサラリーマン社会に完全に浸かってしまっている人たちのなかでは、その意味が理解できないかもしれない」。

むろん東京でも、下町とか、それぞれの古い市街地には自営業者がたくさんいて、同じようにコミュニティを保ち続けている。こうした人たちには、被災地の現状は、自分自身にも置き換え可能な話として十分に理解できるものだろう。

これに対し、首都圏の暮らしの多くは、今やみんなが労働者で、その職場を自由に自分の選択で選ぶことができ、どんな場所でも生きられるような環境が整っているかのように見える。とくに首都圏には、先の二つのインフラ、二つの社会システムが両方、濃厚に存在するので、経済や社会の規模が大きい分、地方と違って雇用の機会も多く、選択肢も多い。しかも首都圏生活者の多くが、毎日長距離移動しながら、住むコミュニティと働く場のコミュニティとをまたがって暮らしており、本当のところはそれぞれのコミュニティに所属しているのだが、日常的にはそういうものにとらわれず自由に生きているという感覚でいられるわけだ。

だがそれでも、働く場を自由に自分の意思で選択できるなどというのは、現実にはごく一部の人たちに限られるので、多くの人にとっては、選べる仕事の数は首都圏であっても豊富というわけではない。むしろそれぞれの条件のなかで少しでも条件のよいものを選ぶことでしか選択肢はないはずだ。だから、若い人間であればともかく、中壮年層になれば、今回の被災地から首都圏に出てきたとしてもそう簡単に生活再建はできないことになる。

「でも重要なのは、政策を握っている人たち、国の官僚機構というのは見事なサラリーマン社会だから、これは善い悪いということではなく、現実として、こうしたコミュニティ被害の問題を理解するのは難しいんですよ。それから、復興なんかに中心になって関わる大企業の人たちも。まして我々を含めて、大学の先生なんてまったく別世界に生きているわけですよ、つぶしがきくからね。メディアもそうだよ、やっぱり。地方紙はともかくとして。でもそのなかで、市民活動に関わっている支援者たちは何か分かってくれているのかもしれないと思う。出身が自営業者の人が多いから」。

山下の話を受けて、市村はこう答える。

「だからこそ、分かってもらうことの必要性というのは感じてはいるんだよ。けれども逆に今度は「分かってくれなかったらどうするの？」という話にもなってくるんだよね。実際なかなか分かってもらえないじゃん、俺らが何を失ったのかって。じゃあ分かってくれない場合は、そのまま、それこそあきらめという話になるのか。そうなってくれれば、「じゃあ今度は賠償請求で争って、できるだけ多くの金額を獲得してやろう」と言うのも、俺がいうのも変だけど、分からなくはないんだよ」。

くっついていたものがすべて一緒になって壊れている

だが、おそらく、この二重構造が生み出す感覚からの突破がなければ、避難者たちがなぜ苦しんでいるのか、国民が理解するのは難しいのかもしれない。

コミュニティが壊れた。そこから生活再建や地域再建を考えなければならない。今回の事故で人々は根こそぎ避難をし、自治体はいったん崩壊し、村落も町会もバラバラになった。地域産業もいったん解消し、そこにあった業者も組合もみな離散した。学校もバラバラ、サークルやスポーツクラブ、芸能や文化集団もみなバラバラになった。市村はいう。

「ここまで話をしていて思ったのは、「生活再建」って言葉、これはいったい何なんだということ。それはこのコミュニティに含まれるものが世間には理解しがたいということと、何か共通しているかなと思うんだよ。例えば、「雇用があれば生活再建できるでしょう」なんていう言い方をする人がいる。「家があれば再建できるでしょう」というのもある。「いやいや、住む場所さえあれば再建できるでしょう」とも。世間には、たぶん生活再建のいろんな定義があって、その定義にあわせて様々なメニューがあるんだと思う。どの定義も、一面ではあるんだろうけれども、でもそれは切り売りされた生活再建。こうして切り売りされた生活再建だと、じゃあその人、もしくはその家族で、生活再建のどの局面を重視して未来を決めていくのかという選択肢の問題に今度は換えられてしまうのかなという気がするわけですいうか」。

よ。だから、生活再建もコミュニティも、今の国の定義は、あまりにも実態にそぐわないと

コミュニティと同様に、生活（ライフ）も総合的な概念だ。人々の生活は、一局面ではなく多面的に、全体として総合的に成り立っている。環境から、産業から、文化から何から、すべてによってだ。同様に、コミュニティも総合的に成り立っているのであり、ある地域のなかの関係のすべてがあってコミュニティは存立する。山下はいう。

「僕が思うに、それは定義云々ではなくて、むしろこう考えたほうがいい。今回壊れているものが、実は目に見えている以上に深みのあるものだということ。見えているものの背後でものすごく大きなものが壊れている。それがなかなか多くの人には見通せていないということなんじゃないだろうか」。

先述のように、政府のグランドデザインにも「コミュニティ再生」は出てくる。だから表向きは今我々がいったことに向き合おうとしているかのように見える。

「でも、実際に個々の問題に対処する段になると、人の関係が切れたから絆でつなごうとか、生活や暮らしが成り立たないので支援しようかとか、産業が壊れたから雇用をつくりましょうとか、そういうバラバラなやり方になっていく。でもそれでは戻らないんですよ。だって、全部くっついていたものが、一緒になって壊れているんです。そういうふうに理解しなければいけない」。

むろん、この災害のなかで、政府をふくめ様々な人たちの努力があったことで、かなりの

人の命が助かっている。少なくとも最悪の大きな爆発は起きなかったし、関連死的なものはたくさん出ているけれども、この2年間はとりあえず避難社会の大きな崩壊にまでは至らずここまでは来た。

だが、その先のコミュニティの再生とか生活再建とかを考えたときに、その壊れ方が非常に大きく根深いがゆえに、ちょっとやそっとでは立ち直れない、そんな状況に至ってしまっている。そう考えなければならないのではないか。山下はいう。

「今回が、たぶん今までの災害と違うのは、コミュニティのなかにあった地域産業や行政がいったんすべてなくなったあとに、そこに何人かが戻ったとしても、それでは暮らしを立て直すことはできない、このことが暮らしの再建を難しくしているということです。そして、暮らしの再建が難しくなれば、むろんのこと地域の再生も難しくなる。というよりも、暮らしの再建と地域の再生はセットです。どちらかだけということはあり得ない」。

この震災で全員がすぐに帰還できるわけではない。他方で、再建できる人は順に元の地を離れて別のところでそれを果たしていくから、避難が長期化することで現地で再建しようとする人は限られたものとなる。第1章でも予言したように、このままでは現行の復興公共事業が完了しても、そこに暮らしは何も残っていなかったというようなことが現実化しかねない。

いずれにしても、このようなコミュニティ崩壊は稀有の事態だということを、我々はもっとよく理解する必要があるのだろう。壊れたものはいったい何なのか、何が壊れたのかを明確にし、それに沿った再建策を入念に練る必要がある。市村はいう。

「原発避難に関しては、もしかしたら避難直後2年くらいまでは残っていたものが、避難しているなかで段々となくなってきているという感じもあるんだよね。結果すべてなくなってしまうんじゃないかとすごく感じる。だから「コミュニティは今はまだある」という言い方をしたほうがいいのかなという感じもする」。

今はまだすべてが壊れているわけではない。でも、このまま何もしないでいれば、すべてが本当に壊れてしまうのかもしれない。

いやそれどころか、もしかすると、今のままの復興政策では、それが進めば進むほどかえってコミュニティが壊されていく可能性がある。復興が破壊を加速させていく感じさえある。佐藤がいう。

「現在の帰還一辺倒の政策が被災者のためだということになるのに対して、やっぱり僕は非常に強い抵抗感がある。しかも、そのために、「国民の税金を使うのは何事か」みたいなところまで世論がなってくると、ますます本来の復興とか生活再建とかからは遠い話になってくる」。

避難している現実から

「すごく大切だと俺が感じるのは、避難をしている現実、それが事実として今もあるということ。やっぱりそれが一番理解されなければならない点だと思ってるんですよ」。

避難している現実。そして今後も避難し続けなければならない現実。ここから理解を求めなければならない、と市村は強調する。

「現状として、2年経っても復旧すらできない状態――「復興って何なの?」と言うまに2年が過ぎる。それでもなお、目の前には先の見えない避難生活しかない。これが今一番危惧されなきゃいけないことなんじゃないか。それでももし、これからの避難生活のなかに将来を見出すことができるのであれば、そこに希望を抱くことによって、今の状態を乗り越えられるんじゃないかとは思う。復興庁が出したグランドデザインとか復興計画とか、そういうものが、本当はそういう希望としてつくられているべきだと思うけども、今のものは何か違う気がする」。

この点はおそらく、各種の原発事故の検証報告書も同じだろう。政府、民間、東電、国会といくつもの報告書が出たが、これらにはそこに暮らしていた人間の話はほとんど盛り込まれていない。コミュニティとか人とか暮らしが、この事故でどうなったかという点はまったく抜けて、技術的な観点からの議論で埋め尽くされている。避難も、避難指示の情報がいつ伝わったという検証しかなく、そこで生じていた人々の恐怖や不安や不信といったものにまで関心はもたれていないようだ。興味深いのは、これまで原発を批判してきた人たちが主体的に関与したにもかかわらず、結果的にそういう話になっているということである。原子力政策を批判したり、その危険性を説いてきた人たちが検証しても、やはり技術的な話が中心になる。この事故がいったい何をもたらしたのか、そして今コミュニティや社会に何をもたらしつつあるのかということについて、世間はあまり関心がないのではないかという疑いさえもってしまう。なぜこうなるのだろうか。[23]

まとまった地域のすべてが、地表から全部なくなったという怖さ。そもそも、この怖さをこそ、もっとはっきりと声を上げて問題化していかなければならないのかもしれない。津波被災地にもまったく同じ感覚がある。すべてがベロンとなくなっているあの不気味さ。津波被災地の被害の深さもまた、もしかすると十分に理解されていないものかもしれない。山下はいう。

「すべてを失うことについては、おそらく昭和20年に一度日本は全国各地で経験していて、ある年代から上の人は、みんなその体験をもっているわけですよね。でも実は、そのときにはすぐに復興が始まっている」。

終戦時の米軍による空爆は全国各地に及び、大量の死者を出した。軍人ではなく民間人に対する大量虐殺であり、そこからのスタートは生き残った人にとって全面焼け野原からの復興を意味した。だがそこでは人間のほうにも力があり、全面焼け野原になっても、生き残った人々がそこに集まってきて、社会は再建・再生され、数十年後には戦前よりももっと豊かな社会が構築されてきた。だからこそ「復興」という言葉を、これまで日本人はそんなに違和感なく災害のたびに使えてきたのかもしれない。だが今回はもはやそういうものではなくなってしまったようだ。だがこのことを、政府や専門家のみならず、被災者自身も、そして国民も、みなが現実として理解できていないのかもしれない。

かつて地方の社会システムは、中央が放っておいても再生できた。そこには自然の復興があった。そもそも人間は亡くなっても、また新しく生まれ補充されてきた。社会が消えるなどということを想定する必要はなかった。これに対し、今回の災害では、その存亡をめぐって、被災地は中央にすがるしかない状態に陥っている。中央地方関係についてはすでに、21世紀の初頭において、中央にある者の身の振り方や考え方一つで、地方の命運は大きく左右されるようになっていた。そこで生じた大津波と原発事故。被災地はもはや中央なしには再生することができない立場に追い込まれている。にもかかわらず、この事態の深さ、重さが、中央にいる立場からは十分に見えないのかもしれない。それどころか、もしかすると被災地に暮らす人々の多くも、この事態の重さが理解できていないのだろう。こうした不理解の構図は、津波被災地でも、原発避難地でも同じだ。そしてその根底には中央と地方の間の長きにわたる支配・依存関係があり、それはまたこの日本の社会の中心と周辺に関わる問題でもありそうだ。そして被災者・被災地とは、この国の最周辺に追いやられた人々・地域にほかならない。

だが、原発避難を扱う本書ではやはり、津波被災地と原発避難との違いについては十分に浮き上がらせていく必要がある。とくに大きな違いはやはり、原発立地という問題である。当然だが、原発事故が起きるには原発の立地が前提であり、立地がなければ原発事故は起きてはいなかったわけだ。原発事故を理解するために欠かすことのできない原発立地の問題だが、事故後の言説を見れば、考えていた以上に、この点についての世間の認識が乏しかったことも露呈している。次の第3章では、この点を掘り下げていきたい。津波災害と原発事故との比較についてはさらに、第4章でもう一度取り上げることとなる。

各論2 タウンミーティングから見えてきたもの――多重の被害を可視化する

佐藤彰彦

事故対応や避難の経緯から――問題は多様・複雑・深刻に

「声に出せない声」を拾うために

ここでは、市村が代表を務めるとみおか子ども未来ネットワークが2012年7月から2013年3月にかけて、計8回にわたり全国各地で開催してきたタウンミーティングの結果から、原発避難者が置かれている状況を読み解いていきたい[1]。

とみおか子ども未来ネットワークが主催するタウンミーティングは、主に米国で行われてきたタウンミーティングや、それを模倣して日本で行われてきたタウンミーティングとは次の二つの点で大きく異なる。

一つは、町民のみに参加を限定した「クローズド会議」を設け、参加者どうしが避難生活で抱えている不安や怒り、心配事など思いの丈を吐き出せる環境を重視している点だ。私たち社会学広域避難研究会のメンバーは進行や記録のお手伝いに入るが、個人的意見を表明することは原則禁止されている。

もう一つの特徴は、例えば高齢者どうし、子育て世代の女性どうしなど、できるだけ世代や属性の近い人たちどうしでグループ分けを行い、あえて「偏った議論」ができるよう配慮していることだ。

「若い世代は年寄りや先輩たちに遠慮してなかなか声を上げられない」。

「帰還をめぐる問題は夫婦間で考えが異なることが多いので家族内で話題にすることはタブー」。

「夫婦や家族が避難先の狭い空間にいることで（相手に攻撃的になるなど）お互いの関係性が変わってしまった」。

こうした声は、富岡町以外の被災地域でもよく聞かれる。そのため、できるだけ同じような立場・境遇の人たちどうしで、ふだんはあまり口にできないことも吐き出せる環境づくりが意図されている。

「まだ放射能は出続けていますよね……」

時間の経過とともにある意味、落ち着きを取り戻している人もいるかもしれないが、「自分の置かれている状況が理解できない」。これが多くの避難生活者が感じてきたことのようだ。

そもそも、警戒区域に設定された地域から避難してきた人たちにとっての避難は「原子力発電所の事故の危険性があったから」にほかならない。「原発事故などあり得ない」と信じ込まされていた彼らにとってはまさに「寝耳に水」で、着の身着のまま避難せざるを得なかった。「数日のうちには帰れると思っていた」彼らにとって、時間の経過とともに、ようやく何が起きているのかがおぼろげながら理解されるようになる。

そこで多くの人が共通して抱えているのは、原子力発電所の事故収束に対する疑念だ。

「この放射能、東電まだ（ベントするなど）動いていますよね。放射能が出続けていますよね。（略）まだまだこれから心配しなくちゃいけない」。

当たり前だった「安全神話」が崩れた後の、東電と原発を認めてきた国に対する不信はなかなか拭いきれるものではなく、この問題は原発事故から2年半あまりが経過した今も変わりない。いや、健康リスク、区域再編と賠償、帰還政策などの問題をめぐって、不信はいっそう深まっているといったほうがよいかもしれない。

「自分がとった選択が本当に正しかったのだろうか」——見つからない答え

避難生活が長期化するにしたがって、タウンミーティングの場で発せられる言葉には明らかな変化が見られた。ごく簡単にいうと、個人レベルの怒りや不安から、家族や親族のなかに生じてきた問題へ、さらには、避難元にあった集落や富岡町というコミュニティの問題へ、といった具合だ。

時間の経過とともに避難生活者を取り巻く問題が多様化し、かつ、それらが複雑に絡み合い、そうした問題群が解決されないまま、ますます深刻化の一途をたどる。しかしながら、そうしたことへの理解や配慮が、政策的な対応という側面からはいつまで経ってもなされない。それが事故後から今日に至る約2年半だったといえるだろう。

これまで「短い間に人生最大の選択を何度も迫られてきた」彼らは、いつになっても「（子どもたちや家族にとって）自分がとった選択が本当に正しかったのだろうか……」と悩み続ける。そしていまだに「答えが見つからない」。そんな複雑な心情の一端にふれるため、タウンミーティングで上がっていた声に耳を傾けてみたい。

「暮らしや人生すべてを失った」――個人レベルで聞かれる声

「人間としての尊厳を奪われた」

「あの土地で描いていた将来の夢までも……」

「口では言うんですよ、「子どものためだったら（富岡での自営業にこだわらず）一般企業でも何でも入る」って」。

何十年とかけて築き上げてきたその人の人生、そこの地で成功させた事業と誇り、苦労して獲得した社会的地位……。何もかもが一瞬にして奪われ、元と同じ環境には二度と戻れない現実に向き合わなければならない。それでも家族や子どもを安心させるために嘘をつく人もいる。よかれと思ってついた嘘は、次第に家族どうしの関係性を蝕んでいくことすらある。

「人生そのものを奪われた」。

「あの地で（息子や娘のために）長年描いていた将来の夢まで根こそぎ奪われた」。

避難を強いられた人たちにとっての人生という言葉がもつ意味。そこには子どもにとっても高齢者にとっても程度の差などないようだ。

小学生の子どもをもつ母親は、避難生活を振り返りこう話す。

「子どもだって我慢している。つらそうなので「泣いてもいいんだよ」って言ったら「ワーッ」って泣いたんだよね。子どもにだって10年間あまりの人間関係があるんだなって、それは子どもにとっては人生のすべてなんだなって思った」。

「本当はどこかに行って声を上げて構わず

泣きたいんですけれど、（避難先では）泣く場所がないですね」。

これは60代の参加者の声だ。長年過ごしてきた地域とそこでの暮らしすべてを失ったことへの喪失感が伝わってくる。

しかしその一方で、前を向いて生きていかなければならないという切実な声も目立った。

「私たちにだって若干の未来はあるので、（10年間は帰れないとか）早くハッキリとした道しるべを教えていただきたい」。

「悪い夢見ているのかな、受け入れられないよね」──体力・気力の低下と疾病増加

個人が避難先で不安に抱えていることの一つに健康問題があげられる。これは放射能に対する不安やリスクというよりは、避難生活に伴う精神的苦痛とそれに起因する疾病の増加といった問題だ。ある女性はこう語る。

「病気もしたりしながら（仕事を）やっているんですけれどもしょうがないです。仕事しないと……誰も助けてくれないので」。

一人暮らしで病気の体をかばいながら生活のために仕事を続ける。そうしなければ生きていくことができない状態に置かれている避難者は決して少なくないだろう。

「以前もっていた病気がうんと悪くなったんですよね。安定剤みたいなものを飲まないと眠れないようになってしまった」。

こうした声は高齢者の方々を中心によく聞かれるし、また、次のように震災直後から現在まで変わらずに聞かれる声がある。

「（昼間は人と会って気を紛らわせられるけれど）夜一人で布団に入ると不安で眠れない」。

「いずれ帰るんでしょう」「県内の人が優先です」――被災者扱いで定職に就けない

健康に不安を抱えながらも、生きていくためには仕事に就かなければならない。しかし、避難先で安定した職を得ることは想像以上に困難なことが分かる。とくに県外避難の場合、例えば、ハローワーク等での職業斡旋に関しては、次のような指摘が少なくなかった。

「(避難先で)被災者という名前が載っているだけで「いずれ帰るんでしょう」という話になるんです」。

定住しないであろう人が(求人募集をした会社に)長く勤めるはずはない。だから採用はできないという論理が採用側にはあるのかもしれない。また、ある時期には、被災者を雇用することで会社に一定の補助金が入るため、いわゆる「福島雇用枠」のような斡旋もあったようだが、その多くは低賃金・重労働の場合が多く、なおかつ、採用後に(補助金が企業に入ると)会社から離職をうながされるケースもあったようだ。

また、いったん県外に避難しながらも、進学や就職のタイミングで福島県内に戻りたいと考える生徒たちもいて、受け入れ側の福島県は頑なに帰還政策を掲げているにもかかわらず、県外に避難した被災者の県内就職には積極的ではないようにさえ見える。

これは高校生の子どもをもつ母親からの訴えだ。

「(子どもが)福島で就職したいと相談したら、(福島県からは)「福島県内卒の高校生優先だ」と言われて……。結局、避難先での就職が決まったんです。何か、だんだん福島が遠くなってしまうんです」。

例えば、復興計画のなかで「帰還しない人への支援」を表明しているある自治体でも、復興計画策定委員会等のなかで「今さら戻らない人たちの支援など必要ないのでは……」という主旨の発言が出たこともあった。

同じような話は他の地域でも耳にする。先ほどの県内就職の例もそうだが、避難元地域自体が「誰が帰還するに相応しいか」を選別している状況が起きているかのようにさえ見え、かつ、そうした行き違いによって、避難生活者と行政との溝が余計に深まっている。それが現状ではないだろうか。

「ふつうにあった暮らしを取り戻したいだけ」――家族レベルで聞かれる声

「子どもが小さいので、家族で福島に住むという選択ができない」――居住選択が困難

家族の多くが抱える深刻な問題の一つとして、避難に伴う「多重生活とそれに伴う家族離散」があげられるだろう。

「娘2人はいわきのほうに残していますので、そうなると今は3カ所で暮らしているわけですね。今後4カ所になってしまうと4重生活になるので、経済的な面でも苦しいです」。

どこの家庭でも、子どもの健康面でのリスク、家族の生計など、おそらく苦しい葛藤の末に多重生活というかたちを選択せざるを得ないのであろう。そうして下した決断にすら、実は納得できていない自分たちがいる。だから本当であれば、できるだけ早くこの「生殺し」の避難生活から抜け出したいというのが多くの避難者の本音では

ないだろうか。

「結論からいうと、ここでの避難生活には決して納得はできてないんですよね。「じゃあどうする?」と言われると、その先の答えがなかなか見つからないし」。

「みんな出かけていってポツンとなってテレビだけついている」――口に出せない辛さ

「仕事や学校など家族みんな行った後が結構辛いですね」。

60代の参加者はこう語る。もともとの集落コミュニティから離れ、かつ、家族が離散せざるを得ない状態での避難生活は、主婦や高齢者の孤立、(それらの)「子どもの心身への影響」など派生的な問題にもつながっている。

一方で、家族が揃って暮らしているようなケースのなかにも、高齢者世代が嘘をついてまで息子夫婦や孫たちを安心させようという気遣いすらあるようだ。

「年配の方がいつも言うんですけど、子どもや孫がいるところでは、嘘をついてまでも「(富岡には)帰れないから(子どもたちと)一緒に違うところに住みたい」って……」。

「とにかくふつうの生活がしたいだけですね」――かといって住宅取得すら依然困難

「ふつうの生活というのは、ふつうにみんな家族で働いて、みんなで収入を得て――一般家庭がやっている生活、夫婦で働いて――働きたいということです。ただ、そのふつうの生活がなかなか現実問題としてうまくいかない。そうしたくてもできない状況が今も続いている感じです」。

「当たり前の人間らしい暮らし」が奪われ

た現状に対する不満・不安は強く、「ふつうに仕事や家をもつ暮らし」を求める声が多くあがっている。このことは、借上げ住宅制度、住民票制度、高速道路無料化等と密接に関係するが、現行政策では特例法等による代替措置や年度ごとの見直しにとどまり、抜本的な制度改革はなされていないのが現状だ。

また、原発事故による放射能汚染は、避難元の地域で人々が当たり前に行ってきた行為を町民から奪い去った。「おばあちゃんが丹精込めた手づくり野菜、でもやっぱり不安（で子どもたちに食べさせられない）」。

作物を育てる喜び、それを食べてくれる人の笑顔、そうした笑顔を見たいがゆえの生きがいとしての営農、生産者と消費者の信頼関係……。このように地域に当たり前にあった営みや関係性をも今回の事故は奪い去ったのだが、とくにこうした「決して元に戻ることのない」無形の被害については全くといっていいほど、政策的な対応がなされていないようだ。

墓場に入ってもなお背負い続けなければならない不安——健康リスクの問題

子どもをもつ親世代の人たちは、決して「ふつうではない」避難生活が長引くことが、子どもたちの心身に及ぼす影響を心配している。次の母親の言葉からもそうした不安な様子がうかがえる。

「子どものためには自分が強くならなくてはって。でも（夫が仕事で別居し）母親と子どもだけになって自分も一杯いっぱい。自分の不安定さって子どもに伝わっちゃうのかな」。

　また、第一原発の事故が収束していない状況を鑑みるならば、将来的な帰還を考える際に、放射能の影響に対する不安・心配は相当なものだろう。

「子どものことを考えたら、しばらくは戻れない。年寄りが帰りたい気持ちも分かる。でも自分が帰ったとしても、（将来）子どもや孫が里帰りできない家って何なんだろう」。

　親にとって子どもたちの健康を心配する気持ちは、次の言葉によく表れている。

「子どもたちの健康に関して、「一生背負わされてしまった不安」というものを抱えながら、生きていかなければならないんです」。

　放射能から子どもたちを守るため、家族が離散した状態で避難生活を送っている人たちも少なくない。福島県内で働く親らは週末や休みのたびに避難先と職場を行き来する。なかには毎日数百キロの道のりを自家用車で通っている人さえいることは、あまり知られていないだろう。

「家族の送り迎えや一時帰宅（略）、移動ばっかりしている感じ。以前は高速道路なんて年に数回しか使わなかったんです。高速道路の無料化は、帰れない限り延長してほしいです。それは贅沢ではないですよね」。

　ひと月のうちかなりの時間を移動に費やし、それ以外のことに時間を費やせなくなる。しかし、そうしない限り、これまでの家族の——最低限の、しかも、時間の経過とともに変容しつつある——関係性を保つことができない。こうした被災地の状況に対応した抜本的な制度改革がなされていない点についてはすでにふれた通りだ。

苦労して築いた社会関係、同じものは手に入らない
――集落レベルで聞かれる声

「あらゆる居場所が喪失してしまった」――再構築不可能な人間関係と社会関係

避難生活が長引くにつれ、子どもをもつ親世代を中心に様々な悩みが生じてくることになる。自治会・町内会、学校ＰＴＡなど、避難先の様々なコミュニティとの関わりのなかで、これまで避難元のコミュニティでは当たり前だったことが通用しない。10年以上かけて築き上げた信頼関係をゼロから構築し直さなければならない……。数を上げれば切りがない。

「結婚して富岡に住み、自分が一からつくったママ友のつながりを全部なくしてしまったって感じ」。

「子育てのネットワークとか長年、自分の力で培ってきた友人たちなんですよね。お嫁に来て、自分が一から友達をつくるって、近所付き合いもそうですが、それをまた別の土地でつくるとなると尻込みしちゃってできないんです」。

とくに母親の側からは、このように「長年築いてきた人間関係を喪失」し、そうした「仲間と過ごす時間すら奪われた」ことの喪失感が強く指摘されている。

長年かけて培ってきた社会関係の喪失、これらは避難先で再び構築できるものではなく、被災地の外ではなかなか理解されにくい問題だが、避難生活上の問題としては最も重要かつ深刻な問題の一つといえる。

しかしながら、メディア報道や現行の政策対応状況を見ても、いまだにこの問題が世

論的にも政策的にも十分な理解がされていない状況にあるといえるのではないだろうか。

「富岡にいた頃には、運動会で走ってくる子どもも全部の写真を撮っていたよね」

避難先での生活は、いろんな場面で避難元と異なることが多く、富岡ではふつうだったことが避難先では問題となるケースもあるようだ。例えば、子どもが避難先の学校で問題児扱いされたり、地域や学校などで「避難者」という特別な目で見られたり。そういうことを避けるために、避難者であることを自ら断ち切る人たちもいるようだ。

「子どもの周りで「ただで給食を食べているんだ」みたいなことになったら大変だなと思って、私は今年から（給食費補助など就学支援を）切りました」。

あるいは、そうした避難先での生活に耐えきれず、「いわきの生活はいろいろ大変だって聞くけど、友人や知人もいるし、富岡を感じながら頑張れるんじゃないかなぁ」と、いわき市に生活拠点を構える人たちも少なくないようだ。

しかし、福島県内に戻ったからといって、避難者にとって周囲との確執がなくなるわけではなく、「避難者であることの後ろめたさ」は捨て切れない。それでもなお、彼らにとって避難元コミュニティの安心感は何物にも代えがたいものなのだろう。

先ほど、「ママ友」や「子育てのネットワーク」についてふれたが、避難元にあったネットワークは、企業活動についても同様のことがいえる。町内の自営業や小規模事業所では長年かけて顧客を開拓してきた。そうした取り引き・顧客関係も原発事故によって崩れてしまい、避難先で事業を継続／再開するにしても、数年後に富岡町で事業を再開するにしても、もはや同じ規模・内容の関係を取り戻すことは不可能だ。

こうした問題に対しても、具体的な対応は乏しいままだ。

「帰る／帰らない」と「町民でいる／いない」は別
──自治体レベルで聞かれる声

「帰るごとに気力がなくなってきて……」

60代の男性は次のように語る。

「最初の頃はやはり気力というのがあったんですけれども、帰るごとにそれがなくなってきて……」。

一時帰宅のたびに自宅の様子は変わってくる。

「たまたま忘れた食い物を狙ってネズミが食い散らかしているし、庭は草ぼうぼう。行くたびに、前は「絶対帰るぞ」という考えだったんですけれども、考えがだんだん遠くなっていくな」。

その結果、帰還をめぐって「戻りたい」「戻れない」の狭間で苦悩し、現実的な帰還の困難さに直面するようになってくる。

「長くても3年くらいだなと思っていたんです。でも、（一時帰宅してみると）やっぱりみんなと同じように、帰れる状態ではないなと思っています」。

苦悩の末、いわき市や郡山市、あるいは県外の避難先での生活再建が現実的な選択肢の一つとなり得るが、先に見てきたように、就業、進学、居住などの選択決定がきわめて困難な状況にあるばかりでなく、将来的な健康不安に対する医療援助など、現時点では不透明なことが多いことが分かる。

「母子手帳をもらうために住民票を移したんです。町民でなくなると富岡町の情報がとっても少なくなりました」（30代女性）

あと数年のうちに避難指示が解除されれば、家賃補助や東電からの精神的賠償など現在の生活を成り立たせている支援等が打ち切られることが危惧されるなかで、「将来どこに住んだらいいのかという不安が一番ですね」（40代男性）という発言にみられるように、多くの人たちにとって生活再建に向けた決断ができない状態が今なお続いているといえるだろう。

「お父ちゃん、お母ちゃんはもう生きてないよ」

このように自治体レベルで、町民は「帰る／帰らない（帰れない）」と故郷への想いの狭間で様々な葛藤を抱えている。しかし、「故郷を後世へつないでいきたい」という考えや想い、あるいは富岡を感じられる「場」づくりへの期待は世代に関係なく共通しているようだ。

例えば、30～40代で親と同居していた人たちなどの間には、次のような発言がみられる。

「（一時帰宅で）住めないと分かっているのに草刈りを始めるんですね、親が。自分のところはいつでも綺麗にしておきたいんでしょうね。それを思うと、「富岡町をなくせない」というのは強く思ったんですよね」。

「原発事故が起こるまではそんなことは考えたこともなかった」という彼らのなかには、避難生活を通じて「故郷を守っていきたい」という意識をもつ一方で、「自分の親や歳いった身内がこれから先どうしていくか、落ち着く先があるのかと悩んでいます」「（親世代には）何も考えずに「落ち着けるところに住んでもらえたらな」という想いはありますね」といった気持ちを強めていく人も少なくないようだ。

また、親世代である高齢者からは、「おまえがたぶん戻ってきて住める頃になったら、（おまえは）お父ちゃんらの歳ぐらいになっている……頼むぞ」と、子どもや孫たちに故郷の未来を託す想いが語られている。

「よその地域では福島のことが別世界の出来事になっているんですよね」

タウンミーティングという町民どうしが話し合う機会は、「「同じ富岡町の人間なんだね」というのも含めて、安心した話し合いができる」一つの場としてとらえられていたようだ。

「地域のこうしたコミュニティで話し合いというか、そこで吐き出すこと」は、「自分たちの精神的なケアも含めてそういうものも必要だな」と感じられた側面もあるようだ。原発事故後の福島の現状が風化しつつあるなかで、こうした場、あるいは、富岡町というコミュニティを介して、「富岡の若い世代——中年世代もそうですけど——が、もっともっとまとまっていかないといけないのかな」という考えが共有されつつあるようでもある。

「自分の人生そのものが仮の人生に……」

帰還に向けたプロセスの一つである「仮の町」は、富岡町をはじめとする被災町村におけるコミュニティの一つのかたちであるといえるだろう。しかし、この「仮の町」をめぐっては批判的な意見が目立つ。「仮の町というのは仮の住民だよね、どこまで行っても。(略)ということは、これは仮の人生になっていくんだよね、自分にとっては。自分の人生そのものが仮の人生になっていって、どこに足が着いているか分からない毎日の暮らしになっていく」。すなわち、「仮の町構想には、基本的な町の存在のありようというものが抜けている」という厳しい指摘といえるだろう。

「仮の町」をはじめとする政策が、避難生活者が直面している問題・課題にいまだ十分に対応できているとはいえない状況にあることは、これまでの整理からも理解できるだろう。さらに重要なことは、先ほどふれたように、復興政策を担う政治・行政に影響を与える世論が、被災地や避難生活の現状を十分に理解していないことへの危機感を被災者の多くが抱いているということだ。

全体を振り返って

以上、原発事故後の避難生活を取り巻く問題構造全体を住民の声から俯瞰してみたが、そのかなりの部分が現行の制度・政策によって解決され得る状況には到底達していないことが分かるだろう。

避難生活者は、これまで見てきたような多様な悩みを抱え、日々葛藤しながらすでに2年以上を過ごしている。住民のなかには、一時帰宅の目的が「(故郷に)帰るため」から「(故郷を)断ち切るため」へと変化してきた人も存在する。「これから先も富岡町民であり続けるか」という問いは、彼ら／彼女らにとってあまりに重いものだ。

避難先での住宅取得、事業再開、就職など生活再建のために、富岡町民であることと決別する選択をしなければならない人たちが増加する可能性も否定できない。しかし、そうした選択をとることによって、将来的な健康リスクに対する補償や医療援助、（今は認められていない不可逆的価値に対する）賠償など本来受けるべき権利を失うことにもなりかねないし、住民一人ひとりが富岡町で営んできた様々な社会関係を失うことになるかもしれない。また、国や東京電力に対する賠償や補償問題等についても町役場からの支援を受けられず、個人で対峙していかなければならなくなるかもしれない。

こうした最悪の結果を招かないようにするためにも、本論に示した原発避難にかかる問題構造が、より多くの人たちに理解され、被災地域／被災者にとってより望ましい政策の形成と実現を後押しすることが求められているのだと思う。

第3章
「原発国家」の虚妄性──新しい安全神話の誕生

東京電力で働いていて白血病になった人が、年間5ミリシーベルトで労災に認定されたという話ですから。いかに20ミリシーベルトというのが高いものかという……私としてはどうしても納得できないことなのです。

（男性、長岡タウンミーティングにて）

原発立地は理解できるか？

なぜそこに原発はあったのか？

この福島第一原発事故の本質を理解する上で最も障害になると思われることがある。それは、原発がなぜそこに立地していたのか、どうして送電の効率性を考えて、使用する首都圏のすぐ近くではなく、あえて辺境といえる場所に置いたのか、このこと自体がすでに理解しがたいものとなっていることだ。いや、辺境という表現は正確ではない。ほどよく遠くほどよく近いところに原発はある。原発の位置はその時々のこの国の構造条件によって決まっている。すでにその配置は今この国の北端（青森県下北半島や北海道）と南端（鹿児島県薩摩半島）にまで行き着いた。もはやこの国の国土全体に配置された原発だが、その立地をめぐる事情はどれぐらい人々に理解されているのだろうか。

我々はこう質問されることがある。どうして、原発立地地域は原発の建設を許したのか。危険だと分かっていて、どうして反対の声がないのか。まして、こういう事故が起きたのにもかかわらず、再び原発を稼働しようという声があがるのはなぜなのか。だが、それはそれほど難しい話ではない。市村はいう。

「なぜ立地を受け入れたのか。あそこがしばしば不作で何もできない、どうにもならない土地だったからですよ、単純に。なぜ原発を止められないのか。それがなくなったら、また不毛の地に戻れば、生活できなくなるからですよ。それをおかしいと思うんなら、その立地地域の人たちに新たな産業と豊かな土地を与えてみなさい。全員とは言わないにしても、ほとんどのその人たちは原発を続けることに反対しますよ。こんな事故を見ればもう嫌だもの」。

原発は何か奇態なものに見えるのかもしれないが、かたちだけを考えれば、一般の誘致企業と同じであり、また立地した電力会社がその地域で強い権力を握ってしまう構造も、企業城下町で形成される社会関係と似たようなものだ。

「東電が我々のところに原発を持ってきたんだけれども、それはホンダが工場を持ってきてくれたのなら、本当はそれでよかったという話なんですよ。むろん例えばトヨタの工場がそこにあって、例えばそこで事故を起こしたとしても、原発のように「はい、さようなら、出ていけ」とはならないでしょうけど。でも質は違うにしても、ベースになっている状況というのは同じだってことなんです」。

エネルギー問題や安全性の問題以前に、経済的な面で、地元にあるということが大きいのである。逆に明日にでも、同じだけの雇用を埋めるものが提示されるのであれば、原発は要らないという話でもある。そしてそれを、電力関係者はある意味で分かってる部分があり、だからこそ、エネルギー生産地域と消費地域の間の関係枠組みを整え、実際につくってきたわけだ。

だがまたむろん、原子力業界は利権も大きく、そのおかげで、例えば関係する大学の研究室でも研究費が獲得でき、場合によっては利得を得ていた人、収入を得ていた人がいるのはたしかだ。もっとも、そうした業界における一部の人間による占有構造も、原子力のみならず、建築や土木、あるいは医療や製薬などの業界にもあるものだ。公共事業体のきわめて大きなものという点では特異性はありながらも、原発は日本のどこにでもあるものの一部であったことはたしかだ。

脱原発は、原発が突然目の前に現れたから？

ただし、こうした原子力をめぐる権力構造には、その権力に対抗する脱原発・反原発という勢力の存在があり、そして地元の社会にとってはこちらのほうがむしろ得体の知れないものであったろう。土木や建築などにも脱ダムや反公共事業の対抗運動があるが、反原発は社会運動の歴史のなかでも特別なものといえる。そしてしばしば、原発立地自治体に対するおかしな誤解は、学歴の高い、インテリによる反原発論から始まっているようだ。こうしたところから先のような「原発避難者はなぜ脱原発を叫べないのか」という問いも発せられてきたのである。

これはまたマスコミも同じであり、例えば、大飯原発の再稼働が問題化した際などにも（2012年7月）、「今回の再稼働を事故被災者はどう思っているのか」といったかたちで避難者から声を拾い、再稼働批判のイメージをつくろうとしていた気配があった。避難者から原発への怒りを引き出そうとする傾向は、現在もまだ続いているようだ。佐藤はいう。

「私の知っている被災者にも、例えばこういうことがありました。2012年の東電の電気料金値上げのときのことです。「値上げをどう思うか」と、メディアが彼に質問をするんですね。当時、東電が各戸に配布した値上げのお願い文には、賠償を含めて費用が必要だから値上げをする旨がはっきり書かれていた。そんな状況で被災者が世間に向けて値上げをどうこうなどと、話ができるわけがないですよね」。

おそらく、被害にあったから、被害者だから脱原発・反原発だという、単純な論理なのだろう。しかし、人間というのはそんなに簡単なものではない。それまでの暮らしのあり方や、その人々の置かれた位置、とくにこれから先の様々な決定において、原発やそれを動かしていた東電とどういう関係をもち得るのかによって、言えること、言えないことは変わってくる。そもそも事故の後、被災者は東電にこそ頼らなければならない、そういう構造にこの国の仕組みが追い込んでしまった。関係がまったく対等ならば、たしかに被災者は脱原発を口にできるのかもしれない。しかし実態は逆だ。

だが、こうして意見表明を期待されながらも、脱原発も言い出せずに、東電や国にすがりついていれば、避難者たちはただわがままを言っているだけであり、東電の賠償金につられているだけだと、そういう非難にもつながりかねないのかもしれない。もしかすると、と佐藤はいう。

「すごく感じられるのは――原発事故によって被害者はとてつもない被害を受けた。でもその被害というものが、この事故に関係ない人、とりわけ東京の人たちには分からない。そこで勝手に想像を膨らませて、『自分がそうなったら困る。だから、困る原因になるものは排除したい。原子力は要らないよ』と、そういうふうな論理が働いているように感じられるんですよ。要するに、目の前に、本当の意味で、これまで原発というものがなかった人たちが脱原発と言っているような気がする。もしかすると多くの人にとっては、この事故で原発が急に目の前に現れたのかもしれない」。

突然、この問題に向き合った人には、なかなかそれを理解するのは難しいということなのだろう。だが、単なる無理解がさらに一歩進んで、「結局、原発を誘致したのは自分たちなのだから、誘致した地元の住民自身にも責任があるのではないか」という議論に置き換わっていくと、不理解が牙をのぞかせることになる。いや、地域として立地を受けたのは産業がないからだというのは分かった。かといって、その産業に従事していた以上、やはり原子力の恩恵を受けてきたことになるのではないか。そもそも原発のそばに住んでいたからには、何か利得があったのではないか。でなければなぜ危険な原発のそばに住んでいたのか――こうしたことが、そのままストレートに、疑問として表に出てきてしまうようだ。

「なんで原発のそばに住んでいたの？」

原発を全部止めたらどうなる？——正義としての原発

なぜ、原発を誘致し、原発のそばに住んでいたのか。この点に関しては、中央の原子力業界がつくる「原子力ムラ」とともに、地元自治体や住民がつくるもう一つの原子力ムラが協力して、福島の原発群をつくり上げたのだという開沼博氏による議論がある。[1]だが、この問題はもっと広範な文脈に絡んでおり、そうした中央と地方という論理だけで答えるべきものではないのだろう。第1章ですでに市村が、原子力に対する住民たちの認識は、安全神話というよりもマインドコントロールに近いと述べていたことについてはふれた。ここでその議論を、もう少し詳細に展開してもらおう。

「変な言い方だけど、これは正義の話なんですよ。本当のところ、なぜ僕たちが原子力ムラなどと言われながらも、そこにいたのか。難しいけど、例えば事故前に俺たちは何て言われていたかというと、「あなた方が電力をつくっているおかげで東京は保てるんだ」と。「原子力発電所で、皆さんの協力で発電することによって、東京では電気が使えるんだ」と、そう俺は言われてきた」。

これは東電による説明だった、という。そしてさらに次の話が重要だ。

「そのなかで「原発を全部止めたらどうなるの」とも聞いたことがあるんですよ。そうしたら、「東京なんかほとんど機能しなくなる」と教えられた。そう言われたとき、俺らのうちに何が起きるのかといえば、「日本の経済の中心になっているのは紛れもない自分たちなのだ」と、そういうふうに感じるというか――そう受け取れるよね。もちろんみんなそんな実感はないですよ。東京のことを支えているという思いもないし、ただ日常生活をしているだけなんだけれども。でも、何かそういうふうな思いに駆られていた」。

ところが、東日本大震災によって原発事故が起き、その影響で日本中の原発が長期間止まっても、日本の電力供給は深刻な事態にはならなかった。

「それってある意味、震災当初よく言ってたんだけど、だまされた的な感じがすごく大きかったと思うんですね、被災者のなかには。原発が動いていないのに、東京ではネオンさえ輝いている」。

市村の混乱した語りをそのまま続けよう。

「それは、俺もそう思ったもの。「言っていることが違うじゃん」って。そういう思いはたしかにあった。だから今になって、「なんであんなところにいたの」って聞かれても答えられない」。

人々が原発のそばにいたのは、危険な場所に嫌々いたとかそういうことではない。むしろ日本を支えているという、誇りをもってそこにいたのだ。

「正義としてやっていた。俺たちも、地元の人たちも。政府や東電だって、自らそれが「正義だ」と思って俺らに言ってきたわけだよね。「日本の経済を支える大切な役割を担っているのが、あなた方だ」と。これも彼らは本気で言ってたのかもしれない。でも、この事故で東電はそうした俺らや地域との間にあった関係性を完全に崩してしまったわけだよ」。

市村の自己分析に、我々はしっかりとついていかねばならない。原発はある意味で、日本を支えるというナショナリズムと結びついていた。それは一つの正義であり、この正義を通じて、住民・地域・東電は一体でもあった。しかし事故によって東電は、住民・地域とともに正義として進めてきたこの原子力というものを自ら壊した。それも一方的に壊したのである。

「だって、俺たちはそれを崩せる？　俺たちから崩せるものではない」。

原発事故は、住民には引き起こせない。防ぐこともできない。しかもそれが崩れたとき、日本を守ってきたという根拠さえもが虚妄であったことが露呈してしまったわけだ。だから、「なぜそんなところにいたの？」と言われても、答えられるものではない。まさに「狐につままれたようだ」というわけだ。

「自分たちの感情とか、思いとか考え方とか、そうしたものに対して答えられないというか、自分の考え方として示すのがすごく難しく感じられてしまう。これは論理的にではなくて、漠然とそう思うよね。だから……」。

原発事故は人生の全否定

市村が続けるこの議論の終着点が重要だ。

「そうなってくると、これは要するに全否定ですよ、人生の。自分たちの人生を全否定されている感じ。原発立地は、建設から入れて50年だからね。50年間、「あなたたちは必要なんだ」と言われて——僕も40代だから——極端なことをいうと、おぎゃあと生まれたときから、原発はもうそこにあるわけです。そのなかで、うちのとみおか子ども未来ネットワークのメンバーもよく言うのは、やっぱり親が原子力発電所で働いて、農家もやりながらという人だと、「東電に仕事をもらっていた」という思いがみんなあるわけだよね、関わっている人たちが多いから。そうすると、人格から人生からすべて否定された感覚になってしまうというかな。それはすごく感じますよね。しかも、それによって失われたものだけではなくて、例えば、子どもの将来に対する親としての責任とか、不安とか、背負わされているものも出てきている。このことに関して、そのやるせなさというかなんというか……これを「言葉で明確にしてください」と言われたって、どうやって答えればいいのかな」。

　でも、こうして説明されれば、3・11前の状況下で起きていたのは、単なる「原子力ムラ」という現象でもなければ、また単なる「安全神話」といったことで説明され得る現象でもないことは分かる。ここには紛れもなく（東電や国による）プロパガンダがあり、マインドコントロールがあった。そしてそこには甘いナショナリズムまで混ぜ込まれていたのである。人々がそこにいたのは正義としてであり、国を支えるという使命感であり、「ムラ」や「神話」よりも、もっと手の込んだものだった。しかもそれがことごとく虚像だったのである。だから、この事故が起きて、原子力発電というものの本質が見えてきたときに人々が感じたのは、怒りよりも不信よりも何より、「いきなり梯子(はしご)を外された状態」だったわけだ。「とても強い武器——鉄の鎧——が、いきなり、藁の蓑(みの)を着ているような状態に変わる……」。そんな状態に置かれて、もう一度前と同じ話を「信じろ」と言われても、それは難しいというわけだ。そういう感覚は、被災者は本質的にみんなもっているんじゃないか、と市村は考えている。

マクドナルドのアルバイトまで原発の恩恵を受けたということなのか

とはいえ、それはそれとしても、人々はこの50年間、原発のおかげで恩恵を受けてきたのではないのか——なおもそういう声が聞こえてきそうだ。実際に、今回の原発事故被災地のなかでさえそうしたことを声高に言う人がいる。直接、第一、第二原発の立地のない飯舘村でも、浪江町でも、首長たちでさえインタビューのなかで「自分たちは福島原発の恩恵を受けたわけではない」という言い方をしている。しかしながら、浜通り地域ならばどの地域でも、当然のことながら東電関係の会社は多く、また電力関係の人々へのサービス提供に関わる事業者も多かった。また割合は多少違っても、原発立地は、立地自治体のみならず、福島県内すべての地域に補助金等を通じて様々なかたちで見返りを提供していたから、「一部地域だけが恩恵を受けていた」というのはまた極論過ぎる話だ。

とはいえ、「福島県全体が、みな原発の恩恵を受けていたのだ」というのもまた正しい理解ではない。山下も青森県に長くいたから原発立地自治体の事情はよく分かる。我々の考えを、市村の声を軸に示してみよう。この論点は重要だ。

「お金の話はよくされる。安全神話で金を積まれて、みたいな話もある。じゃあ、「俺ら、金を積まれたか？」と思う。いやたしかに金はもらったよ、仕事して。でも仕事してお金をもらうことは悪いことなんだろうか。過疎地の人なんかに言わせれば、「おまえらは、仕事があったんだからいいよな」と、そう言われちゃえばそうかもしれない。でも、別に原発立地地域だからといって、働かずに金が入ってきたかというとそうじゃない。仕事をしていたわけだから。仕事をしてお金をいただくのは悪いことなんだろうか」。

たしかに、サービス業がこの地で広く展開されていたのは、電力関係の仕事があり、そこで働く人々が大勢住んでいたからである。「たしかにヨークベニマルだって、地元のスーパー・ＰＬＡＮＴ－４だって、その顧客の大半は原発関係の人なんだよね。だから、商売が大きくなったのかもしれない。でもそれは、その人たちが優遇されたんじゃなくて、その人たちが物を売った対価をいただいて大きくなったものだから。その労力そのものには原発は関係ないじゃん。それを東京でやろうが、富岡でやろうが、北海道でやろうが、弘前でやろうが、熊本でやろうが、同じことでしょう、物を売って対価をいただくのは。じゃあ、原発立地地域では、マクドナルドのアルバイトが「いらっしゃいませ。ポテトいかがですか」と言っても、それすら「原発の恩恵を受けていること」になるのか、という話になるわけだよ」。

地方の問題から、国の問題へ

だがこの議論はおそらく、このまま進めても、どうやったって市村たちはやり込められる。「でも、あなたたちは原子力のそばで生きてきたんでしょう。その関係を選んでそこにいたんでしょう」、そう言われそうだ。まして図書館やホールなどといった様々な公共施設の提供を受けたりして、優遇はやはりあったのではないか、と。佐藤がいう。

「タウンミーティングでの話だけど、ある人がこう言った。「俺たちが生まれたときから原発はある。そこで親たちも働いて俺たちは育った。だからこの身体は原発でつくられたものだ」って」。

「恩恵」という言葉は受け入れられないにしても、「原発とともにやってきた」「東電とともにやってきた」という感覚は、この地域に長く暮らした人ほど大きいだろう。この地域における原発との関係は半世紀にわたるものだ。現役世代の多くが生まれたときから原発はあり、それは自ら「選んだ」関係ではないにせよ、この関係は本来、こういう事故さえなければ生涯にわたって安定的で、切っても切れないはずのものであったことは確かだ。

だが、ここで議論を終わらせてはいけない。重要なのはこの先だ。市村がいう「この国のため」という正義の議論を、より細かく聞いてみよう。そこには原発を推進した政府・経済産業省と東電だけが関わっているのではない、より大きな「国」の存在が明らかだからだ。

「振り返ってみれば、原発事故の前に「CO_2をなくすために原発をやるんだ」という論議が出ていたじゃない。でも、それはその前に「石油燃料が枯渇する」というところから始まっていたと思う。さらにもう一方で、実はプルサーマルの問題があるわけですよ。「原発はクリーンなエネルギーだからいいんだ」ということとともに、実は「ウラン鉱石自体がもう枯渇する」という話も出ていたんですよね。その枯渇に対応するためには、「使用済み燃料を再利用するプルサーマルをやらないと、ウラン燃料もウラン鉱石もなくなるんだ」みたいなことでプルサーマルが動く。しかし結局、そんな話をしながらも、事故が起きてみれば結局、「火力で燃料を燃やせばこと足りるんだよ」というのが、今思えば滑稽なんだけど」。

今、ざっと出てきたこの国の原子力政策の歴史。原発立地地域に住む人間なら、これくらいのことはみな知っているのだが、このなかにすでに様々な論点が潜んでいることに注意しなければならない。資源確保、環境問題、経済競争、国際関係……。多種多様な事情や正義がここにはあり、原発立地地域の人々はこれらをずっと聞かされてきたのだ。それどころか、もしかすると、現在、原発再稼働を進めている政権や、その背後にいる経済産業省や経済界の関係者たちが抱く危機感にも、我々は十分に耳を傾ける必要があるのかもしれない。原発なしで一時的には日本の国はもつのかもしれない。しかし、長期的には再稼働しなければ危ないのかもしれない。というのも、日本社会はもはや国際関係の中の複雑な連鎖のうちに成り立っており、原発という選択肢は、そのなかで他国と渡り合うための重要な関係形成手段として選びとられてきたものだからだ。それゆえ、原発という選択そのものの善し悪しはどうあれ、原発にまつわる一つひとつの場面においては、この国のそれなりの決断が多重にかさねられてきたはずなのである。

だから、本章冒頭の「立地地域は、なぜ原発を受け入れたのか」という問いはやはり、この事故の問題の根幹をなすものではないわけだ。それをいくら問うても、立地地域にも責任があるというかたちでの、事故の結果の責任の押しつけにしかならないだろう。問いはむしろ、「この原発というものが、日本の国というものと強く深く結びついている」、この事実から立て直す必要がある。そうしてはじめて、原発事故の問題は、理解の第一歩へと進むだろう。

国家がリスクに賭けた失敗

300人の3分の1——エネルギー政策を考える

山下はいう。

「リスクの話なんですよ。国家を賭けて、これだけのリスクを賭けてやったんです。この国の発展に向けて、原発というリスクを選んだんですよ。賭けたんですよ。そしてその賭けに失敗したんですよ。本当に事故が起きちゃったんですよ。国家が賭けに失敗したんです。これは立地地域の人たちの賭けではないです。そこまで賭ける必要はない。もっと別のものでよかった」。

しかし、その国家の賭けに失敗した後に起きているのは、立地地域や住民たちへの、事故の結果の押しつけのようだ。山下は続ける。

「国家が賭けて失敗したんです。でも、その結果は何かというと、市村さんたちを含めて、「一部の人たちだけが苦しめばいい」ということなんですよ、もしかすると」。

原発は誰にとって利益があったのか。原発をつくることによって利益を得た人は誰か。しばしば受ける誤解は、「立地地域はものすごく金をもらっている」「恩恵を受けている」というものだ。一般的にはそう考えられている。しかし、原発をつくること、設置することは、明瞭に国策だ。そして国策だというのは、むろんそれで金儲けをするためではない。それは外交、国際経済、環境政策、その他様々なことが絡んだ上での判断であるはずだ。こんなことを立地の自治体で企画し、立案し、実施していくことなど到底できるものではない。国家が必要だと考え、それを行う場所を求めたからこそ、原発はそこにあったのだ。

結局、原発は日本という国と一体になってできているものであって、日本の国そのものなのである。そこにはみんなが関わっており、東電管内の事故ではあるが、原発による利益ということでいえば、直接、原子力発電の送電を受けていないところでも、日本中がその恩恵を受けていたとさえいえるわけだ。

「恩恵」というから話がおかしくなる。結局はみな、同じ穴の狢（むじな）なのだ。例えてみよう。原子力が電力供給の3分の1だとしたときに、300人のうちの100人だけが原子力に関わっているということではない。300人のなかの一人ひとりの、それぞれの3分の1が、原子力に関わっているのである。日本の国のあり方に強く関わって原子力はある。だから、すべての人に関わりのあるものなのだ。300人のうち、100人だけを切り捨ててすむのであれば簡単な話だが、そういうものではない。

　だからこそ先の、原子力が、原発立地地域にある原子力ムラと原子力業界がつくる「原子力ムラ」の二つで構成されているという認識には、何か欠けているものがあるのではないかと感じるわけだ。原子力には国民みんなが関わっている。テレビを見て、携帯でメールをし、電車に乗って、学校に行く。これだけのなかでもしっかりとつながっている。それこそ子どもからお年寄りまであらゆる日本人がだ。

　その関わりを説明する手がかりがエネルギー政策である。エネルギー政策というものがいったいどういうものか、ここにすでに不理解がありそうなので、あらためて考えておこう。「エネルギー政策」という言葉を使うから、何となく日常から遠いものに見えるが、エネルギー政策とは、毎日の暮らしそのもののことだ。朝起床して、電気をつけ、新聞をとる。セットしていた炊飯器でご飯が炊けた。これ自身が、原発も含めたエネルギー政策の賜物なのだ。あるいはまた、冬にストーブをつけて、こたつに入り、テレビゲームをしながら友人に電話をする。これもエネルギー政策の結果だ。

　こうしたものは、100年前には必要ではなかった。むろんエネルギー政策がなかったわけではない。薪を町まで流してくる、炭を焼いて運ぶ。こういうものも、エネルギー政策の一環である。

　ただし多くの農家にとっては、エネルギー政策はずいぶん最近まで無縁だったとはいえるだろう。あるとすればそれは各家々にあった。山に入り、薪をとってきて、竈に火をつけて燃やす。家の中では家族で役割分担があり、誰が何をするかが決められている。あるいはまた村落にもルールがあり、共有林をムラの人々でどう分けるかという調整も政策といえば政策だ。けれどもそれ以上のものはない。ましてここに幕府や朝廷が、あるいは明治期の政府が、介入する必要はなかった。

だが、明治以降の近代技術の導入は状況を大きく変える。なかでもとくに、この電気というものが、ただ暖をとったり、食事をつくったりといったことにとどまらず、人間活動そのものを肩代わりするようになったことが重要だ。本来人間がやってきたことを電気が代替してその労力を担うことで、人々の暮らしを楽にする。例えば、かつては水汲みは人間の仕事だった。今は電気で揚げて圧力をかけ、各家庭に上水道を通して配水される。今や洗濯、炊事、食器洗いまで、すべてがエネルギー政策のなかにある。

その一環のなかに原発が腰を下ろしているのである。今回のことで原発がなくてもうまくやっていけるという話も出ている。しかし、エネルギー政策というのは全体のなかでつくられてきたものだから、火力や水力などと切り離して、原子力だけを論ずることはできないものだ。そしてエネルギー政策の失敗は、エネルギー政策全体の再検討のなかで次の対応が図られていかなければならない。

すべてが関わっている

だが、問題はさらに複雑だ。この原子力発電というものには、エネルギー政策だけでなく、他にも様々な政策が多様に絡んでいるからだ。

まず、原発は環境政策でもあった。原発はCO_2削減のための重要な手段とされている。その論理が本当に正当なのかどうかは別として、政策的にはそれを本気で提唱してやってきたわけだ。利用されたといえばそうなのかもしれないが、環境やエコロジーを叫んだ人たちも、好むと好まざるとにかかわらず、間接的に原発推進に加担していたことになる。また何より、やはり安定的で低コストのエネルギーの供給を実現していたことによって、日本の工業や商業は成り立っていた。工業地帯の電力供給は日本にとって死活問題だが、例えば商業モールの形成も、あるいはマスメディアによる宣伝やその宣伝を刷り込むための娯楽番組も、コンビニの利便性も、すべて安いエネルギーがあって成り立っていたわけだ。日本の経済政策そのものが原発に深く関与していたということになる。そしてもはや我々はグローバルな世界のなかに生きていて、国際バランスが重要だから、環境問題や経済問題のみならず、国防や外交の面でもやはり原子力の存在は避けて通れないものとなっている。こうして、この日本という国家のあらゆる面とつながってできている原発を、どこかだけを切り離して議論することは実はできないはずなのだ。

このことは脱原発が意味がないということではなく、まして原発政策の再推進にこそ意義があるということでもない。言いたいのは次のことだ。どちらの方向をとるにしても、この国のどこか一局面だけを取り上げて議論することはできない。原発というものはすべてに関わっている。すべてに関わっているから、すべてに関わる総合政策の転換というかたちでしか「白黒つけられない」と言いたいのである。佐藤はここで思い出したかのようにつぶやいた。

「だから、我々が国の省庁をまわったときに、官僚の人たちからも「全部が関わっているから」って言われたんですよね」。

我々はつい、エネルギー問題なのだから、経済産業省、とくに資源エネルギー庁がすべての管轄を握っており、ここだけで原子力政策ができているものと思いがちだ。しかし原子力政策には、科学技術の利用と促進が必要であり（文部科学省）、環境問題が絡み（環境省）、放射線医学や労務管理が絡み（厚生労働省）、立地と都市計画が絡み（国土交通省）、外交（外務省）と国防（防衛省）が絡み、政治的決定が不可欠である（内閣府、首相官邸）。震災後、政府は岩手・宮城の津波被災地を主に従来型の災害対応部署で扱い、福島については原子力災害ということで経済産業省を中心に対応を進めたが、内閣府に置かれた原子力被災者生活支援チームが象徴的であったように、実質的には全省庁の寄り合いで対応は行われてきた。そしてそれは元々、この原子力政策が始まったところから、すでに総合的な国家政策として、原子力開発が進められてきたことに起因しているのである。

おいしいとこ取りだったはずの原発政策

「だから、やっぱり「恩恵」と言われるのはおかしな気がするんだよ」と市村はいう。

一方的に、原発立地地域が、原子力発電所を置くことによって利益を得てきたというのではない。

「一方で原子力を求めた側がある。その需要があるから、供給があるわけでしょう。だから、恩恵を受けたというよりも、求められたんだよねって話じゃないのかって気がする。恩恵ではなく、需要と供給のほうが、俺にはすごく分かりやすい」。

山下はこの話をさらに次のように継いでいく。

「僕から言わせると、原子力は単なる需要と供給ではないよ。豊かで、便利で、楽ちんで、しかも環境にもよくて、国防にも寄与するもの。夢のような技術だったんですよ。日本人の誰もが、あの敗戦の後、平和で、環境にもよくて、空気も汚さなくて、しかも安価で、楽な暮らしができるもの。それを、みんなが求めたんです。それが、日本人の求めた幸せだったはず」。

また、原爆被災地の日本が原子力の「平和」利用を受け入れたことには、国際政治的にも深い意味があっただろう。ここには米ソ冷戦下の緊張した国家間システムのあり方も作用している。

「そして何より、それが地域政策にもなったんですね。外交のみならず、内政にもまた深く寄与するのが原子力だった」。

50年前を振り返ろう。日本中が高度経済成長の景気に沸いていたが、そこでは急速に発展する太平洋ベルト地帯と、取り残されるその他の地域との格差が歴然としていた。均衡あるかたちで地域振興を行う必要があり、そのために地域開発が計画され、繰り出されていく。

その多くは失敗したが、それでも国による投資の意味は大きかった。低成長期に入るまでには様々なメニューが開発されて、バブル経済とその崩壊から、さらには現在まで国による地域開発の歴史は脈々と続いていく。そのなかでもとくに、東北地方は日本の国土のなかで開発が遅れていたから、日本の周辺として原子力発電所が置かれることになった。そしてこう考えてみれば、福島と新潟に東電の原発がズラッと並んでいるのはやはり象徴的だ。関東ではない、その向こう側。しかし、かといってそれほど遠くない場所に、これらの原発はある。だから今回の事故では、原発からほどよく遠い関東圏に住む人たちは深刻な被曝を免れた。東北電力の女川原発には、あれほどの地震津波にもかかわらず問題がなかったことも何かを暗に示していよう。女川町は今回津波被害に伴う死者・行方不明者の割合が最も高かった場所であり[3]、受けた津波は福島の比ではなかったはずなのだ。

さらに、福島第一原発のあの場所が軍用地であったことも重要だろう[4]。軍隊の廃止後は、国策としても何かを入れなければならない場所でもあった。そして周辺には常磐炭鉱があり、石炭産業の栄枯盛衰のなかで、同じエネルギー産業である原子力が選ばれたのだとみることもできる。こうやってみるとやはり原発は、「この地の人々が積極的に求めたもの」というよりも、元々の国策としても、この場所が様々な面から見て立地に適していたことによって実現された――背景要因としてはそのように考えられよう。原子力政策は、夢のような技術であるとともに、国土のバランスを均衡化するためにも期待された産業政策であった。要するに、国にとってはおいしいとこ取りだったのである。

だが、リスクは非常に大きかった。ここが、石炭産業や、軍事産業とはまた少し違うところだ。[5]そして、そのリスク・マネージメントさえきちんとしていれば、今回のような事故には至らなかった。いや、元々はリスク・マネージメントはなされていたはずなのだ。第一原発にも、第二原発にも、それぞれに地元では一時的にせよ反対運動があった。それに応じて、当時の設計としては考えられる限りの対処をしていたはずだった。だが、それが運転開始から40年が経過して、設計上のミスが明るみに出て修正や変更を積み重ね、しかもその間に規制緩和も入って、コストの問題で必要なはずの対策が削られていった。[6]しかもこのことは、非常にごく最近の、遠くともこの20年間の話であって、ここで適切に判断できていれば、これだけの惨事は生じなかったといえそうだ。

そして、この20年の変化もまた、「政治が変えた」「外圧がそうさせた」という以上に、「国民の世論がそうさせてきた」というのがおそらく正しいのだろう。「新自由主義」といえば何か分かった気になるのかもしれないが、この20年、明らかに我々は、経済さえよければよい、効率がよいことが最善だ、効率の悪いものは切り捨てればよいと、そういう発想に切り替わってきていた。そのなかで切り捨てられていったのが地方であり、リスクへの投資であり、安全性だったわけである。山下はいう。

「でも、そのおかしさに気づいていた人たちは、ずっとそれを口にはしてきたんです。「おかしい、おかしい」と言ってきたんですね。でも、そのたびごとに、ある側からは「大丈夫だ、安全だ」という話で押し切られてきた。そういうことだと思うんです。その結果としてこれだけのことを引き起こした。その責任はやはり小さいものではない」。

安全神話から、新しい安全神話へ

「安全を安全と言って何が悪い」――事故以前の保安院

山下も市村も、また佐藤も、震災前から声高に原子力の危険性を叫んでいた者ではない。むしろその安全性を信じてきたほうだ。だが、それでも震災前に経験したことを今振り返れば、原発立地地域の安全をめぐる言論状況はあまりにお粗末であり、そのことには気づいていた。

市村は震災の数年前に、福島第一・第二原発に関わる経済産業省原子力安全・保安院（当時）の会議に、役場からの依頼を受けて出席したことがある。おそらく誰かの代理出席だったのだろう。そこでこんな体験をした。

「これは話しちゃいけないことかもしれないけど、そのときに俺はこう言ったんだ。「あんまり安全安全ばっかり言ってると、周りはかえって不安になるよ」って突っ込んだの。そうすると保安院の人にすごい勢いで怒られた。「安全を安全と言って何が悪いんですか」って。そういう言い方をされたわけ。その後、技術者の人が安全性について難しい説明をまくしたてて、2時間の会議が約2時間半になった。みんなからすごく白い目で見られたよ」。

市村のこの話は、柏崎原発でトラブルが続いたときの説明会における話だ。

「そのあたりの話って、青森だってありましたよ。たぶんどこでもそうなんですよ」。

山下の見たものはこうだ。地震の数カ月前、２０１０年10月19日に、青森県庁の主催で「原子燃料サイクル意見交換会」なるものが弘前市内で開催された。講演者は、田原総一朗氏。山下は、きわめて呑気に、田原氏を見たいがために応募して、その会合に出かけていった。そこで違和感のある光景に出くわす。田原氏はいう。

「これからの日本はプルサーマルだ。自分も以前は原子力産業を批判したこともある。でも今の業界は昔とは違う。これからの日本は原子力に賭けるのが正しいやり方だ」。

意見交換会にしてはかなり一方的な論調だった。そして長い話の後に残された時間で質疑が行われた。ある人物がおずおずと手をあげてこう質問した。「田原先生」と先生付けだった質問はこうだ。

「先生はそうおっしゃいますが、やはり安全性については不安な部分があるのではないかと」。

最後まで言わせぬ勢いで田原氏が答えたのを山下は覚えている。

「その通り。あなたのような人がいるから、日本の原子力は安全であり続けるんです。どんどん批判しなさい。今の原子力政策はそうした批判を受け入れて、より安全になっていく」。

そして氏のスケジュールが終わったのだろう、意見交換会のはずが、「時間です」というかたちで質疑は打ち切られた。その半年後にあっけなく、原発事故は起きたのである。

市村も山下も、そこで彼らに「いやそんなことはない。安全であるという証拠を見せろ」

などと詰め寄ってはいない。だが、そこでそれ以上、経産省の職員や有名なジャーナリストに向かって闘いを挑めなかった一般市民の我々に何の責任があるだろうか。[7] ましてそのときに「まあ保安院がそこまで言うのなら、安全なのだろう」と思ってしまったり、「田原先生が言うなら間違いない」と考えてしまったのは、やはり我々が馬鹿だからなのだろうか。馬鹿だったから、その後に起きた事故に対しても、その責任を負わねばならないのだろうか。

山下はいう。

「やっぱりこれは、それだけ安全だと言い張ってきたんですから、実際に事故があった場合に誰が何をしなければいけないかといえば、やはり言った以上は、安全だと言っていた人たちが責任をとらなければならないんですよ。その責任は、それを信じた人にあるはずはない」。

責任は、こうして安全を信じ続けてきた一人ひとりの個人以上に、人々に安全を強要してきた原子力産業体そのものにあり、そしてそれはイコール国家そのものであるはずだ。しばしば、原発立地地域にいたことによってリスクを自分で呼び込んだのだという話がなされる。だが、このリスクは個人で選択できるようなリスクではない。国家が、メディアや文化人や、その他様々な資源を動員して、このリスクの押しつけに積極的に関与してきた。その結果なのである。市村はいう。

「今は、原発事故に備えた防災対策の重点区域が原発から半径30キロ圏に広がったけど、これは事故前は半径10キロだった。でもその10キロ圏内にアパートでも何でも住むときに、

「そこには原発があるから危険なんですよ」と国は教えてくれたのかと。それなら人は住まないよね。でも何も言わないってことは、安全だってことだよね。国の政策で原子力をやっているならば、そういうことになるよね」。

だがそれ以前に、原発が少しでも事故を起こす危険性があり、それを国が認め、示していたのであれば、最初から原発は立地していなかったはずなのだ。国が絶対安全だと主張するから、最初は反対していた人も最終的には矛を収めたのである。そうでなければ原発は絶対に建設できない。

ところで、市村はこうもいう。

「思うに、東電自体が「安全です」という言い方を公の場でしているって、そういうことは実際にはあんまり聞かないんだよね。「安全です」は保安院が言っていた。東電のそういう言い方は逆に聞いたことはあんまりないね。だからさっきの話だけど、余計にすごく違和感はあったよね」。

「俺らには原子力の取り扱いはできない」

おそらく、こうなってしまった以上、その時々の担当者の責任は大きく、ぬぐい去ることはできないはずだが、そういう発言をさせた経済産業省やその背後にある政府がもつ責任はさらに重大だ。というのも、ここにはやはり様々なかたちで強い権力作用が存在しているからだ。

市村はさらにいう。

「安全だから安全と言っていい、安全のほうが勝っていれば不安なんて言わなくていいみたいな、そういう論理だったんだと思うんだよ。でも、違和感はありながらも、こちらにはそれを覆すだけの理論もないし、裏付けも分からない。だって、俺らや地域の人間には原子力の取り扱いはできないもの。それなりの資格なり専門知識なりをもった人ならできるだろうけど」。

原子力の問題には、この専門性というものがつねにつきまとう。いくら疑問が生じたとしても、いったん議論になれば素人は太刀打ちできない。専門家の意見を聞くしかないし、それを受け入れるしかない。ここには、国と国民の間に働く権力作用とともに、科学と素人の間の権力作用も働いている。

逆にいえば、国や専門家が、しっかりと原子力というものの危険性に向き合い、その危険性を正直に示してくれていればよかったのである。そうすればそもそも、これほどまで危険を孕んだ原発の立地はなかったし、事故も起きなかった。結果として、事故は絶対あり得ないという最初の嘘――なぜなら、それは本来絶対ではあり得ない（し、現に生じてしまった）――が、この事故を招いたともいえる。市村はいう。

「地元の会議で、年寄りの人が言うわけです。『皆さんにちゃんと安全に運営していただければ、それでいいんですよ』って。そうすると保安院の人が深々と頭を下げる」。

これも事故前の話だ。こうした地元の人の発言を、もしかすると多くの人は笑うのかもしれない。そんなに簡単に国のいう安全神話を信じて、と。でもそれは違う。「もちろん疑問はあるんですよ、その年寄りにだって。でもそれを指摘できる能力もないから、「もう、あんたらに任すしかねえんだわ。だから頑張ってやってくれよ」という話になっちゃうわけですよ。そうしたら、これは本当に茶番に見えるけど「分かりました、分かりました。私たちが絶対に安全に運営します」という構造ができちゃうわけだよね。しかもそれが1回、2回ならば、何かのきっかけで覆すなんてこともあるのかもしれないけど、それを何十年もやってきたわけだからね。やってるほうの東電だって引くに引けない状態だったのかなって、そんな思いもあったりしてね」。

「安全を安全と言って何が悪い」。そう言い切ってしまった以上、現場では、事故が起きてもなお、必死に「事故はない、起きるはずはない、安全だ」と思い込もうとしていたのだろう。またそれゆえに、東電からの情報も政府へとスムーズに上がっていかなかったのに違いない。マインドコントロールは東電のなかにさえあったはずだ。だからこそ、例えば東電のビデオ会議のなかでも、こんなやりとり（2011年3月13日7時〜18時）があったのだろう。

（第一原発）「（ホームセンターに）バッテリーの買い出しに行きますが、現金が不足しております」

（東電本店）「本店から相当多額のお金をもってOFC（オフサイトセンター）に一人向かわせています」

（第一原発）「それは借用書を書けば貸してくれるということですね」

（東電本店）「信用貸しとしましょう」[8]

こうした今見れば馬鹿馬鹿しいやりとりが、緊迫した現場でまじめに行われていたのである。もちろん、こうしたものに対して、こいつら愚かだと突き放すこともできる。でもそれぐらい現場は必死に大丈夫だと思い込もうとしていたと考えるべきだ。しかし事実として、事故は防げず、原発の安全確保は失敗した。その事実に、経産省と東電は真摯に向き合わなければならない。結果として彼らは、安全ではなかったものを安全と言い募ってきたことになり、しかもその対策は、決して事前に公言していたような万全なものではなかった。これは人災であり、国や東電の責任は免れることはできないはずだ。

原発立地をめぐる不理解

まとめてみよう。私たちは長い間、安全を賭け、リスクを背負って、原子力発電というものを運用してきた。これを保持し、利用することで、何かがえられるというもくろみから原子力政策を進めてきた。それはしかし、安全の確保が絶対条件であった。あくまでリスクはリスクにとどめねばならなかった。しかしその安全への賭けに私たちは見事に敗れた。

その際、原発立地地域の住民も、そこに住んでいた以上、事故のリスクを負うべきだという議論があるが、それはやはり暴論だ。この安全の賭けは、小さな地域社会や地方自治体の賭けではなく、国家による賭けである。リスクを投じて得られるものは、国家という総体にとっての利益であって、そのための原子力だったからだ。

しかもそれゆえにこそ政府は、全国民に向けてではなく、とくに立地自治体や住民に向けて原発の安全性をことさら強く主張してきたのである。現地でいわれていた「安全」は、本来通常の論理では考えられないような絶対的な安全であり、しかも長年繰り返されてきた積み重ねの刷り込みだった。それはまた、例えば、東京電力という一企業だけで行っていたものでもなく、それこそ国の政策として提示されてきた「安全」なのであった。山下はいう。「国も、科学者も、一部のジャーナリストたちも、政治家もみんなそのマインドコントロールには絡んでいた。そういう意味でも原子力は総合政策です。総力をあげて立地場所を確保し、説得し、維持してきた。だからこの事故をもし止められたとしたら、やっぱりそれは一般の住民なんかでは決してなく、この原子力というものに直接関わっていた官僚であり、科学者であり、ジャーナリストであり、政治家でしかなかったと思う。でも、そうした責任ある人々のほとんどは、この事故で被曝したり避難したわけでもない。構造上、事故の負担は、こうした責任のある人々にではなく、責任を問えない地元の人々に押しつけられることになる」。

安全神話はだから、国や原子力専門家と、立地地域の住民との双方にまたがって存在していたというものではない。原子力発電の安全性は、国家による原子力利用という賭けのために、一方的に国家から発信され、立地地域に植え付けられていたものであり、だからこそ、この事故を引き起こした国と東電の責任はあまりにも重い、というべきなのである。事故は起きないという安全神話を信じていたのが悪いのではない。そもそも事故は絶対に起こしてはいけなかったのだ。そして万が一にも起きるようなことがあるのであれば、はじめから原発を国民に押しつけてはいけなかったのだ。市村はいう。

「だから、「安全だと思ったから住んでいたんでしょう」という感じの雰囲気で言われると、「違うんだよな」と。何だか、そうした根本的なことからして理解されていないのかなという気がする。これもまた不理解の一つかもしれない」。

新しい安全神話へ

だがこの、「安全神話」に関わる問題は、不理解だけではすまない作用をもたらしそうだ。すでに原子力発電の安全神話はこの事故で崩壊した。たしかに崩壊したはずなのだが、どうもこの事故の事後処理過程を見ていると、まだまだ安全神話は生きており、それどころか、「新しい安全神話」とでも言えるものさえ生まれつつあるようだからだ。しかしなぜか、事故前の安全神話は問題になっても、この事故後の安全神話については正面から立ち向かう議論は少ないようだ。だが、避難者たちからすれば、この事故後の新しい安全神話のほうが、切実で大きな問題なのである。

２０１３年3月末、それまで約2年にわたって設定されていた警戒区域が解かれた。今、避難指示区域の解除に向けて準備が着々と進められ、人々の帰還がもくろまれている。本来、事故の事後対応は、これまでの原子力政策のあり方を反省し、今一度専門家と政策立案部門の間の連携関係を見直しながら、かつ当事者である住民や自治体の意向を十分に反映したかたちで、そして何より今度ばかりは「安全重視」で進めなければならないもののはずだ。にもかかわらず、そうはならずに、中途半端な事故収束宣言と、一方的な安全基準の押しつけで、避難の矮小化さえ始まっている。

もちろん我が国は、被災者を切り捨てているわけではない。おそらく多くの他の国に比べて、この国の被災者対策は手厚いものであり、また多くの支援者たちの手も知恵も心も入っている。だからこそ、この2年間は、それなりに対応できてはきた。避難生活のなかで無念のうちに亡くなった方々もいるが、この国は決して人々を見捨ててはいない。今回の避難者への対応を指して「棄民」という言葉が使われることもあるが、現実はまだそうしたことにはなってはいない。まだまだこの国は正常だ。

だが、このままでは最終的に被災者の切り捨てになりかねない、そうした段階にそろそろ来ているのも事実のようだ。というのも、どうも次のようなことが始まりつつあるからだ。山下はいう。

「今、政策を通じて避難者たちをむかえている論理はこうです。「結局、大した事故ではないんですよ。避難者はもうすぐ戻って、住めるようになるんです。廃炉には時間がかかるけれども、もう危険はないんです。放射性物質による汚染も、身体に明確に影響が出るわけではなくて、その確率なんてたばこを吸うより全然低い。だから、避難する必要はもうないんです」と、こういうことのようですね。現実の汚染や事故現場の状況を考えると、すごく不思議だと思うんです」。

こうした状況――帰還一本槍の政策展開――を生み出してきた背景には、第2章で扱ったような避難をめぐる複雑な経緯のなかで、地元の声が都合よく切り取られてきたということがある。だがそれに加えてどうも、「避難者の自己責任の追及」にさえつながるような原発立地に関わる様々な不理解もまたここには強く作用しているようだ。

それは例えば、２０１２年６月、平野達男復興大臣（当時）が、区域再編の早期受け入れを町に迫る交渉のなかで、被災者でもある町役場に対して「（賠償額は）何千万の単位なので、いろいろと妬みややっかみが出てくる。（略）早く（賠償の条件となる区域再編を）しないと皆さん困るでしょう」（「毎日新聞福島版」２０１３年１月25日）と言ってみたり、あるいは渡辺敬夫いわき市長（当時）が、「（被災者は）東電から賠償金を受け、多くの人が働いていない。パチンコ店もすべて満員だ」[9]（「河北新報」２０１２年４月10日）と発言したりしたことにも見えている。こうしたかたちで現出する一つひとつの不理解とその作動が、メディアの言説にも乗りながら積み重なって、現行の政策につながっているのだろう。佐藤はいう。「しかもそこに、世論操作とか、情報操作とかも、なにがしか関わってるんでしょうかね。何だか上手に世論が使われて――一方的、かつ短期決戦的な――帰還政策につながっているような感がある」。

だがどうも我々には、政治家たち自身が何かを率先してこの帰還政策を動かしてきたというよりは、政治家たちもただ、この原発事故に関わる国民の世論を敏感に感じながら、背中を押されてこうしたことを言ったり決めたりしてきただけのような気がしてならないわけだ。

日本は民主主義の国だから、国民の意思が何にもまして重要とされている。それゆえ国民の多くがこの事故を不理解のままに理解し、あるいはまた原発立地を不理解のまま理解すれば、それがそのまま政策に結びつくのはむしろ当たり前だといわねばならない。そしてそこで、「福島の奴らは帰れ」とか、「あいつらにも責任はある」とか、そういうことを誰かがつぶやいたとしても、この国ではそれも自由なのだろう。民主主義という制度のなかでは、福島のことはどうあれ、「自分の暮らしさえよければ他人の暮らしなんかどうなってもいい」という価値観も否定されるべきものではないのかもしれない。むしろそれが多数派なら、尊重されるべきものなのだろう。

そして実際のところ、例えばこれから30年経ってみたときに、放射線リスクによる被害は本当に何も起きないのかもしれないし、事故もこれ以上は広がらず、一部の専門家がいうように、「早期に帰るほうが正解」ということになるのかもしれない。帰還政策は本当に正しいのかもしれず、実際そうであればそうであってほしいと願うばかりだ。

強要さえなければよい……のだが

だが、そうした考えはあっても、強要にさえならなければよい、と市村はいう。

「『帰ったほうが健康になるからいいんだ』ということを主張してもいいんだよ、その人がそう思うなら」。

あるいは、「避難者にも責任はあるのだから帰還せよ」と言われても同じことだ。そう思うのは自由である。「――ただし、それを強要しなければね」。

　市村は続ける。

「そういう人に対して、言われた人は、「ああ、そうですね」と肯定をしてあげること。あるいは「あなたの意見がいいと思ったから、私もそうしようかな」、そういう選択をしても別に悪くはない。しょうがないというか、そうなんだろうなと思う。戻ろうが戻るまいが、それはその人の人生、その人の価値観の問題だから、それはそれでいいんじゃないのっていう気がする。「だけど、僕は戻らないよ」と言う人には強要はしない。このことが大切だ」。

だが、かたちとしては当事者たちが帰る／帰らない、どちらの選択をとるのかは自由だとしても、現実には賠償が終わり、家賃補助などの支援が終われば「事実上帰らざるを得ない」かたちで、帰還の強要が起きる可能性がある。しかもそこにはどうも、制度的にというだけでなく、不理解から来る世論のあり方が様々に作用して人々の判断を不自由にし、将来の選択の幅を狭めていく気配が濃厚だ。

　山下はいう。

「市村さんがいうように、「そういう意見もありますね」となり、そして「それは私も分かりますよ」「でも、私はこうですから」と、そうやって選択できるような条件が整っていれば、誰がどういうことを言ってもいいんです。しかし不理解が、ある一定方向の意見や価値観を伴って状勢を偏らせていき、避難者にそれ以外の選択を許さないような状況が、もしかすると今つくられつつあるのかもしれない」。

そしてさらに――それが実は、もしかするとあらぬ方向へと、この国のかたちを導いていきそうだ。このことにも注意が必要なのである。

ここまで我々は、どこかで「被災地をどうしよう」「避難者たちをどうしよう」、そういう文脈で語ってきた。だが、この原発政策の失敗は、ここで示したように「国家の失敗」なのである。それゆえこの責任を被災者たちに押しつけようとしても、決してそこで終えることはできない。国家の失敗は国民全体の失敗なのだから、その失敗を一部の人々に押しつけても、解決できるものではないからだ。それどころか、そうしたいい加減な解決法では、そこで生じる新たな矛盾までもが、ひるがえって、この国自身、ひいては私たちの暮らしに、さらには子どもたちの将来に深刻な害を引き起こしていく可能性がある。

原発事故・原発避難はこれからどのような問題となっていくのか。その行く末がとんでもないものへと展開するのを回避するにはどうしたらよいのか。次の第4章ではこのことを議論し、今回の原発事故に見え隠れするこの問題の本質について明らかにしていこう。

各論3
とみおか子ども未来ネットワーク（TCF）と社会学広域避難研究会の2年

佐藤彰彦

本論では、とみおか子ども未来ネットワーク（TCF）と社会学広域避難研究会・富岡調査班[1]（研究会）が過ごしてきた約2年を振り返りながら、両者の関わり方、それぞれの活動や取り組みを通じて明らかになったこと、両者が相互にあるいは、周辺の組織や人々に及ぼした影響、こうした一連の経験とプロセスから見えてきた課題などについて読み解いていきたいと思う。まず始めにTCFと研究会のなれそめからたどってみたい。

TCFと研究会のなれそめと活動経緯

きっかけは、被災地出身者のボランティア活動

研究会発足のきっかけは、富岡町と川内村の人たちが避難することになった郡山市にある複合コンベンション施設「ビッグパレットふくしま」で、被災後間もない2011年4月から、被災地出身の大学院生らがボランティア活動に入ったことに端を発する。支援活動のため現地に入っていた院生から避難所の状況報告を受けた山下は、同年5月1日にビッグパレット入りし、

そこで「ただならぬ事態が起きている」ことを理解した。原発事故をめぐって被災地域や被災者に降りかかっている現実をその院生たちだけに負わせるべきではないと考えた山下は、これから起こり得るであろう問題も含めて組織的な対応の必要性を感じ、所属する学会に呼びかけ、研究会を立ち上げることになる。

聞き取り調査の結果を役場に返せばいい……つもりだった

当時、ビッグパレットで避難者対応にあたっていた富岡町役場の職員A氏[2]から、「県外に避難している町民が置かれている現状を把握したい」との相談を受けた山下たちは、8月から順に手分けをして、富岡町から福島県外に避難している人たちへの聞き取り調査を開始することになる。この頃、役場職員は通常業務に加え、避難所対応、仮設庁舎への役場機能の移転などに翻弄され、県外避難した町民の状況把握がきわめて困難な状態にあった。将来的な町政の行方に責任を負う職員の一人として、そうした「町民の声を聞いて、役場に返してほしい」というのがA氏の意図だった。相談を受けた山下たちは、当初、「県外へ避難した町民が置かれている状況」を取りまとめ、その結果を「役場に報告として戻せばよい」と思っていた。

しかし、県外避難者への聞き取り調査を行うなかで、事態は想いもよらぬ方向へと展開していくことになる。山下ら研究会のメンバー[3]は、2011年8月から聞き取り調査を開始したが、メンバーらはその話の重さに驚いた。11月末、役場等から紹介を受けた方々への調査を一通り終えたものの、役場に提出する報告書をどうするか、そのかたちもまだ決まっていなかったが、ちょうどその頃、市村から山下へ電話が入った。

市村「何やってんの。報告書はどうなったの？」

山下「いや、どうまとめてよいか分かりません。問題が難しすぎます」

市村は、最初に聞き取り調査を受けてから、警戒区域内への一時帰宅が進むなかで町民の気持ちに変化が現れていることを心配していた。

市村「あれから（一時帰宅も進んだので）状況はずいぶん変わってきてますよ。研究者だったら、もっと（俺らのこと）きちんと調べたほうがいいんじゃない。もう一回まわったら？」

山下「あっ、はい……おっしゃる通りです」

そこで12月から1月にかけて、もう一度聞き取り調査をすることになった。このとき、市村と山下の間ではこんなやりとりがあったそうだ。

市村「先生。私たち被災者は、これからいったいどうしたらいいと思いますか？」

山下「いや、分かんないです。難しすぎて」

「これまで会ってきた人たちのなかで、被災者が置かれている状況を理解していないのに「分かったつもり」でいる学者はいても、「分からない」と即答した学者には会ったことがなかった」と、市村は当時を振り返る。

市村「じゃあさ、先生。俺ら自身、この先どうしていいか分からなくて困ってるんだけど……（俺らと）一緒に考えてもらうことはできますか」

山下「は、はい……」

被災者も研究者も「いったい何が起きているか」現実が把握しきれない。しかし、その状態から抜け出さない限り、原発被災地域や避難生活者にとって深刻な問題が生じることが危惧される。山下の判断は、まずは市村らの置かれている状況の理解に努めながら――聞き取り調査を継続しつつ彼らの活動等に協力しながら――「これから」のことは同時進行で考えればいい[4]、というものだった。こうして進めていくうちに、TCF結成の話が持ち上がり、研究会に市村たちにも参加してもらいながら議論を進めた結果、2012年2月11日のTCF発足会に研究会からメンバーが出席し、山下が基調講演を務めることになった。

ここまで、主に研究会の立場から話をしてきたが、市村たちはなぜTCFを立ち上げ、これまで活動を続けてきたのか。彼らの話にも耳を傾けてみたい。

TCFの設立からタウンミーティングという試みへ

今回の震災発生直後から、市村たちは避難生活を強いられることによって、次から次へと様々な決断を迫られてきた。そんな状況が今なお続いている。決断の過程で町民と話すうちに、市村は「自分たちが置かれている状態への苛立ち、国や東電の対応への不満、今後の見通しに対する不安――ありとあらゆる問題が一気に降り注ぎ、なんともいいようのない事態であること」を理解していく。のちにTCFの発起人となる30～40歳代の町民とともに「このまま黙っているのか?」「おかしいと思うことをいわないまま富岡町をなくしていいのか?」……と議論を重ね、震災から1年近く経った2012年2月11日、TCFを立ち上げることになった。

TCF設立会の当日。山下はじめ出席した研究会メンバーは、「これだけの社会学分野の学者先生たちがバックにいて、きちんと我々TCFの活動に協力・支援してくれます」というプロパガンダとして、かつ、「TCFや被災地域との関係からは逃げられない」証拠として、約100名あまりの参加者(=証人)の前に、登壇させられることになる。

実はこの時点では、市村もTCFのメンバーも具体的に何をすればいいのか答えも方向性ももっていなかったが、唯一「町民とともに考えていこう」という理念を大切にしながら、そこから出てくる問題に取り組むことだけは重要視していた。発起人が集まって会合を重ねた結果、「やっぱり、話し合うことが大切」と考え、やがてこの後に、各論2で紹介したタウンミーティング事業に取り組んでいくことになる。

TCFの設立後、2012年3月末には「警戒区域解除」と「避難区域再編」の話がメディア上に出るなど、避難者を取り巻く状況も刻々と変わっていった。我々も、メディアや国・省庁の調査を通して状況把握に努めるなかで「何か手を打たなければ……」という思いに駆られていた。ちょうどその頃、TCFの発起人で栃木県支部長の徳(ノリ)さんが「タウンミーティング、やるならやってみようよ」と切り出してくれたため、その第1回を栃木で開催することになった。この決定は、研究会にとって二つの意味において大きなターニングポイントとなった。それは、「タウンミーティングをお手伝いする」かたちでTCFに対する研究会の関わり方が決まったこと。また、そのなかで「TCFが主導し、TCFの要請に応じて活動の一部を研究会が補完する」という両者の活動スタンスが明確になったことの二つだ。

「声に出してもいいんだね」が「言ったってしようがねぇべ」へ転換する恐怖

TCFは、2012年7月に「第1回タウンミーティングin宇都宮」を開催することになるが、これに先だって同6月には、TCFの幹事や全国の支部長のうち集まれる人たちが集まって、いわき市内で試行的にプレタウンミーティングを実施している。

それまで「絶対に会議が荒れる」「一度荒れた会議は収拾がつかないから、失敗したら次の展開可能性まで失ってしまう」などといった心配の声が、TCFのメンバーと研究会のなかからあがっていた。というのも、原発事故被災地域では、行政が主催する住民説明会や懇談会などの場面で、必ずといっていいほど、行政への厳しい批判の声や痛烈な野次が飛び交い、話し合い自体が成立しない状況が各所で起きていたからだ。

研究会もTCFのメンバーもそうした強迫観念に押しつぶされそうになりながら、初回宇都宮タウンミーティング本番までの約1カ月半を、週の半分くらい双方から誰かしらが集まって議論を重ねる――要は酒を飲みながら本音で話す――という具合に過ごした。

こうしてタウンミーティング事業は、宇都宮市での第1回開催を皮切りに、これまで、いわき、長岡、郡山、横浜、飯田橋、大宮などで都合8回が開催された。しかし、会議の回数を重ねるごとに、ＴＣＦのメンバーも我々研究者も「今の状況を変えることができるかもしれない」という淡い期待とともに、つねにある不安に駆られるようになった。それは、「場が荒れる」こととはまったく異なるものだ。参加された人たちのなかに「声を上げたところで、この先どうなっていくの？」……こういう考えが広まることへの不安といえばいいだろうか。町の人たちの声を聞きながらも、それを次につなげることができなければ、参加者は減ってしまうし、何よりも参加してくださった方々の信頼を失ってしまう。次に紹介する公開討論会は、タウンミーティングで積み重ねてきたことを「次に」つなげるための試みであった。

「公開討論会」という一つの区切り

２０１３年2月16日にＴＣＦは「とみおか未来会議」という公開討論会を開催した。この会議は、これまでのタウンミーティングで住民からあがってきた「声」から見える問題を構造的に整理し、避難生活上の対応課題などを重要な政策的論点として提示・議論し、今後の課題解決に向けた建設的な道筋を探ることを目的として行われた。当日は、復興大臣、環境大臣、富岡町長、同議会議長を招き、ＴＣＦのメンバーと研究会メンバー（佐藤）が登壇して議論が進められた。残念ながら、両大臣が公務のため欠席されたため、これまでタウンミーティングで積み上げてきた思いの丈を政府に直接ぶつけることはできなかったが、その一方で、少なくとも研究会から見れば一定の成果は得られたと評価している。

宇都宮での第1回タウンミーティングの開催にあたり、「会議が荒れる」ことへの不安があったことについてふれた。それは、被災者にとって「地元行政が（自分たちのために）何をしているのかなかなか見えない」ことに大きな原因があるようだ。プロセスが見えないうちに次々に決定されていく政策。「町は国のいいなりじゃないか」「原発事故は本当に収束してると思っているのか」「年間20ミリシーベルトの積算線量を本当に安全だと思っているのか」……。こうした問題に対して首長や議長、役場や議会はどのように考え、どのような行動を国や県、東京電力に対して行ってきたのだろう。

公開討論会での議論を通じて明らかになったのは、ごく簡単に結論だけいってしまえば、こうした問題群に関して、「首長・議会・行政と住民の間にきわだって大きな認識の違いはなかった」ということだった。

不理解がもたらすこと——一つのエピソードを例に

これまでTCFと研究会の関わりについて、概観してきた。後半では両者の関わりのなかから何が生まれたかについて考えてみたいと思うが、ここではいったん、両者の話から離れて、後半の議論を考える上でヒントになりそうなエピソードを紹介したい。

政策的根拠としての量的調査——アンケート調査の死角

2011年9月に、福島大学災害復興研究所が中心となり、富岡町を含む双葉郡8

カ町村から避難した全世帯を対象とした住民意識調査が実施された。この調査は、原発避難者の置かれている避難生活の状況を総括的にとらえ、今後の復興政策を検討する上で重要なデータを提供した貴重な資料といえる。しかしその後、避難生活が長期化し、避難生活上の様々な問題が浮き彫りになっていくなかで、調査実施主体である福島大学の研究者からも、この意識調査の結果について、母集団の代表性を伴わないこと、世帯主を対象としているため、比較的高齢者層の回答率が高いこと――被災地域の将来を担うであろう若い世代の意見がことさら正確に反映された結果とは必ずしもいえないこと――等があげられ、量的調査の結果を短絡的に政策に結びつけることの危うさが指摘された。その上で、今後の復興政策を考えていく際には、十分な質的調査を併用することによって、被災者が抱えている問題点や政策的ニーズを拾い上げていくことの必要性が主張された。[5]

「事実」・「報道」・受け手の理解――意図せざる作用

この調査はのちに、思いがけず被災自治体から研究者たちに対する強い疑念を生むことになる。復興のための政策的な基礎資料としての意味合いをもっていたにもかかわらず。次に示すのは先の調査結果を伝える福島県地元2紙の同日の見出しだ。「原発周辺8町村住民　若い世帯50%超「戻らぬ」　全体では26%　福島大が調査」（「福島民友」２０１１年11月9日）、「古里戻りたい73%、戻らないは26%　双葉郡住民」（「福島民報」２０１１年11月9日）。

いずれも調査結果のデータに基づいた内

容であり決して誤った報道ではない。しかし、読み手はどう受け取るだろうか。前者では年齢別集計結果から「若者を中心に帰還しない意向が高い」ことが強調され、後者では全体単純集計結果をもとに「全体の7割を超える人たちが帰還を望んでいる」ことが前面に出されている。地元ではこうした新聞・テレビの報道が原因となり、帰還・復興に向けた政策を進めている被災自治体と調査の実施主体である福島大学との関係性が悪化するという事態が生じてしまった。

「自治体の復興を加速することに支援・協力すべき立場にある地元大学が、「(若者は)帰らない」というネガティブなことを主張するのはいかがなものか」という被災自治体からの批判があり、両者間にあった関係性が微妙に崩れ、その後、当該自治体への協力・支援が従来のようには行えなくなった。残念ながら、双方の関係はいまだに元の状態までには回復していない。

大学は決して自治体が指摘するようなネガティブキャンペーンを打ったわけではない。報道も間違った内容を伝えたわけではない。報道のなされ方と受け手の解釈の仕方が重なり、双方の間にあった信頼関係が崩れてしまうという事故が起きた。構造的に考えるとそういうことだ。

研究会がTCFと関わるなかで生じたこと・分かったこと

不理解がもたらす意図せざる作用。これは被災地域でも様々なかたちで起こり得ることだ。このような問題をつねに孕みながら、研究会とTCFの関係にどのような変化が見られたのか少し考えてみたい。

「学習」「理解」「予測」という行為の繰り返し

先ほどのエピソードをもとに振り返ってみたい。「帰還」をめぐる考えや想いは個人や団体によって様々だ。先のエピソードは、そうしたことへの配慮が十分に行き届かなかったためなのかもしれない。（帰還政策を推し進める）政治・行政の不理解と、メディア側の（報道が及ぼす効果に対する予測という意味での）不理解。それらが交錯して生じた結果と考えることができる。

各論2で紹介したタウンミーティングのクローズド会議の運営方法は、TCFと研究会がともに活動するなかから経験的に発見した方法だが、――我々も、決してその方法が万能であるとは考えていない――エピソードに見られたような問題を、これまでの取り組みを通して事前に回避することができたのは、TCFと研究会それぞれが活動プロセスのなかで学習し、理解し、予測し、その上で「最悪」を回避するためのシナリオを考えてきたからかもしれない。

研究者と被災者の相互行為――被災者自身の心の変化

原発事故被災地域に限ったことではないが、我々研究者は避難生活を送る人たちにとって、基本的に「利己的で」「ウザくて」「迷惑」な存在と考えられていると思ったほうがよさそうだ。「自分たちの研究のために被災者を利用するのか」「私たちは研究者のモルモットなんかじゃない」……。こうした声は富岡町以外の原発事故被災地域からも発せられ続けてきた。

市村は、山下ら研究者から聞き取り調査

を受けた当時をこう振り返る。市村は「こいつ何しに来やがった」と怒りを抱きながら、山下と話をし始めた。ここで市村は「話をしているなかでも、怒りがこみあげて」きていた。後になって、その怒りの原因を思い返してみると、それは「自分が置かれている状況が分かっていなかったから」だということに気づく。それは市村に限ったことではなく、他の避難生活者にとっても同様のことだと市村は説明する。話をしているときに仲間の口から出てくる言葉は（怒りを込めた）「なんで」「なんで」だけ。しかし、「そうやって自分が避難をしてきた経緯を仲間に話していると、「そうか、だから今俺はここにいるんだな」と少しずつ分かってくる」。彼らは避難生活を通して、そういう経験を重ねてきた。[6]

研究会メンバーの一人、山本薫子は、こうした市村たちTCFメンバーが聞き取り調査やタウンミーティングに関わるなかでもたらされた影響の一つとして、彼らが「「自分の言葉」で語る作業を繰り返すなかで、以前よりも客観的に自身、そして仲間の置かれた状況とその背景を理解できるようになった」ことをあげている。[7]

「なぜそれだけしか聞かないの？」

市村は、研究会以外にも様々な研究者や専門家などから、インタビューを受けることが多いという。「（インタビューアーにも）いろいろな思いがあるはずなのに、みんな「なぜいつも同じことしか聞かないの？」」と市村は疑問を呈する。しかし、インタビューアーにとっては当然のことといえるかもしれない。原発事故によって被災地域や被災者にどのような事態が生じているのか。

多層的な問題構造が十分に理解できていなければ、「同じこと」以外の質問を想像することは難しいだろう。だから、「それしか聞かない（聞けない）」のかもしれない。

このように考えると、TCFと研究会がともに取り組んできた活動のなかで、我々双方は、それぞれが理解していないことも含めて、話し合うという行為を通じて、自分たちが置かれている状況を――その時点では不十分かもしれないし、今も十分とはいえないが――理解し、その上で共有された問題について考える、こうした一連の作業を繰り返すことによって、徐々に理解を深めてきたのだと思う。

ここまで見てきて分かるように、不理解な状態にあるのは、研究者や専門家や支援者たちだけではない。市村の話や山本の解説にあったように、自分たちが置かれている状況を理解していないのは被災者自身も同じなのだ。

「どんなに俺ら被災者が声をあげたって、政府は取り合ってくれねぇ」

市村は研究会のメンバーに対して幾度となくこんな話をしてくれた。

「（今置かれている状況を少しでも改善するためには）いくら俺らが政府や行政に対してものを言ったって駄目なんだよ。それって、相手にしてみれば「市村さんのいうことは分かるけど、一部の個人が言ったことに過ぎませんよね」ってことにしかならないよね。だから学者先生が俺らが抱えている問題とか悩みとか……そういうのをきちんと裏付けされたものとして示してくれることって重要だと思うんだよね。向こう（政府や行政）だって、先生方からデータや分析結果を見せられれば「単なる一部の住民のたわごと」といって無視するわけにはいかなくなるでしょ。先生方にはそういうことを期待しているんですよ」。

市村のこの言葉は、話し合い、理解した上で、ともに考え、そこから生まれるいくつかの解を客観的な裏付けを添えて政治・行政へ橋渡しできるよう、そうした役割を果たすことを我々研究者に求めているということのようだ。この指摘に関連して、研究会では、タウンミーティングや聞き取り調査のほか、国の関連省庁や被災自治体、政治家などへの聞き取り調査にも取り組んできた。[8]そこには、つねに市村にも同行してもらった。[9]被災者、地元行政、国等は、それぞれの立場で何を考えているのか、そこに、TCFと研究会が議論を加え、問題の構造を読み解いていく。

こうした取り組みを通じて、まだ、道半ばに過ぎないが、2年あまりを経てようやく、被災地／被災者の周辺で「何が起きているのか」を徐々に理解してきたように思える。すなわち、我々にとって、調査活動ならびに活動支援への参与観察のなかでの一連の経験は、今回の原発事故の影響によって生じている事象を理解するプロセスそのものでもあった。また同時に、そのなかで形成されてきた人的・組織的資源のネットワークが、複雑な問題群を解いていくための糸口になっている、といえるだろう。

本質的な問題を理解し、解いていくために

話し合う、理解する、考える

タウンミーティングに参加した人のなかには、思っていたことや悩んできたことを

「声に出してもいいんだ」という安堵感を抱いた人が少なくないようだ。言い換えれば、子どもたちや家族を心配させないために、あるいは、避難先で「自分が避難者であることに負い目を感じ」、地域や周りの人たちの輪に溶け込めないなどといったストレスから、「言いたいことも言えない」状況に耐えてきた人たちがいるということでもある。

悩みや問題を共有し、安心できる環境――地域のこうしたコミュニティのなかで、「話し合いというか、そこで吐き出すことも必要だし、（自分たちの）精神的なケアも含めてそういうものも必要だなと感じています」。これは、タウンミーティングからの声だが、こうした環境や機会を整えることが、被災地域や被災者にとっての「これから」を考えていく上で最も大切な条件の一つかもしれない。

2012年8月に、武蔵野市と市民団体の協力で長野県川上村にある市の保養施設にて開催されたTCFの事業「むさしの福島ともだちプロジェクト」に子ども連れで参加された母親たちからは、「ここ（時間と空間）は富岡町だった」という声が聞かれたが、タウンミーティングも「富岡を感じられる」機会を提供してきたのかもしれない。

年代や属性の似通った町民どうしが集まって悩みを吐き出し、それを、立場の違う人たちと共有する。タウンミーティングはそうしたプロセスを意図的に組み込んだ場でもある。結果的に「自分一人で悩んでいたこと」が実はほかの人たちと同じ悩みであったり……。悩みが共有されることで、「じゃあ、こんなことしたらいいんじゃない」といった前向きな発言が聞かれることもあった。タウンミーティングやＴＣＦの会議のなかで、自らやりたいこと、できることを提案し、実際に行動している人たちもいる。

こうした動きをスピード感をもって拡げていくため、山下や佐藤は、これまで「タウンミーティングへの参加者を増やすためにも、ある程度の動員や勧誘が必要ではないか」という問いを幾度となく市村に投げかけたことがある。彼の答えはつねにこういうものだった。

「そのやり方じゃあ、今まで（震災前後を通じて）政府や行政がやってきたことと同じじゃないですか。結局は上からの指示に従うという依存の構造にすぎないんじゃないかな。それで、今俺らが置かれている状況が改善できると思う？　できないでしょ」。

ＴＣＦの活動のなかで市村が大切にしているのは、そうした依存ではなく、直接的にせよ間接的にせよ、ＴＣＦの活動に何らかのかたちで関わるなかで、「自ら気づき」「行動しよう」と思ってくれる人が自然と増えていくこと。そうした気づきや行動を尊重し、支えていく。そうして、活動の輪が拡がっていく。どうも従来型の依存とは異なる住民の関わり方といえそうだ。ここにも、話し合う、理解する、考える。その先に、自らの意思に基づく行動の輪が拡がっていくことへの期待があるようだ。

とはいえ……目の前に突きつけられている問題——どんな問題が、誰に対して？

各論２では、数年先に現実として避難指示が解除されるとき（そうした一時点を切り取ったとき）を焦点として、現在展開されている帰還政策に起因して生じている／生じるであろう問題について見てきた。そこからは、避難生活者が置かれている複雑かつ多様な問題が決して十分なかたちで解消されない状況にあることが容易に想像できたのではないだろうか。

目の前に横たわっている様々な問題を解消してほしいと願う被災者の声が届かない、あるいは、理解されないままに政策が着々と進みつつある状況。こうしたことは、被災者の多くにとっては自明のことで、それゆえに決断できない苦悩の日々が続くことになる。

「当たり前の暮らし」を取り戻したいだけの彼らが、「（私たち）いったいいつまで被災者でいなければいけないんでしょうか」という不安に苛まれる。被災当事者たちは実害を被り続けながらも、ある日突然、政府や自治体から「あなたはもう被災者ではなくなりました。支援も賠償もすべて打ち切られますから、後は自力で頑張ってください」と言われないとも限らない。今、彼らが体験していることはそういうことだ。

だからこそ、そうした状態から抜け出すために、後ろ髪を引かれながらも「富岡町民であることと訣別する選択をする人」が現れ始めているとも考えられるし、こうした解釈を富岡町以外の被災当事者に問うてみると、同意する人は少なくない。もちろん、このことは富岡町というよりも、原発事故被災地域ではおおむね共通している問題といえるだろう。

もっと広義に解釈すれば、原発事故をめぐって被災者が突きつけられている矛盾やそれらを引き起こしているこの国の構造的欠陥は、私たち国民に突きつけられている大きな問題ともいえるかもしれない。だとしたら……。何がどう問題になっていて、私たちはこの先どうしていけばいいのだろうか。ここから先は、第4章のなかで議論が展開されていく。

第4章
「ふるさと」が変貌する日——リスク回避のために

大人の世代とその次の世代をどういうふうにつないでいくかということは、すごく重要だとは思うんですけど、肝心なそこがちゃんとできていない。

（主婦、長岡タウンミーティングにて）

「ふるさと」を失ったのではない、「ふるさと」になってしまった

「ふるさとに束縛されないほうがいいんじゃないですか？」

福島第一原発事故はこれからどこへ向かうのか。この問いに取り組むためにも、ここでもう一つの不理解を克服しておきたい。それは、「ふるさと」に関わるものである。

我々は今回の事象をめぐって、しばしば「ふるさとを守るために」とか、「ふるさとの再生」とか、そういった表現を用いてきた。[1] だがこの表現には大きな問題が潜んでいる。我々がこの本をつくるために重ねてきた討議のなかで、最後のほうに気づいた不理解が、この語に関わるものである。「ふるさと」の語に関わる問題を、ここでしっかりと吟味しておこう。

「ふるさと」の語が曖昧なままだと、例えば次のような言い方を避難者たちはされてしまう。

「日本人の多くはふるさとをもはや失っていますよ。なぜあなたたちだけ、それを維持する

必要があるんですか」。さらにはこうも言われそうだ。「むしろ、「ふるさと」のようなしがらみからは解放されたほうが、自由で束縛のない生活再建ができるのではないですか」と。

ここに潜む不理解を明るみに引き出そう。

まずは「原発避難者たちはふるさとを失った」と言われる際の違和感を市村に表明してもらおう。

「ふるさと喪失という言い方をされるのはいいけれども、じゃあ、「ふるさとをどう考えているのか」と言ったときに、誤解があるんだよ」。

それはこういうことだ。

「「ふるさと」と聞いたら、多くの人は、「田園風景があって……」とか、勝手に思い込んでるじゃない。富岡町にもたしかにそういうところはある。でも、それがすべてではないよ。「ふるさと」という言葉の意味が、僕らが思っている「ふるさと」とずいぶんかけ離れちゃってる気がするんだよね」。

富岡町にも、川内村にも、大熊町にも、原発被災地には田園風景はたしかに広がる。しかしまた国道6号線沿いには大型店も連なり、郊外住宅地も形成されていて、すべてがそうした風景ではない。

「もちろん、この地に生まれ育った人の表現には、先祖代々の土地とか田畑とか、墓がどうだとか、そういうものは出てくる。でもそれが若い世代になると、仕事がないとか、子どもだったら学校がなくなったとか、友達に会えないとか、そういったことが話の根幹になる。

仕事や学校や友達のことが何かといえば、それは暮らしの営みそのものだよね。失われたものは、農村や田園風景だとかといった意味での「ふるさと」だけではない」。

では、なぜこれほどまでに、同じ言葉の捉え方が異なってしまうのだろうか。

「ふるさと」の意味が違う――人生がなくなった

山下の解読を聞こう。

「これは整理できるものと思う。「ふるさと」とは、故郷・古里と書くように、すぎさった過去の生まれ里といったものです。これは、その場所を離れて遠くから、過去を振り返ったときの言い方ですよ。遠くにあるからこそ、そこを離れているからこそ、過去のものだからこそ、「ふるさと」なんです」。

だからそういう意味では、震災前からすでに富岡町を離れ、首都圏などに暮らしていた人たちにとっては富岡は以前から「ふるさと」であったということになる。でもそこに現に暮らしていた人々にとって富岡は「ふるさと」ではなかったはずだ。

「しかし今回は避難でその場を逃れ、しかも長期に離れてしまったので、元いた場所を指して「ふるさと」という言い方を避難者もするようになった。このことは言葉としては間違いではない。でも、事故前に住んでいたときは、富岡は「ふるさと」ではないでしょう。原発避難によって、富岡町は無理やり「ふるさと」にされてしまったというのが正しい」。

失ったのはふるさとではない。失ったのは生活の場であり、暮らしそのもの、ごく当たり前のものだ。「当たり前のものを失った」という話をしなければいけないのに、「ふるさとを失った」という話になるのは、人々がそういう立場に置かれてしまったからだが、「ふるさと」という語を使ってしまうと、これを聞いた受け手のほうには都会で暮らす人が多いから、それは自分たちにとっては「最初からないものだ、もっていないものだ」と勘違いし、他人ごとになってしまう。市村はいう。

「大変だったね、かわいそうだったね、かけがえのないものですね、と言っている割には、相手はよく分かってはいないのではないか。だから、俺は「失ったのは何？」と聞かれたとき、「ふるさとを失った」というよりは「それは人生だ」って答えるのがいいと思っている」。

何十年と積み重ねてきた人生がそこにはあった。原発事故は、そのすべてを一度に失わせてしまったということなのだ。

想像してみよう。あなたの暮らしのなかで、ある日突然、「逃げろ」と言われて、気がついたときには、家も、家族も、人間関係も、仕事も、学校も、毎日の暮らしも、大事なアルバムや、かけがえのない人からのプレゼントや、慣れ親しんできた風景に、いつもいたお気に入りの場所、それこそありとあらゆるものを失い、あるいは放射性物質で汚された。今まで生きてきた証しや思い出、先祖の暮らし、当たり前につながっていたはずのすべてのもの、これらを一切合切喪失したのだ。老若男女、すべての人の人生が無に帰した。このように見れば、今被災者が経験していることの重大さは都会に暮らしていようが、どこに住んでいようが容易に想像できるはずだ。

政策のなかのコミュニティと生活再建

同じ言葉を使っていても、その意味が大きく違っているという事態は、すでに指摘したように、この「ふるさと」のみならず、「コミュニティ」にも、「生活再建」にも見られるものだった。これらの語はどうも相互につながっていて、一体として不理解の基層をなしているかのようだ。

学術的に用いる用語と、一般の概念が食い違うのは、しばしばあることだ。それだけならば大したことはない。だが、こうした食い違いが政策に結びついてしまうと、無視することのできない問題にも発展する。山下はこうした事態を、「コミュニティ」という語を例に、次のように解説する。

「例えば、研究者のコミュニティ概念と、ふつうの人の考えているコミュニティというものが違うというのはあってもいい。というのも、研究者は一応、ふつうの人が考えている概念をできるだけ包含して定義をつくるので、研究者から見れば、一般的に使われている語とはそんなに違わないんですよ。ところがもう一つ別の文脈があるんですよ、コミュニティの使い方にには。それは政策です」。

「コミュニティ」の語は、政府と研究者が協力して、昭和40年代に日本に持ち込んだものだ。1969年の国民生活審議会調査部会[2]がその場であったとされている。

「本来、研究者の行う概念の定義や意味づけには、当然ながら諸説があって、コミュニティについてもいろいろな立場からの考え方があるんだけど、それが政策に持ち込まれると、何かの一つの意味に、それもごく簡単なものに置き換えられてしまうようなことが起きる。例えば、福島復興再生基本方針とか、グランドデザインに出てくるコミュニティという言葉は、我々の概念史からするときわめて一面的で奇怪なものです。単なる住宅団地をコミュニティとよんでいる。これは僕らの研究のなかで使っているものとは違う。コミュニティと横文字を使うことで、何かよいものに見せようという思惑さえ感じる。でもまたたしかに、よりよい共同体といった文脈は、研究史の中にもあるのはあるんだけども……」。

また研究者の議論は微に入り細をうがっていて、結論が出ることはない。それゆえ現実に影響を及ぼすことはまず少ない。それに対し、政策は何かを決断し、一つに決めてしまわなければ、具体的な事業には落とせない。単純化しなければ政策にならないが、それはまた現実の一部を切り捨てることにもつながる。

「これはもしかすると、それこそ低線量被曝の評価にも、「年間1ミリを超えると危険だ」というのと、「100ミリでも安全だ」というのと、いくつも学説があるなかで、どれか一つだけをつまみ出して政策にしてしまうのと構図は同じだといえるかもしれない」。

市村は被災者の側から、この問題について発言する。

「コミュニティって、政策のなかで使われるコミュニティと、被災者が使うコミュニティとで認識はまるっきり違ってしまっている。政策的にも「コミュニティがなくなった」とは言っているけれども、コミュニティ再生はとなると「じゃあ、集まればいいんじゃないの」みたいに短絡的に結論づけられていて、「仮の町」とか「町外コミュニティ」といった話の枠組みだけが先に進んでいく。これでは、「コミュニティは絶対再生できないんじゃないか」という話をすると、「集まって住めばコミュニティでしょう」という言い方をされる。この違和感というか、ギャップは何なんだろうね」。

「仮の町」はこれまで「セカンドタウン」や「町外コミュニティ」など様々な言葉でも言われてきたが、本来は、長期にわたって元に戻れない避難自治体の「飛び地」のようなものをつくるという構想だった。しかし、帰還政策が基本となってしまった現在では、ただ単なる、長期に戻れない帰還困難区域の人々を中心に収容する、グレードの高い復興公営住宅団地ぐらいのものでしかなさそうだ。これも「コミュニティ」を住宅団地の意味に押し込める、政策による概念の矮小化の一ケースといえるだろう。[3]

そしてこれと同じことが「生活再建」にもあてはまると。山下はいう。

「生活再建という言葉に含まれる「生活」は、英語ではライフですよね。本来は生命の営みであり、暮らしです。生きていること、活き活きとした生命の営みが延々と引き継がれていくことです。生命や暮らし、あるいは生業といったことについては、理系・文系の膨大な研究史があります。でも、政策レベルでは、今やライフは雇用のようですね。経済です。あるいは生活再建イコール賠償にさえなってしまっている。もはや日常語からしても変だよね」。

市村はいう。

「だから結局みんなおかしくなってるんだよ。仕事さえあれば、それで本当に生活再建になるのかって、不思議に思っているところもあって。それどころか、新たな産業づくりだの何だのって言われたって、なんで勝手に俺らの仕事を決めちゃってるの、と」。

「かわいそうな被災者」で何が起きるか

佐藤が語る次の話は、ダム建設の補償問題でもよくいわれることだ。

「雇用の話をするときに、例えば年収300万、400万という平均所得があるとするじゃないですか。それに対して、年収200万でも、土地があって、それなりに山や海で暮らしていく技術があれば、何不自由なく暮らせたわけだよね。その際に例えば、賠償として2000万、3000万とかもらったときに、それでは避難先で家を買うことすらできないわけだから、自分にとってはこれでは足りない、と思ったとしても、それは決しておかしなことではないと思うんです」。

だがそれを人は金銭の多寡だけで判断する。焼け太りだとか、何だとか。そこには次のような思考回路が働いているのではないかと佐藤は指摘する。

「何か違うものにとらわれているような気がしてならなくて。強い者の弱い者いじめのような……勝手に何かが押しつけられている感じがある」。

それを聞いて、市村が割り込む。

「被災者は「かわいそう」なんですよ。何か分からないけども。俺たちも、何がかわいそうなのかよく分からないんだけれども、「かわいそうな人たち」なんですよ」。

支援の現場でも、国の政策の場面でも、被災者は弱者であり、かわいそうな人である。というよりも、かわいそうな人でなければならない。

「でも逆に、年収200万でも300万でも、土地さえ戻ればそれで豊かに暮らせる人もいるはずで、事故の前は現にそれで幸せだと思って暮らしていた人がたくさんいた実態があるんだよ。けれども、そういう人たちはもしかしたら、もはや「かわいそうな人たち」なんですよ。復興計画にしろ、施策にしろ、何でもそういうふうに扱われている。そんな感じをちょっと受ける……」。

収入や所得に関係なく、ここには何不自由ない暮らしがあった。人々は決して弱者ではなかった。しかし、事故の被害を受けた瞬間に人々は弱者となり、かわいそうな人になる。

かわいそうな人は、かわいそうな人として振る舞わなくてはならない。200万の収入しかなかったかわいそうな人は、度を過ぎた要求をしてはならない。これはダム移転などにはなかった話だ。あくまで、ダム移転では公共事業への協力が前提であり、そもそも移転者は被災者でも何でもなく、暮らしは奪われてはいないから、移転をのむまでには交渉もできるからだ。

では、この「かわいそう」でいったい何が起きるのだろうか。市村はいう。

「「かわいそうな被災者」からは、おそらく次の二つのことが起きるんじゃないですか。一つは重厚な支援。そして逆もまたしかりで、それが切れることへの不安とギャップに耐えられなくなること」。

かわいそうだから支援しましょうと、多くの支援を被災者たちは受ける。家もつくる、食物も与えられる、洋服もある、雇用先まで示される。

「どう考えたっておかしいじゃない。おかしいという言い方はまずいな。俺、受けている立場なので」。

だが、おかしいと感じるのは、中身ではなく、おそらくそのやり方だ。モデルをつくって、そこにあてはめようとしている感じがする、と佐藤はいう。

「本来、支援は、受ける側が「こうあってほしい」と願い、それを求めるから、なされるべきものだよね。でも今の国の復興は、被災者の願いから始まっているものではない。そこに問題の根幹があるんじゃないかと感じる」。

当人ではなく、別の誰かがつくった生活再建のプログラムがあり、そこに補助金や政策が次々と入って動いていく。そしてこうしたプログラムが完了することによって、被災生活も終わることになっている。ところが、被災した当人からすると、これらのプログラムが終了しても、それでは生活再建にはならないわけだ。それどころか、そのプログラムは自分には合わない、と感じたりもするわけだ。だが、「プログラムは要らない」となると、今度は「復興したくないのか」ということにもなる。どうも、こうしたことは民間の支援でも起こっているようだ。例えば、佐藤はこんな話を聞いたという。

「ある支援団体が、被災者向けのサロンを企画したときの話なんだけど。実際に事業をやってみても被災者が集まってこない。そのときに支援者の人たちのなかでどんな議論があったかというと、「なぜ人々は集まってこないのか」という発想ではなく、「ここまでやってやったのに来なかったよ」「じゃあ、要らないんじゃないか」と、そういう方向に話が進んでいってしまう。気持ちは分かるんだけど」。

同様のことは、弁護士にさえあるようだ。思いのある弁護士たちが集まって、被災者を助けようと賠償の相談会を開いた。でも誰も出てこない。「出てこないということは、やる気がないんじゃないか」、そんな話が現実に起きているのである。市村はこうした状況を次のように表現する。

「そうすると、被災者が加害者みたいに扱われているというのかな。そうなふうに感じる」。「かわいそうな被災者」には、重厚な支援が注ぎ込まれる。だがそのことによって、被災者の依存が生まれ、今度はそれを外すのが難しくなるような状態も生じていく。他方で、今度はそうした支援を「要らないから」と拒否すれば、そのときには「支援は要らないんだ」「復興したくないんだ」ということにもなり得るわけだ。こうして見れば、「被災者はかわいそう」は、「被災者は身勝手だ」と紙一重でさえある。

事業に乗らない「わがまま」な被災者

現在の復興も支援も、せっかく被災者のために始めたのにもかかわらず、結局、被災者のためにならないものへと転化してしまう。どうしてもそうなってしまう。市村はいう。

「そうでしょう。そういうことなんでしょう。その延長線上に国の帰還政策があるのかもしれない。だから、「なんで帰ることだけが復興なんですか」と聞いたときに、誰もその問いに答えられない。でも要は、「帰れないなんて言っている奴はわがまま言ってるんだ、そんな奴に応える必要はない」みたいな……もしかすると、そういうニュアンスのことも現実に起きているんじゃないのかな。これはもちろん極論だけれど」。

ふるさとも、コミュニティも、生活再建も、いずれも立場によって言葉の使い方や意味にズレがある。だが、実はズレているというだけでなく、それぞれの立場から都合のよい解釈がなされて、別のものに置き換わってさえいる。だが、いったんそれを使って何かができてしまうと、復興も支援も、別の路線に変更することが難しくなる。その路線を批判したり、別の路線を主張する被災者は、もはや復興や支援の対象には値しないということになってしまうのだろうか。

もっとも、ここで展開されている転倒した状況は、別に原発事故に限った話ではないと佐藤はいう。すでに事故前からずっと地方では見られてきたことだ。

「原発問題にはとくに如実に感じられるけれども、地方と中央の関係、政府と県、県と市町村の関係には、事故前からどこにおいても似たような「掛け違い」は基本的に生じてきたんじゃないかと思う。「本当はこういうことがしたいのに、国のメニューがこれしかないから、あきらめてこれをやる」というようなね」。

だが、市村の現状理解はより過激なものだ。

「「掛け違い」は、ここでは起きてない気がするけどね。そもそも、はじめから掛け違いも何もない。相手のことは関係ない。俺らみたいな被災者とかそういう人たちのことなんかは考えない。いや、考えてはいるんですよ、考えてはいるんだけど、基本的にその内実なんかどうでもよくて、生活再建とか復興という幻想的なもののなかに押し込んでいるだけ。結局、被災者についても、それに乗るか乗らないかで対象を選んでいるような、そういうふうに政策がつくられている気がしてならない」。

ここにはどうも、復興事業を通じた被災者の選別が見え隠れする。だがまた被災者は被災者で、自分なりの選択もしていかねばならないし、実際に生きていく以上そうせざるを得ないわけだ。人生を失い、所属すべきものを破壊された人々は、「かわいそうな被災者」と「わがままな被災者」の間で、どのような選択を取り得るのだろうか。

だが、その未来像を探る前に、もう一つだけ議論を展開しておきたい。それは原発被害は津波被害とどう違うのかという問題である。

津波災害との違い——賠償と放射線リスク

すべてを失った、しかも政策と科学が絡んで復興できなくなっている

今回の津波災害は「千年禍」ともされる稀に見るものであり、表向きには、原発避難者たち以上に、津波被災者の方が、ものの見事にすべてを失っている。死者も圧倒的に津波災害のほうが多く、原発災害の死者は避難中の関連死としてカウントされるのみだ。だが、津波

被災者もある日逃げろと言われて逃げ、すべてを失った。では津波災害の被災者と原発災害の被災者は、どこがどう違うのだろうか。

ここではしかし、違いを強調するよりはまず、根本にある共通性を切り出すことから論を進めよう。

市村は、「命のやりとり」という点では両者は同じではないか、という。石巻市雄勝地区で津波被害にあった阿部晃成氏[4]と勉強会で何度も行き交う機会があり、彼と話し合うなかで、こんなことを感じた。

「このあいだ、阿部君とひたすらしゃべってたんだけど、彼が避難をし、津波に襲われた際の話を聞いたときに、突発的な危機、しかも絶大なる自然の脅威にさらされたことは分かる。それに伴って生命の危機を覚えずにはいられなかった。まさに命のやりとり。そのときに「家族を優先するのか」「自分は助かるのか」と、津波のなかで究極の選択をせざるを得なかった。このことが、彼の今の活動につながっているんだろうなと思った。まず根底としてね。それまで俺は、原発避難の当事者としてしか、この震災をとらえていなかったから、地震・津波の被害を当事者からしっかり認識させてもらって、自分たちが置かれている状況を改めて確認した感じがするっていうのかな」。

では、そうした自然の脅威とは違う、原子力発電所という人工物の事故を、市村はいったいどのように再認識したのだろうか。

「たぶん、俺らのなかでも自然災害に対する思いってたしかにある。富岡だって現実に津波で全部なくなった家があるわけだから」。

　それに対して、市村宅は津波の被害を一切受けなかった。それゆえ、避難で起きた「命のやりとり」に最も近い事象とは次のことだ。

「やっぱり避難が始まって、とくに最初に川内村に避難したときに体験した「情報隔離の5日間」という時期かな。少なくとも津波を直接経験したのではない人間にとってはね。これは強制避難者なら、どの人に聞いてもだいたい同じようにしゃべる。もちろん立場や状況によってそのときの感じ方は違うんだけど、総論としては一緒。「どうやってあの命の危機から脱するか」ということだよね」。

　第2章で言及した、3月12日から16日の間の最初の避難の経緯のことだ。

　そのときに最も津波被災地と違うのは、まずは避難完了までの時間の長さ。そして危険が目に見えたか目に見えないかということではないかという。

「津波は1時間とかそのくらいの短いスパンのなかで、しかも目に見える脅威だ。これに対して、俺らは長いスパンで目に見えない脅威にさらされた。たぶんこのことが大きく違うんじゃないかなと」。

　津波は目に見える自然の事象であり、まさに目の前で人々が津波にのまれて見えなくなっていく。それに対し、原発災害に伴う脅威は、色もなければ臭いも何もない。

「けれども、ただ人間の姿だけが尋常ではない。毒ガス用みたいなこんなマスクをつけた、タイベックスーツの作業員みたいなのが、ふつうの格好をした俺たちの前を横切っていくという状態」。

「危険だから逃げろ」は一緒だが、二つの災害ではその原因が違う。そして原因が異なるために、今その復興の過程においても、両者は異なる経過をたどっている。

津波の被災地では、自然の脅威に対する安全を重視するために、「今まで住んでいた地域には帰るな、もうそこに住むな」といわれている。事実、亡くなった人が多数ある。しかも現実に、今も目に見えるかたちで浸水地がそこに存在し、地盤沈下も起こっていて、そこで生じた災害も危険も、映像的には分かりやすい。これに対し原発災害は人災であり、目に見えない災害だ。そのために、今もリスクはあるけれども、こちらでは帰還政策が進んでいる。かたや「リスクがあるので帰るな」があり、かたや「リスクはあるけど帰れ」がある。

「でも、やろうとしていることは一緒のような気がする。政策のつくり方とか復興の考え方は。理由となっているものは違うくせに、復興となると、結果としてやっていることは一緒」。

結局、どちらにおいても、復興政策は被災者発ではない。むしろこれしかないと押しつけられた事業プログラムだ。そしてそれが進めば進むほど、実は復興できないものになっていく。本来、すべてを失った被災者を支援するための復興政策のはずだが、それが進むことで、被災地の最後の息の根を止めるような事態になっているのも、二つの災害の共通項だ。

いじめられている感覚

津波被災地でも、原発避難元地域でも、いずれも国の強い介入がある。介入しないという選択肢もあるはずなのに、すでにかなりのところまで入り込んでおり、その介入がかえって本当の復興を阻害しているという点まで一緒である。しかもそこで、「それがすべて住民の望んだことなのだ」という筋書きで事態が進んでいくのも同じだ。原発避難では避難所の声やアンケートから「帰りたい」という言葉ばかりが拾われた時期があった。津波被災地でも同様に――ただし原発避難の場合とは方向は逆に――「もうあんなところには住みたくない」という声ばかりが拾われてきた。しかもこうしたなかで、「かわいそうな被災者」が押しつけられて、自分の意思を表明しづらくなっているのも同じだ。

市村の話は再び原発避難の実情に入っていくので、しばらくまたそちらに話を戻そう。

「「かわいそうだね」とか、そういう介入のされ方をする反面で、こちらの反応によっては「馬鹿言っているわ」とそっぽを向かれるという……なんと言ったらいいのかな。両極端というか、同じ事象に対して裏表がある。そういった怖さ。それが国にはあるかな」。

「かわいそうな被災者」と「わがままな被災者」。どちらも嫌ならば、被災者にはどういう選択肢があるというのだろう。これもまた本書の冒頭で示した、ダブルバインドの一つかもしれない。こうした状況を指して市村は、「差別されているという感覚ではない」が、「いじめられている感覚はある」と表現する。

「「みそっかす」って分かる？　何かそんなような感覚。一人前になりたい、ではないけれども、自分で立てないというか、地に足が着いてないというか……。じゃあ、「立ち上がるためにどうする」って聞かれたときに、「自分で何とかしなければ」「何とかするためには仕事だ。家族のためにもまずは仕事だ」と。すると国は、「それなら雇用でしょう」「雇用できる場所をつくりましょう」となる。何かそういう論理が積み重なって、こういう復興計画になっているんだろうというのは分かるのね」。

こうして雇用対策が必要だということで、帰るための産業政策と事業が進められる。だが本当に帰るためには、放射能の問題がクリアされねばならない。仕事があれば家族が守れるのかといえば、そうはいかない。仕事があっても、家族を連れて帰れる人ばかりではない。仕事をとれば家族はとれない。家族を守るための仕事なのに。再びダブルバインドだ。「だから、アメとムチを両方出されて、同時にやられている感じ。どっちをとったらいいのか分からない。たぶん、そういう感覚に苛まれている人たちは多いのかなという気はするよね、いろいろ話を聞いていると」。

そして、そうした状況を断ち切るために、いわきで土地や家を探す。事実、今や土地が大きく高騰し始めている。でも、と市村はいう。

「それは単純に、家がないから買った、ではたぶんないんだよ。しかも、それができる人って一部ですよ。じゃあ、それができない人はどうするのと言ったら、立ち往生が続く。そのくせ、こういう復興のプランがどんどん先に進んでいって、それに自分たちは乗れるのか、乗れないのかと悩む。そしてその悩みの要因は、やはり家族の離散。心にのしかかってくる家族の問題がすごく大きいんだよ」。

市村はそういう意味では、こうした状況から逃れていると本人がいう。市村は家族を連れて今東京にいる。

「たぶん俺が、なんでそこまで思い詰めていないのかというと、今、家族が一緒だからかもしれないね。家族といられる。でも、今現在、富岡でもどこでも、そういうことができてない人たちが大勢いる」。

原発の関係で今も働いている人がいる。あるいは自分の住んでいた町を何とかしなければならないという使命感に燃えて、原地に戻ろうとする人もいる。他方で子どもを守りたいと、町外で暮らしを続けようともがく人もいる。

「それはどっちも悪いことではないし、当たり前のことだ」。

平準化の結果としての全否定——人生の、そして歴史や文化の

こうして、原地に仕事ができたとして、そして例えばその家の家長が今や「ふるさと」となった地域を復興させようという使命感をもっていたとしても、家族に「みんな、帰ろうぜ」と言えるわけではない。みな放射能は怖い。まして子どもを帰すわけにはいかない。そのなかで、誰かが帰ることになれば、おのずと家族に分断が起きてしまう。逆にいえば、ふるさとの経済を復旧させていくためには、家族の分断はやむを得ないということにもなる。

だが——と、市村は悩む。

「家族の分断といえば分かりやすいけど、「でも別に転勤族ってありますからね」と言われ

た場合、俺らには切り返しができないんですよね。単身赴任だってある。「私だって福島にいますけれども、家族は横浜にいますよ。毎週横浜に帰っています」と言われれば、まあ、そうですねと答えるしかない」。

家族を横浜において単身赴任しているのは佐藤だ。佐藤はいう。

「でも、元々都市生活をしている人が単身赴任する場合と、今まで家族が3世代で住んでいたり、スープが冷めない距離に住むことができていて、それが事故によって分離せざるを得ないというのは意味合いが違うよね」。

だが、市村の考えはこうだ。

「だから、変な話だけど、極端なことをいえば、あそこ（富岡町）に住んでいたときの暮らしって、俺らにとっては当たり前だったんだけれども、よそ様から見たら、「あいつら、馬鹿だね」という暮らし方だったのかな、という疑念。そういう疑念が、自分のなかに出てきちゃっているのかもしれない。こんなことを、他人に言っていいのかどうか分からないけど……。でもやっぱり、馬鹿にされるの嫌じゃない」。

いや、馬鹿にされるということだけではすまないという。

「そこに何十年、何世代と暮らしていた人たちもいる。こうした家族との暮らしが当たり前でいた人たちにしてみれば、今の状態はもう全否定ですよね。それも自分の否定だけじゃないよね。親の世代、先祖の否定までされてしまっているような気がしてならない」。

これはむろん、「被害妄想なのかもしれないけど」とも市村はいう。だが、ここまできてようやく、「不理解」のもつ暴力性の本体が見えてきたのではなかろうか。

それは「平準化」、それもある方向への一方的な「平準化」を要請する強い力だ。国民のなかにある、様々な局面での「平準化」の要求が、被災者たちの「生き方の多様性を認めてほしい」というはかない願いを全否定する作動を進めているようだ。それは既存のルールに従っていて、全体の公平性、平等性という、一見まっとうな観点から、反論することが許されないようなかたちで進められていく。しかしこの平準化の要請は、現実にはある一定の生活様式への編入を強要することを意味しており、そしてそれはここにあった暮らしの否定――人生の否定、生活の否定、歴史や文化の否定、地域社会の否定――要するに、全否定が潜んでいるようなのだ。

津波災害との違いは原因だけ

しかしながら、こうした平準化がもたらす人生や歴史、文化の全否定もまた、津波被災地で起きていることと同じではないか。再び津波被災地との対比に戻ろう。

例えば、先の阿部氏のいる石巻市雄勝地区では、今回の津波災害で少しでも水が上がったところは家を一切建てさせないという方向で政策が進んでいる。さらにはその移転先として高台への集団移転が半ば強要され、それ以外の復興のあり方は許さないという事態にまで進展し、このままでは、事業に賛同する者のみが集団移転をし、賛同しない者は元の地に戻ることも許されずに各自で自力再建を図るという、そういう状況に追い込まれてしまいそうだ。

しかもその事業が本当に復興と言えるのかというと、もはや単なる仮設住宅に代わる住宅供給といったものになってしまっているようだ。

その根底には、「被災者はかわいそう」があり、重厚な支援を受けるのか、それを拒否して地域を離れるのか、どちらかへの選択肢の強要がある。それゆえ、復興が進めば進むほど、どちらを選択しても、災害をきっかけに、人生の否定、地域の歴史や文化の否定に突き進んでいくことになる。内容は違ってもそのかたちはまったく同じようだ。しかもこの展開を被災者は断ち切ることができない。被災者自身の力ではこの罠から逃れることはできない。だから、「もしかすると自分のほうがおかしいのかもしれない」と、自身の人格否定にまで進みかねない状況さえある。このこともたぶん、一緒なのだ。

そのなかで、なおも原発災害が津波災害と違う点は何かといえば、それは災害の原因であり、その原因が、かたや津波がこの地球の自然現象であるのに対して、この原子力災害では原子力発電所という人間がつくり出した装置である点だけだということになる。そしてこのことによって、津波災害には加害者はいないが、原発災害には加害者が存在し、加害者がいることによって、その後の対応が大きく変わってくるということになる。やはり、このことが最終的な相違として残るようだ。だが、と山下はいう。

「もしそうだとして、加害者のある／なしで原発災害と津波災害の違いを強調するとなると、こういう議論にもなりかねないね。原発被災者は恵まれていると。津波被災者は、すべてにおいて、自分たちで再建をしなければならない。それに対して、原発災害には加害者があり、原発被災者にはそこから賠償金が出ている。賠償金が出ていることによって、より生活再建しやすい条件が整っているのではないかと」。

「原発災害は賠償が出ている分、恵まれている?」——賠償を損得で考えている

この最も不快な問いに、あえて市村に答えてもらおう。むろん、この問いに市村が答えられないのが分かっていてもだ。

「富岡だって、たしかに津波被害がありました。津波で亡くなった人が30名弱ぐらいいます。家も流されました。でもたぶん、極端な話、東電がなかったら、こういう原子力災害がなかったならば、あの地域だって……」。

この問題については、とくに浪江町請戸（うけど）地区の消防団の事例が何度も報道されて有名になったから、ご存じの方も多いだろう。請戸では多くの家屋が流され、人が流された。津波が去った後のがれきの中にはまだ生きている人がいた。しかしながら夜になり、消防による捜索はいったん打ち切られた。翌日に捜索再開の予定だった。だが、翌朝には町から原発避難の指示が出て、捜索は打ち切られた。人々は助けられたはずの人を助けることもできずに現場を置き去りにせざるを得なかった。

原発事故の影響は、こうした緊急時の対応に大きな障害を与えたというにとどまらない。復旧・復興の大きな障害になったのも原発事故だ。

「原発事故がもしなかったら、俺らもこんなことになっていないんですよ。たぶんもっと早

い段階で復興もできているし、町のなかで被害が出ていることに対しても、自助というか共助というか、コミュニティで、町や集落単位で、自分たちで支援をやっていたと思う。富岡町でも地震直後にはすでに災害対策本部をつくって何だかんだ始めてたわけだから。問題はそうしたすべてが中断されてしまったこと。理由は簡単。原発事故ですよ」。

だが、そのかわりに原発事故の被害者には「賠償が出たり、いろいろあるじゃないですか」と言われたら……。津波の被災者は、賠償も何もない。そして事実上、原発避難と同じように、2年以上が経過しても、さっぱり復興が進んでいない地域がある。それに比べて、賠償が出ている分、原発事故の被災者は「恵まれてるんじゃないですか」。そういうことにならないだろうか。

市村の反論を聞こう。

「分かりますか、賠償って。自分が賠償を受ける側になった場合、もしくは賠償をする側になった場合の想像がつきますか。つかないですよね。ふつうはつかないと思う」。

賠償とは、失わせたものに対する償いだ。賠償の前には喪失がある。この原発事故がもたらした喪失の重さ、深さについては、すでに見てきた通りだ。だが、現実として、その喪失は表には見えない。それに対して賠償は見える。

「賠償がイコール何かって。事象としてはお金がもらえる。もらえるというか、お金をもらう行為なんです。その行為は見えるわけです。損害賠償だといって何百万もらったとかって話が出るから、その結果が報道されて、結局、「賠償というものはお金をもらうんだな」と、そうなっちゃうんだよね」。

今回のような巨大な原発事故賠償は当然、はじめてのケースだ。これほどの大人数が長期間、生活を奪われるということは他ではあり得ないから、未曾有の事態であることはたしかだ。そのなかで、例えば一人、月10万円という精神的賠償の額を聞けば、一家5人で2年間にいくらいくらという計算が始まって、その額の多さに「そんなにもらうのか」と、そういう感覚が国民のなかに現れてくるのはある意味では致し方ないところもある。また、それを積み上げていったときに、その総額を見て、「どこまで面倒を見るのか」という反応が出てしまうのも分からなくはない。そして福島県では、特定の地域を除き、自主避難者には避難の費用は出ておらず、また生活内避難者にも基本的に賠償金は支払われていない。福島県内にいる人々からこそ、「強制避難者は賠償をもらい、自分たちには一切ない」という声が早い時期から出ており、妬みややっかみも県内でこそ強く表れていた。でも、と市村はいう。

「「このお金が何なのか」ということを実は誰も分かってないんじゃないか。そんな気がする。損得だけで考えているような気がする」。

市村は富岡町で保険代理店業もしていた。だから自動車事故のことはよく分かる。そして、そもそも自動車事故の枠組みで考えたとしても、原発賠償の現状はあまりにもおかしいと市村は考えている。

自動車事故が起きた。そこで何が生じるかといえば、車を直さなければならない、人をケガさせれば治療費も支払わなければならない。なぜか。加害者には責任があるからだ。だから「賠償せよ」ということのはずだ。だがそこで、被害者がいくら金をとったという話になってくれば、つまりは賠償を損得で考え始めればおかしなことになってくる。市村はいう。「本来の賠償の意味を考えれば、「車を壊されたら、直してください」って、ふつう言いますよね。僕は何も悪いことをしていない。そしてその事故で仕事ができなくなれば、「その分の本来の収入はどうするの」と、当然そうなるよね。でもこの原発事故では、「それを言っちゃいけない」って言われているようなものですから、極端なことをいうと。それどころか、「賠償を払ってください」と言うと、「もう相当のお金をもらってるんだろう、おまえら」と、そういう話になるんですよね、世論の動向でいうと」。

　近年では、自動車事故でも損得で考える人が少なからずいる。まして原発事故については、被害が大きい分、賠償の額も巨大化しているから、人々がそれをただその額面からだけで受け取るのも、風潮としてはあり得ることだ。場合によっては、「多額の賠償をもらって、うまくやったな」と、そういう目線で見ている人もいるだろうし、また現実に被災者のなかにも、そういう立場からこの現象を考えている人がいないわけではない。だがそこには、失ったものへの配慮がまるっきり欠けている。

　とはいえ、原発事故は、自動車事故などとはまた大きく異なるものだ。とくに加害者／被害者の関係枠組みが、両者でまるっきり違っている。自動車事故の加害者は一般的には個人だが、原発事故の加害者は電力会社であり、その責任の一端を国も担う。ところでこのことから、一般論として出てきそうな見解はこうだ。

「俺らは加害者にはなり得ない」

原発災害では、原子力損害賠償法（原賠法）によって、事業主である電力会社（今回は東電）が一切の加害責任を負うこととなっており（無過失責任）、しかも今回その賠償を国が支援することもすでに決まっている。日本有数の大企業と国家が賠償の責任を負っている。これほど有利な被災者はないのではないか、と。

自動車保険のシステムは相互関係のルールでつくられている。今はたまたま被害者だが、めぐりめぐって加害者になるかもしれない。だからこそ、互いの責任の痛み分けがあり、例えばベンツと軽自動車がぶつかった場合でも、過失のあるなしにかかわらず、どちらかだけがすべての負担を負わないようにシステムが調整されている。

これに対し、原子力災害は加害者があらかじめ決められている。このことから、一見すると、原子力賠償は被災者にとって有利に働くはずだ、という印象をもたれがちだ。だがなぜ加害者が決まっているのかといえば、次のことがあるからだ。市村はいう。

「俺らは原発の被害者にはなれるけれども、加害者にはどうやってもなり得ないです。自動車事故のような、お互い様とはまったく違う」。

この点は、先の第3章で見た、国・東電・専門家による原子力事業体と、原発立地地域との関係性の問題とあわせて注意が必要だ。加害者である東電と、被害者である個人。両者は元々対称ではなく、まして対等でもない。自動車事故で相対する運転者どうしとはまったく違う。

「俺らが加害者になり得るわけがないよね。俺たちが放射能をもってぶちまけることなんてできないわけだから。そんなのやったらとんでもないことになって、とっ捕まってるところなんだから」。

火災保険・自動車保険の扱いで考えていけば、今の賠償法というのは、互いに過失責任者になり得るということから組み上がっている。これに対し、原子力発電についてはその根底が覆されており、そのために原賠法が存在するのである。もっとも、原賠法もこれほどの大きな事故を想定したものではない。それでも内容を見れば、原子力災害のこの特徴をふまえ、被害者の立場に極力配慮してつくられた法のようだ。原子力災害に関しては、事業主に無過失責任があり、それも事業主だけが問われることになっており、被害者による加害の立証責任は一切問わないようになっている。[6]だが――ということは、原子力災害においてこそ、被害者は最も守られているのではないか。やはりこれが、一般的な原発賠償に対する理解になってしまいそうだ。

原子力災害の賠償は東電と国とで行うことになっている。ということは、日本という国家が潰れない限り、被災者の権利は保障されているということではないか。自動車事故などでは、相手が保険に入っていないだの、賠償能力がないだの、そういうことが頻繁に起きている。相手が過失を認めない場合には、被害者がそれを証明しなければならない。場合によっては裁判までして認めさせる必要がある。

原発被災者は、津波被災者よりも恵まれているのではないか。この問いはやはり、当の被災者には答えられないもののようだ。賠償の話にはカネが絡み、その不理解にはそれこそ「妬みややっかみ」が張り付いているので、人々はこれにうまく対することができない。おそらく当事者の間でも本音で話しづらい領域だろう。が、現実に賠償は進み、額面が一人歩きし、しかもそこで起きている内実はほとんど表に出ることはない。例えば、家屋にかかる財物賠償なども最低の場合には新築時の約2割程度の補償にとどまる。[7] 事故前は現にそこに住んでいたのにもかかわらず、減価償却によって建物の残存価値が下がり、賠償金で新たな住宅購入を試みようにも実質取得不可能という事態さえ進んでいるのである。[8]

だが、被害・加害問題を賠償から論じる限り、「原発被災者は恵まれているのでは」という問いにはなかなか対応できない。今度は山下が、社会学の視点からこの問題を洗い直し、市村の話をさらに引き出していこう。

原発事故は影響が大きすぎる

「例えば、被災者のために電気料金を上げなければならない。そういう論理で、東電がリーフレットを利用者たち全戸に配布する。それを人々がうちに帰って、郵便物といっしょに見るわけですよ。私もその一人でした。要するに、何が言いたいかというと、影響が大きすぎるんですよ、原発事故の問題は」。

電気料金値上げの問題は全国メディアも大きく取り上げ、そこに被災者が登場させられそうになったという話は第3章でも紹介した。こうしたことは津波被災者にはないことだ。原発事故の場合はそこから派生する影響が大きすぎるのである。しかもそれが非常に目につきやすいのだ。山下はここに二つの災害の違いを見出すべきだと主張する。

津波の被害は面的には広大に生じている。しかし事象はとりあえず一つひとつの被災地での出来事である。津波被災地にも差別や対立はある。津波のかかった家、かからなかった家。復興をめぐる利害の相違。しかしそれでも、こうした問題は、それぞれの津波被災地のなかで処理すべき問題で、そこに被災地以外の人間が直接関わり合うことはない。山下はいう。

「津波被災地の問題は、そのなかで調整すればいいし、理解し合えばいい話ですよ。いろいろな軋轢とか、「あんちくしょう」とか、「絶対許さない」とか、そういうことはあるんだろうけれども、それは当事者どうしの間で乗り越えていかざるを得ない問題だし、その当事者も関係は具体的に見えているわけですよね、とりあえず[9]。だけど、今回のこの原発事故の問題は、住民だけでなく、国や東電、東電の背後にいるたくさんの電力利用者、さらにそこには経団連、財界、政治、すべてがつながっていて、これらがみな当事者なんですね。マスコミだってそうですよ。大学や専門機関の研究者までもがつながっている。これだけの大きなもの、ありとあらゆるものと向き合わなければならない点が、津波被災者とはやはり違う」。

だからこそ、ここで起きていることがもたらすストレスは、非常に大きなものとなるのだ。原発事故の被災者は、場合によってはすべてを敵にまわさねばならない。それゆえ、原発事故によって生じる差別は、今まで以上に手の込んだものになるはずだ。一部地域の限られた差別なんかではない。国民すべてがそこに関わることになる。そのストレスたるや想像すらできない。

「今回のこの原発の問題は日本国の問題です。さらには国際的な問題でさえあるので、負っているもののスティグマ（烙印）が非常に大きい。というか、それが大きく目立つわけですよね。この国に生きる限り、みんな原発被災者を無視できない」。

それは分かると、市村はいう。

「そういうのであれば、原発事故は、一家庭もしくは一個人対、東電あるいは国みたいな、そういう対立にまで発展しちゃったのが、大きな特徴なのかな。たしかにそれはそう思う」。

さらにいえばそこには国民がいる、と佐藤はいう。

「そこには世論がある。世論と向き合わなければならないことが、この事故の特徴ではないか。逆にいうと、僕らがこんな本をつくろうと思ったのも、やっぱり僕ら国民が理解できるかどうかによって、この先がきっと変わってくるから……。国民の理解が、原発避難者の現状を改善する上で、最も重要なポイントになると考えたからですよね」。

影響の長さと健康被害——脱原発と差別問題

そしてその影響は長く続く。原発事故災害は、被災者に長い時間にわたって関わりを強いる。これもまた自然災害である津波による被害と異なるもう一つの大きな特徴だ。

福島第一原発の廃炉まで、少なくとも30年以上はかかるとされている。その年数でさえ達成できるのかは実は未知数だ。それどころか、放射性物質の影響もまた、その見極めには長い時間がかかる。低線量被曝についての論争に決着が付くためには、どう考えても一世代を超える時間が必要だ。そしてこの地の復興を考えるためにも、世代間継承の観点が不可欠だから、やはり最短でも30年以上の年月が必要だろう。それほど長期に続く事故の影響。それを現在のような多重の不理解のままに進めていては、遅かれ早かれ、現行の復興プロセスはどこかで破綻するだろう。

このうちとくに重要なのが健康問題である。被災者たちは多かれ少なかれ被曝させられているので、最も気になるのがこの健康問題だが、被災者たちはこれを口にすることができない。幸いにして、これまでの公的な情報を見るかぎり、放射能による直接的な被害はまだ出てはいない。しかしまた、万一、被害が出たときにそれに対してこの国が体制としてしっかりと受け止めてくれるという保証もない。むしろ今の枠組みでは、被害は出ても因果関係を認めるハードルは高く、結局は裁判で争う以外の方法はなくなっていくだろう。またすでに差別もはじまっていて、このことが人々の精神に重くのしかかっている。放射能という目には見えない得体の知れないもの。それがもたらす強い負のストレスは日本中を覆い、かつ日本文化のなかにある「穢(けが)れ」の観念とも相まって、今後きわめて深刻な事態へと進展しそうだ。例えば本来、避難者の味方になるべきはずの脱原発の市民運動も、差別の源泉の一つになり得ることには注意が必要だ。山下はいう。

「脱原発運動の目的の根源は、安全な社会を求めることだと思うんですよね。その方向性はそれなりに共感できる。でも、結局それがどんなふうに作動しているかというと、今回の場合、原発のみならず、そこから漏れた放射性物質についても、「とにかく危ない、危険」になっている。でも、そういう方向で問題を持っていかれれば、避難者たちとは、とくに強制避難者たちとは、相容れないことになる。「危険だ」を強調することが、差別に直結する可能性があるからです」。

たしかに放射線被曝は避けられるなら、避けたほうがよい。それは正しい。しかし、「被曝がイコール危険だ」ということだけで話が進められると、すでに避難の過程で被曝してしまった人たちを追い込むことになってしまう。「被曝は危険だ」は、「被曝した人間は危険だ」に、容易に置き換わる。この問題はとくに、子どもたちにとってきわめて深刻なものになっている。市村はいう。

「だからすでに出ているんだよ。子どもたちのなかに「もう結婚しちゃいけないの？」とか、「子どもを産んではいけないの？」とか」。

被曝はあくまでリスクだ。危険そのものではない。それゆえ、あまりに「危ない」「危険だ」を押し進めれば、それは被災者への差別につながる。原発事故を体験した被災者たちを味方につけられるかどうかによって、脱原発運動の命運は大きく分かれてくると思われるが、それが達成されるためには、この差別につながる「リスク＝危ない」の論理を、運動のなかから上手に摘出することが不可欠だ。「危ない」が、個人的な感情から発している限りにおいては、脱原発の運動は被災者の思いとは一緒になれないだろう。我々は脱原発を標榜するものではない。が、この運動がもし被災者にも開かれるのなら、それはこの事故を直接体験した人々への、その経験への共感からでなくてはならない。そのためには自分たちの未来だけでなく、他者の過去・現在・未来にも気を配る必要がある。

　公害問題における差別の構造は、水俣病以来すでに何度も研究され、よく知られているものである。[10]今回の事故のなかでも、今後生じ得る差別については、早いうちにそれらを取り除くための論理と制度を専門家と政府の間でつくり、対応していく必要があるだろう。

　こうした社会学者の解説を受けて、市村はこういう。

「リスク・コミュニケーションというかたちで政府の放射能対策が行われている。でも放射能対策と言いながら、結局はその責任を被災者に押しつけて、被災者の自己判断で安全かどうかを決断せよなどと言っている。というか、危険だと判断してもそこには何の補償もないのだから、安全の強要に近い」。

　そうなのだ。被災者からすれば被曝した後のことや、今後の被曝をどう避けるのかが「放射能対策」であるはずなのに、どうも不思議なことに、「放射線リスクとの付き合い方を学べ」「安全だということを認めなさい」というのが、政府の放射能対策のようなのだ。そういう文脈では、放射線リスクの危険性を強調してくれる市民運動の動きはたしかに避難者の立場を後押ししてくれるようにも見える。

　しかしながら、物事はそう簡単ではない。リスクの問題は、実際の身体にどう影響するかということだけではないからだ。

「今回の健康問題上の危険性は、肉体的なものもあるけど、精神的な面も大きい。しかも、それを口にすることで解決できるのならもっと口に出して言うんだけれども、いえば余計に問題が悪化する。じゃあ、俺らはこのまま泣き寝入りしていいのかという話になると、ここにある問題には多くの人に気づいてもらわなければならないし、気づいてもらうためには俺らはやっぱり言わなければいけない。でも言えるとすればそれは、言っても差別が出ない状態があってのことだから」。

放射線リスクのこの、「危険だ」と言うこともできず、かといって「安全だ」と言うことでもすまない問題の構造を、政府にも支援者にも、市民運動にも理解してもらわなくては、被災者は先に進めない。「危険だ」とも「安全だ」とも言えず、人々は言葉を封じられているからだ。

「だから俺らに向けてリスク・コミュニケーションの事業をするんじゃなくて、国民にやってくれないかなと俺は思うのよ。そうすれば俺らも本心を言えるからって。みんな言いやすくなる。リスコミをなんで福島県でやるんだ。福島県外でもやれって」。

津波災害にも、もちろん精神的なもの（トラウマ）はある。それはそれで手を打つ必要がある。しかし原発事故の避難に伴うトラウマは、自然災害のそれとは大きく異なる、おそらくこれまでの災害にはない何かを含んでいそうだ。それは自然のなかにいる神がもたらしたものではなく、人工の悪魔の所作だからだろう。しかもその悪魔が、被災者の心身の奥底に事故後も長期にわたって——もしかすると、自己のみならず子や孫の代にまでわたって——

負の烙印を刻んでしまった。こうした問題は津波の災害にはない。[11] だが、この程度で津波被災地との対比を終えて、当事者としての市村の議論に戻っていこう。

責任の取り方から、「許す」まで――プロセスがない

「俺は問題は、要は責任の取り方のような気がしているんだよ」と市村がこぼす。

「国も東電も責任を認めるとは言っている。でも、実際に責任をとっているのかというと、すごく違和感がある。とてもそうとは思えないんだよ。よく周りでも言っているんだけど。じゃあ、被災者として償いを感じられる責任の取り方って何なのかなって。要は、これってやっぱり対自然じゃなくて対人（ひと）なんですよ、原発の問題は。国という人格があって、会社という法人格があって、そこが責任をとらざるを得ない。でも、どういう責任があるんだ、ということがまずあやふや。こっちも人なんだから、やっぱり最後はどこかで過ちは過ちとして認め、償うものは償うということが必要なんだと思う。その上で「許す」というところまで行き着けるか。そういう順序が大事なんじゃないかなという気はするんですよね」。

交通事故でもそうだ。加害と被害があり、そこで謝らない人もいれば、誠心誠意償おうとする人もいる。

「だから、謝らない奴がいるから、償わない者がいるから、裁判があるんでしょう。法律があるわけでしょう」。

現在の東電・国の対応は、ただ単に賠償を払っているだけであり、しかも無過失責任とい

うことから、かえって事故の過失責任の所在は不明確なままにされている。だからなのだろう、事故を引き起こしたことについての明確な謝罪もない。いや、かたちだけはすませているのかもしれない。しかし被災者にはまったく誠意は見えない。「要はプロセスがない気がする」のだ。

だがその際の東電という存在がやっかいだ。東電は単なる一企業体ではない。営利企業ではない、人々の生活そのものに直結した公益企業体だ。そして公益企業体ということでいえば、単なる経営陣の態度や意識云々だけでなく、それを利用し享受していた首都圏の利用者たちの自己認識、さらには電力の恩恵にあずかってきた我々国民の感覚、その責任の感じ方こそが、適切な謝罪や償いを導くためには不可欠だということになる。ところが――では首都圏の人々に今回の事故の責任について、どれだけ本気で感じている人がいるのかといえば、どうなのだろうか。いや多くの人が原発には向き合っている。官邸前には多くの人が出かけてデモにも行った。しかし、脱・反原発を主張しているだけで、避難の問題に向き合ってくれる人はごく少数だ……。この、当たり前のようにある、多くの国民の不理解こそが、加害者と被害者のきわめていびつな関係を導いているといえるのかもしれない。

「極論をいえば、山にこもって電気を使ってない人に、俺は原発が嫌なんだと言われれば、ああそうですねと納得できるのかもしれない。原発に関わる生活が嫌だからそういう生活をしているんだと。でもそんな人はまずいないから、国民の誰もが原発の恩恵を享受はしていたんだよ。しかし、事故が起きてからは、みんな原発を享受していなかったと、そういうよね。逆に俺たちだけが余計に享受していたみたいな。たしかに原発が止まっても停電にはなっていない。でも、享受していないということではないはずだよね。享受ということでは、みんなしていたはずだ」。

「プロセスがない」はこうして、原発問題についての国民の認識のあり方にも起因しているのだろう。責任の所在ははっきりしているのだが、その当然に見える責任のありかを、国民自身が十分に理解できていない。そのため、被災者が正当にこの事故の問題を議論できない状態が2年以上も続いているわけだ。

「だからよく言ってるでしょう、国は謝ってないって。みんな言っている話があるでしょう。謝ったのを見たことがないって。それはだって、国民だって責任を感じていないわけだから……」。

それでは当然、そういう表現は出てこないはずだ。

とはいえ、謝るといっても、首相が出てきてぺこっと頭を下げればすむのかといえば、そういう問題でもない。いやそれどころか、と山下はいう。

「それどころか、国は福島復興再生特別措置法をつくり、原子力政策を推進してきたことに伴う国の社会的な責任をふまえて対応する、他にはない、ここだけの特別措置法をやりますよと言っている。謝るどころか、責任をすでに表明しているとさえ言うかもしれない」。

だが、これははたして本当に責任を果たすということなのだろうか。そもそもこれはいったい「償い」なのか。福島復興再生特別措置法を見てみるとこういう感じだ。健康上の不安を解消するために、リスク・コミュニケーションと農林水産物の放射能の測定を行い、不安を解消する。また除染によって、帰れる環境を整え、ただし雇用なしでは帰れないだろうから、産業の復興および再生をする。あるいは、すぐに帰れないところには、仮の町というかたちでの町外コミュニティの整備も行う。さらにはそれだけではなく、特別に新たな産業の創出に寄与する重点的な推進もやる。再生エネルギー源の利用や、医薬品および医療機器に関する研究開発を行う拠点をつくり、国際競争力の強化に寄与する取り組みを行い、その他、先導的な施策を重点的に推進する――たしかにすごいメニューだ。市村はいう。

「だから、そんなの、いくらコンテンツを並べても、それでは償いにはならない。プロセスが見えなければ。「責任をどうするの？　明確にしろ」と。明確にしたら償いなさい。そして償いが終わってから、はじめて許すという話になる。許したならば、「じゃあ、次は何をする？」という話で、そのときにこういうもの（メニュー）が出てくるんであればいいんだよ。でも、国からすれば、今、このメニューを出していることが償いのつもりなんですよ。福島は特別に扱う。償いですよ、福島県の人に対して。でもこれは償いの意思表明をしているだけであって、完了はしていない。このメニューが本当に償いになるかどうかは、俺らがこれを受け入れるかどうか、使うかどうかで決まるわけじゃないですか。でも実際使えないでしょう、今のままでは。それでは俺らのためのものにはならないでしょう」。

だが国はこれから20兆円を使ってこれをやる。すでにもう事業は始まっている。そしてその財源確保を増税等で確保した。

「そんな金をいくら使ったって、そりゃ何兆円使うのも勝手だけれども、それはこちらの気持ちにお構いなしに勝手にやっているだけなんですよ。償いにはなってないんですよ」。

いやそれどころか、国の進め方はもっと奇妙で、償いからはさらに遠く離れてしまっている。というのも、ここに条件を持ち込んでいるからだ——これらのメニューを進めるには、警戒区域を解き、区域再編をしなければならない。そしてさらに除染で出てくるものを収める中間貯蔵施設をつくる場所を決めてくれなければならない。そして年間積算線量20ミリシーベルトは危ないものではなく、それをのんでもらわねばならない。除染もできる限り行うが、徹底してできるものではないから、後は自己管理でやってもらわねばならない。[12] これらがのめないかぎり、復興のお手伝いはできない。

押しつけのメニューで果たす責任？

こうして見ると、「国の責任」という言葉は出ていても（ただし社会的責任だが）、このメニューは、人々への償いということとはどうも違うもののようだ。こうした事業を通じて、何をしようとしているのかといえば、新しく借金をし（それも最後は国民の税金で返す）、新しく事業を興して、仕事をつくる。「今までとは違う福島をつくるための事業をこの地に広く展開することが責任だ」と言っているようだ。だがそこには必ずしも被災者は関わらなくてもよく、それどころか「そこまでやるのに、被災地はなぜ協力しないんだ」という雰囲気にさえなりつつある。

「あなたたちは復興したくないのか」。

「帰らないとはどういうことだ。早く帰してあげようとしているのに」。

結局、誰に向けて責任を果たしているのか、きわめて奇怪な状況になっている――おそらく、被災者にではなく、国民に向けての責任なのだろう。国の税金を使うのだから、国民が納得できるものに使われなければならない。そしてこうしたメニューが結局濫用されて、他の使用目的にもまわってしまったのが、例の復興財源の流用問題だったのだろう（「朝日新聞」2013年6月5日付、社説ほか）。そもそもはじめから、被災者のための償いではなかったのである。人のいない復興。人のためではない復興。この本の最初に出てきたこの問題が、議論の最後になって再び登場してきた。たしかに人のいない復興では、謝罪や償いにはならないだろう。

だが、本当の問題はまださらにその先にありそうだ。第2章で解説したように、この原発事故は、すでに警戒区域の解除と区域再編を経て、新たなステージに入っている。そしてどうもこの新しいステージの先には、「被災者の切り捨て」だけではすまないような事態が引き起こされそうな気配があるからだ。責任はこの国と国民にあり、それは必ずこの国と国民に返ってくる。我々国民がしっかりとこの事故の真実を見つめていかなければ――この事故を通じて我々自身が、この国そのものが――さらに深刻な事態に引きずり込まれる可能性がある。

しかしながら、その責任を曖昧にしたまま、事故を終わったことにし、避難を終わらせようとする作動が働いている。謝罪せず、償わないまま、この事故に幕を引こうとする動きがある。だが、事故はまだ終わっていない。これが我々が認めねばならない最大の真実だ。だからこそ避難している現実があり、事故が続く限り、避難も続かざるを得ない。現実に事故は続いているのに、国はそれをなかったことにしようとしているかのようだ。では、この矛盾した作動は今後さらにどんな現実を引き起こすだろうか。次にそのシミュレーションを行い、そこで生じ得る危険性に注意を喚起しよう。そしてその上で、そのリスクを回避するための、あるべき道を考察していこう。

危険自治体は避けられるか？

負の予測のシミュレーション

第2章で論じたように、2013年3月末までに実施された各自治体の警戒区域解除・避難指示区域の再編を経て、原発避難は新たな段階に入った。今、避難指示区域は三つに再編され、年間積算線量20ミリシーベルトを下回る地域は避難指示解除準備区域として指定されて、ここから順に帰還がうながされることになる。

ここでこの帰還政策を、単純に被災者の切り捨てとして批判することは簡単だ。また帰還政策の意図を、ただ賠償を値切るためだけのものとして批判することも可能である。[13]

だがここで試みたいのは、もっと別のアプローチである。ここで行うのは、帰還政策の暴力性をあばくことではなく、この政策がこれから実施されていったときにいったい何を引き起こすのか。その危険性を明らかにすることで帰還政策が内包する矛盾を示し、政策の転換をうながそうというものだ。

むろん未来の予測はあくまで予測であって、何が起きるのかはそのときになってみなければ分からない。ただ、ここでの未来予測がただ単なる政策の失敗を予言するだけでなく（棄民を導く復興政策）、それどころか我が国に危うい事態を引き起こし得るものであるとしたらどうだろうか。これから行う「負の予測」は、それを示すことでその回避をうながすものだ。実現しないことを願い、実現しないことを目指すために示す、生じてはならない未来の予測である。[14]この未来予測のシミュレーションは、まずは第2章でふれた区域再編問題を改めて吟味することから始めてみたい。[15]

警戒区域設定に伴う自治権限の問題について

2012年初頭から始まった警戒区域解除・避難指示区域再編の動きは、約1年半が経って2013年3月末までにはほぼ、その工程を終えた。メディアではこうした動きについて、「ようやく復興に向けてスタートを切った」ものと前向きに報道することが多かったが、警戒区域解除と避難指示区域再編の進行は、傍目で見るよりも複雑な事情を孕むもののようだ。警戒区域と避難指示区域との違いについてはすでに第2章で述べたが、ここで改めて確認しておこう。山下はいう。

「僕の理解では、災害や事故など、危険が迫った際の避難指示は、国であろうが自治体であろうが行える。ただし指示には強制力はない。これに対し、警戒区域の設定は市町村長にしかできないものとなっている。警戒区域が設定されれば、強制的にその地域から人々の退去が求められる。言い方を変えれば、避難指示は危険を知った者が行う「義務」だが、警戒区域設定に伴う住民の強制立ち退きは、自治体の首長だけがもつ「権限」です」。

今回の避難指示の経過を今一度たどってみよう。2011年3月11日、福島第一原発から半径3キロ圏内への避難指示と10キロ圏内への屋内退避指示が出された。翌3月12日、10キロ圏内は避難指示に切り替わり、避難の範囲はさらに拡大された。3月15日までには20キロ圏に避難指示、20〜30キロ圏に屋内退避指示がなされた。このあたりの事故直後の政府の対応を追ってみると、避難指示はしたものの、避難そのものの実施についてはすべて自治体・住民自身に委ねるしかなく、ともかく指示を出しただけという状況であったようだ。人々を実際に避難させたのは各自治体である。また20〜30キロ圏内の屋内退避指示も、それ以上に避難指示を拡充しても実際の避難は不可能との判断であったとされている。「決してこれで安全」というものではなかったようだ。

いずれにしても、この段階で設定されている避難指示区域には強制力はない。まだ避難せずに残っている人もいるなかで、4月22日に20キロ圏に警戒区域の設定が行われる。計画的避難区域、緊急時避難準備区域も同時に設定された。問題の警戒区域だが、その設定はどうもこういうプロセスであったようだ。原子力災害対策特別措置法（以下、「原災法」という）

によれば、警戒区域の設定は市町村長の権限である。しかし今回は自治体ごと避難しており、また汚染は広域に広がっていて自治体による線引きは事実上不可能だ。そこで国が区域設定の範囲を示し、自治体に了承させるかたちで進めたということのようである。

そもそも警戒区域設定の権限が自治体にあって、国にないのはなぜか。山下はいう。

「警戒区域の設定解除は、自治体の領土（土地）問題に深く関わっているからだと思う。私有されている土地について、その安全・危険を判断する権限は、自治の根幹に防災があり、領土内の安全については自治体が責任を負っていることに由来すると考えられます。僕は１９９１年から数年間行われた、長崎県雲仙普賢岳災害での警戒区域設定の過程を調査したことがあるけれども、[16]そのときも区域設定の権限が問題になった。要するに、緊急時には自分たちの命を守るために、住民が自治体の首長に領土権を一時的に預ける、そんな意味合いらしい。その際、権限があるのは自治体であって、国ではない点が重要です。防災はあくまで自治なのです」。

領土内の住民の安全を守る権利と義務が自治体にはあり、そのために私権を超えて、ある範囲からの住民の強制退去を命令できるということであろう。

今回の原発事故では、この自治の根幹をなす問題に、国が手を突っ込んだことになる。手を突っ込まざるを得ないほど緊迫した事態であったことを、我々は十分に認識する必要がありそうだ。だがむろん、緊急事態だといっても、国が直接そのような越権には出られない。そこで、福島県の意向にも留意しながら、警戒区域設定の必要性を自治体に出向いて説き、事故から1カ月以上が経過してようやく設定がなされたのである。[17] こうして進められた警戒区域の設定は、もはや住民自治を超えて、この国と国民の安全を守るための非常措置であったと理解できる。

警戒区域の解除と避難指示区域の再編が意味するもの——安全よりも復興

ところが問題は、さらにその先に展開していく。国が自治体の権限を侵害するほどまで踏み込んで設定せざるを得なかった警戒区域だが、第2期（2011年12月から）に入って、今度はこれを国が解く方へと動きを転換させたからだ。そして現在、警戒区域は解かれ、避難指示区域として、①避難指示解除準備区域（年間20ミリシーベルト未満で、年間1ミリシーベルトを目指す。順次解除し、早期帰還）、②居住制限区域（年間20～50ミリシーベルトで、20ミリシーベルトを下回るのに数年かかる）、③帰還困難区域（5年経過しても年間20ミリシーベルトにならない）の三つに再編されている。そして①から順に除染とインフラ整備を行い、人々を帰還させていくこととなっている。

もっとも、この区域再編の実施は容易なものではなく、当初の予定から約1年は遅れたものと見られている。この間、何が争点になっていたのかを整理すれば次のようになりそうだ。

2012年秋から2013年2月頃にかけて、各自治体で行っていた区域再編前の住民説明会における国側の説明はこうなっている。警戒区域が設定されている限り、復旧や除染が進まない。早期復興のため、作業を容易に行えるようにするには警戒区域を解除する必要がある。町に権限があり、強制退避を命じる警戒区域を解除することで、区域内の除染・復旧作業を活発化する。その際、避難指示区域を汚染の度合いによって三つに再編し、作業工程を調整するというものだ。[18]

だがここには大きな問題が潜む。たしかに除染や復旧は、自治体にとっても必要である。しかしどうもここでは「安全」がないがしろにされているからだ。2013年2月1日の参議院本会議で、安倍総理でさえ、福島第一原発の現状について「収束していると簡単にはいえない」と発言し、話題になった。[19]だが、その安倍政権でも避難指示解除の路線は踏襲されて進んでおり、「事故収束していないこと」を認めながらも帰還を進めるという矛盾が生じているのである。また繰り返すように、除染をはじめ、今後の帰還の目安となる年間積算線量20ミリシーベルト未満という数値も、国の説明では「ICRP（国際放射線防護委員会）の基準に従っている」というだけであり、決して国自体で安全性を確認したものではない。[20]しかもこうした基準の採用に関わる判断に自治体や住民自身は参加できず、すべて国が決めてしまっているのである。

警戒区域についてはこれまでも研究者や弁護士等の間で、その設定のとき以上に、解除の際に問題があることは指摘されてきた。が、今回はとくにここには深い意味がありそうだ。山下の解説を聞こう。

「この警戒区域の解除は、ある意味で事実上、首長が安全確保をいったん放棄して、復旧・除染の先行を望んだことになる。しかもほとんどの住民たちには、十分な情報は知らされず、国が決めた警戒区域を国がまた解除しようとしている、というくらいにしか認識されていない。ところが、この警戒区域解除に伴う避難区域の再編が、実は密接に帰還の時期や賠償額にも絡んでいるために、この再編は実は、避難者の今後の運命に大きな影響を与える決定にもなっているわけです」。

例えば帰還困難区域は、避難指示解除準備区域や居住制限区域より高額の賠償が出る。[21]また警戒区域設定が続く限り、当地が「危険である」ことが証明されて避難は続くが、避難指示解除準備区域で解除が実際に行われれば、そこで制度的には「避難」は終わったことになる。しかしながら避難指示解除の基準は年間20ミリシーベルト未満[22]となっており、これは国内の他の場所での放射線管理区域の基準[23]を大きく上回るもので、被災地とそれ以外の間で異なる基準が設けられることになるわけだ。異なるのは当然で、ＩＣＲＰの基準は「緊急事態」や「長期期間の復旧作業／雇用」を想定したものであり、いうなれば、非常時の状態のところに住民は帰ることになるのである。

つまり区域再編は、現在続いている避難生活のあり方にも直接関係するものであり、それは、そもそもどの程度の汚染を受忍限度とし、被害と認めるのかの基準に関わるものとなっている。そしていったん受忍が認められれば、当該の土地は安全となり、それ以上の被害が認められなくなり、帰還する／帰還しないにかかわらず、賠償や補償が終了する可能性がある。

こうしてみれば、警戒区域解除と避難指示区域の再編は、国と自治体をめぐる領土の「安全」認定に関わる問題を孕んでおり、またそれはこの事故の被害の認定にも直結するものでありそうだ。佐藤はいう。

「うがった見方をすれば、国が警戒区域解除と避難指示区域の再編にこだわり、これを急がせようとする背景には、この事故の損害を小さく見積もろうという意図が働いているのではないだろうか」。

だが問題はそれだけで終わるものではないと、山下は論を進める。

「この事態がこのまま進むと何が起きるのか、そろそろ避難自治体と住民が真剣に考えなければならない時期が迫りつつある」。

それは次の問題が浮上してくるからだ。その土地が安全かどうかを国が決め、自治体自身で決められない事態が生じている、これが区域再編によってもたらされた重要な転換点だ。それゆえ、もはや安全を決めるプロセスに住民が入れない可能性があるが[24]、では住民は土地の「安全性」について決められないかというと必ずしもそうではない。住民は最終的には決められる。危険だと思えばそこには戻らず、他の安全なところへ去ればよいのである。帰還は決して強要ではない。住民には選択肢は残されている。だが、このことで、さらに考えたくもない事態が起きるかもしれない――と山下は考える。

帰らざるを得ない人、帰りたくても帰れない人

地方自治法の住民の定義は、「市町村の区域内に住所を有する者」である。生活がその自

治体の領域のなかにある限り、その人は自動的にその自治体の住民になる。自治体は住民を決められない。その境界内にある土地に住んでいる人々が住民である。土地に強く規定されているのが日本の自治体だ。[25]

「国民とは何か」という問題を脇におけば、我が国では国民である限り、それがどんな者であれ、そこに住み着けばその自治体の住民になる。住民になれば納税などの責任が生じるが、選挙権と住民サービスを受ける権利が与えられる。

しかし昨今の自治体をめぐっては、戦後の大規模な人口移動の結果、人口構成のアンバランスが大きくなり、また、しばしば居住地と就業地も大きくずれてしまったので、自治体の基礎となる住民をこのように居住の事実のみで規定することには問題も大きい。

そして今回の事故でも、住民がこのように規定されている限り、住民と自治体の関係に大きな矛盾が生じてくる可能性がある。この事故では、「原発避難者特例法」（２０１１年８月制定）によって、避難元から住民票を移さなくても、避難先の自治体で必要な行政サービスが受けられるようになっている。しかし今後、「ここは安全です。さあ帰りなさい」と言われた場合、避難者のほうで「危険だ」という判断をすれば、帰還をあきらめて避難元の自治体を去り、別の自治体へと移住することが考えられる。むろん、自治体やその土地に対する愛着は強いことが多いから、しばしばこれは苦渋の決断になる。このことは逆に「帰りたくはないが、帰らざるを得ない」層を生むということにもなり、選択できるかどうかはその人の置かれた条件による。

数年後、早ければ1～2年のうちに、再編された区域の避難指示解除がなされるならば、論理的には次の6つのパターンの住民が出てくることになろう。

まず、避難指示解除がなされる区域においては、4つの層が現れる。すなわち、①「帰りたいし、帰れる人」、②「帰りたくはないが、帰らざるを得ない人」、③「帰りたいが、(何らかの理由で)帰れない人」、④「帰りたくはなく、帰らない人」。

さらに帰還困難区域には、⑤「帰りたいが、帰れない人」と⑥「帰りたくないし、帰らなくてよい人」が出てくることになる。

住民はこれらの6つのうちのどこかに入ることになるが、このうち、帰還を決めた自治体と最後まで同行するのは①と②のみである。これ以外の③から⑥は行き先を失うことになり、とくに③と④は帰還しないと決めたとたんに表向きは避難者ではなくなって、支援も補償も失い、被害者でもなくなるわけだ。各自治体で実施しているアンケート調査の結果では、「戻りたい」住民は事故直後から大きく減少しており、例えば2012年末に行われた富岡町のアンケートでは、「現時点で戻りたいと考えている」は15・6%という数値だった(ちなみに「現時点でまだ判断がつかない」が43・3%、「現時点で戻らないと決めている」が40・0%)[26]。

佐藤はいう。

「私も東京で行われた区域再編に関わる富岡町の住民説明会には出させてもらいました。そこである人がこんなことを言っていたんです」。

その高齢女性は、自分はアンケートで「戻りたい」と答えた15・6%の一人だという。

「でも、こう言うんです。「(故郷に)帰りたくない町民なんていないですよ。でも、私は帰りません。子どもや孫が帰れないのにどうして帰れますか。戻ると回答したけれど、帰れません」と。こういう人はきっとたくさんいるんですよね」。

帰れない理由はごく簡単だ。放射線リスクは年齢によって感受性が違うから、おのずと親、子、祖父母の各世代で決定は変わってくる。歳をとったじいちゃんばあちゃんは帰ることはできるのかもしれない。でも子どもたちは帰せない。とすればその親も戻ることはできないだろう。そして子や孫が帰還できないなら、じいちゃんばあちゃんだって帰ることはできなくなる。帰るとすれば、そこには分断が生じているわけだ。[27]

だがこうした人さえも除いて、それでもなお帰る人とはいったいどういう層なのだろうか。山下は「それはもう二つの層しかない」という。

まずは、帰らざるを得なくて帰る人。[28]他に行くあてもなく、身よりもなく、あったとしても元いた家以外の場所では精神的に暮らすのが耐えられない人——この場合、多くは高齢者であろうが、所得の低い層や、家族のいない層も含まれよう。要するに、原地以外での生活を続けることができなかったり、あるいはそれを選択する意味の薄い人々だ。

そしてもう一つに、積極的に帰ることを決める人々も少なからずありそうだ。だが、そうした人々も、必ずしも「ポジティブに希望をもって帰還を決める」人ばかりではなさそうだ。市村はいう。

「周りには、自分を犠牲にするということではないかもしれないけど、俺が帰ることで富岡を守る、ふるさとを守るという、そういう人もいる。第一原発の現場作業員なんかもこういった人たちだよ。俺たちが守らなくて誰が守るって。それこそ特攻隊かもしれない、ふるさとを守るための。年寄りなんかだって、「戻りたい」と言うけど、「何のために」と言ったら、こういう。「俺ら年寄りが戻らなかったら、富岡がなくなってしまう」と。そういう人は役場の職員にだって見られる。「若い奴らにやらせるわけにはいかない」とね。「帰る」と言うときには、どこかに守るとか、引き継ぐという思いがあるんじゃないのかな」。

とはいえ、「ふるさと」を守るためであっても、やはり家族がいれば、富岡に住むのではなく、いわき市や郡山市など、もう少し線量の低いところに住むことを選択する人が多いだろう。実際、第一原発から20キロ圏内に戻れるのはどう短く見積もっても2017年より先だろうから（富岡町の場合）、残ると決めた人もすでに順にいわき周辺に拠点を構え始めているようだ。要するに、富岡を守るために残るといっても、必ずしも富岡に住むのではなく、別のところから富岡に通うケースが多いだろうということだ。

だとすればやはり、「帰らざるを得ないから帰る」人が、実際の帰還者の多くを占めることになるだろう。そしてここには高齢者が多く含まれることになるから、このままいけば強制的にいわゆる限界集落・限界自治体になってしまう。限界集落・自治体とは、1990年代に大野晃氏が提起した概念で、人口の半数以上を65歳以上の高齢者が占める集落・自治体を指す[29]。避難と帰還を通じて、原地はこの限界集落や限界自治体に強制的に変形させられることになる。しかし、もしそうなってしまえば、自治体存続は着実に危うくなるだろう。

こうした危機を回避するために、福島大学の今井照(あきら)氏などは早くから二重住民票の検討の必要を訴えてきた。[30] だが、二重住民登録は、こうした文脈からだとただ自治体を存続するために必要なものとして誤解されてしまいそうだ。だとすると、またここでも不理解が始まっていくことになる。というのもおそらく、こう考える人は少なくないはずだからだ。「自治体なんて別にこだわらなくても、人は生きていけるんじゃないんですか」。さらにはここで人口減少が生じ、合併が問題となったとしても、「町村合併は元々の既定路線だから、事故が起きようが起きまいが合併していたはずだ」などという話も始まりそうだ。次に、この行政自治体をめぐる問題を順に整理してみよう。

住民が選択できること、自治体が選択できること

二重住民票の検討は、今のところ総務省では行われていないという。だがその理由は至ってシンプルだ。第一には、すでにある原発避難者特例法で十分に対応できるということ。そしてもう一つに、[31] 肝心の避難自治体から要望というかたちでその必要性が上がってこないからだ、とされている。

しかし、なぜ避難自治体から、県外に出てしまった住民を住民のままにしておこうという発想が出にくいのか。このことを考えるのには、やはり社会心理学的な分析が必要だ。山下はこう解読する。

「県外に出てしまった人に対し、役場の職員を含め、福島県内にとどまった人には、「福島

県を捨てたのだからもはや町民ではない」などという感情が働く。自分たちは町を守るために身を犠牲にして働いている。にもかかわらず、「逃げた奴らのことなんて……」と、そういう気持ちの回路ができるのは当然かもしれない。まじめな人ほどそう考えるんじゃないだろうか」。

だが住民の二重登録制こそが、町を長いスパンで守るための必須条件になるはずだ。ある意味ではそうしたごく単純なことに、多くの人々がまだ気づけずにいる。それはまた、今は原発避難者特例法によって実質的に二重住民登録ができているからであり、政府が行った、ある意味でアクロバットなこの特例法が守ってくれているからこそ、現実が見えなくなっているともいえそうだ。

原発避難者特例法は、避難者を受け入れた自治体が、避難者に避難先の住民と同じサービスを提供するとともに、かかった費用が国から補塡される、事故後の広域避難のなかで整えられた緊急的な制度だ。だが、この特例法では短期的には対応できても、長期的には無理が出てくる可能性がある。[32] 佐藤はいう。

「タウンミーティングでも、住民票の問題をめぐっていろんな話が出てましたね。とくに、避難先で仕事を探す際に苦労した、という話は多かったです。「事業ローンが組めない」とか、「仕事に必要な資格が避難先では使えない。だから、避難先の管轄自治体で同じ資格を再取得しなければいけない」とか。皆さん、被災者でい続けたくはないのだけれど、かといって、そう簡単に住民票を移すこともできない。それから、特例法の適用があるはずなのに、実際には、例外も結構あったようです。子どもの入学や転校、保育所の入園……。こうした手続きをするために住民票を移すように言われた、という話は結構聞きましたね。住民票を移動することによって、支援や補償が切れることへの不安もさることながら、町民でなくなること、町とのつながりが絶たれることに対して踏ん切りをつけられない人が多いようだった。富岡町民であることというか、あそこで暮らしてきた証しのようなものかな、そうしたことを皆さん、断ち切れないというか……」。

また次のような話もあったという。

「特例法の範疇でできることなんですけど、避難先での学校のことです。学校給食費の支払いとか、その他にも授業関係費の免除とかあるじゃないですか。でも親としてみれば、自分の子どもが周りから「福島の子だ」とか「給食費を払ってない」とか思われるのが嫌で、わざわざ払っているという話もある。サービスって、自尊心や権利とも関係するから、今の特例法で続けるのはやはり無理があるのかもしれない」。

だが、これはもしかすると、住民票そのものの問題というよりも、制度に対する国民の理解、避難者の理解に関わる問題なのかもしれない。「軒屋(のきや)を借りる」際には必ず、相手に対する卑屈さや遠慮が伴うものだ。「住民であること」を、一人ひとりの権利や義務、管理や統制ということから考えるのか、あるいはそれを人間の集団帰属の観点から考えるのか[33]。二重住民票問題は、単なる被災者対応や支援のあり方を超えた、重要な論点を提起していると考えるべきである。

いずれにしても、特例法はやはり緊急時のものだから、どこかで必ず解除される。そしてそれはやはり、避難指示区域が解除されたときに連動するのだろう。だとすれば、住民はそのときこそ居場所を確定しなければならなくなる。そしてその際、おそらく本当に居場所が問題になるのは、実は福島県外にいる避難者よりも、県内にいる避難者たちなのである。先述のように、例えば富岡町であれば、今後とも町を支える中心になるのは次の人々であるはずだ。富岡に近いいわき市、役場機能がある郡山市、これらの周辺に拠点を構えた／構える富岡町住民である。家族がいて、仕事を原地に求めるとすればそうならざるを得ない。だがこのとき、彼らがいわき市や郡山市に生活しながら、なおもそのまま富岡町民であり続ける選択をするとしたら、それは、今の制度や住民感情のなかで可能だろうか。逆にこのとき、中核を担うはずのこうした富岡町民が、もしそのままいわき市民や郡山市民に転換してしまったら、富岡町にはいったい何が起きるだろうか。[34]

もう一つの住民の可能性

もし、避難指示が完全に解除されても住民が帰還せず、多くの人が住民票を抜き始めれば、そのとき当の自治体はおそらく、自己の存続のために何としてでも人口を維持しようと躍起になるだろう。そうせざるを得なくなるはずだ。それはしかし、どのような結果を生むだろうか。山下はいう。

「避難指示を解いて元の町に「帰らざるを得ない人」だけが帰り、「帰りたいが帰ることの住民層が現れたとき、きわめてやっかいな状況が生じる」。そしてこのはこれまで登場していない、もう一つ別の住民層が現れることになるはずです。そこにを維持しようとやっきになるでしょう。そこにもし、外から住民を入れるとすれば、そこにできない人」が避難先にとどまった場合、町は大幅な人口減を迎えることになる。町は人口

佐藤はそれをすぐに察知し、次のようにいう。

「実はもうすでに、先行して人が帰りつつある川内村や飯舘村なんかでは、そのやっかいな状況を予感させるようなことが起こっている。前にも言いましたけど、両村で展開されている政策の背景には、公共事業を大量に導入して雇用をつくり、人口を維持しようとする考えがあります。もちろん生業の多くが失われたわけだから、そうした取り組みを否定することはできないけれども、でも「元々いた人は帰らなくても、こうした事業で雇用が生まれれば人口は回復するはずだ」という話も一部には出てきてしまっている。もちろん表向きはそうではないですよ。「出ていった人も同じ住民だ」という話にはなっている。でも、その背後には、「もし元の住民が帰ってこなくても、事業を興し産業を興せば、新しい人が入ってくる」という思惑や期待があるようです」。

だが、と佐藤はいう。

「そうして新しく入ってくる労働者って、いったいどういう人たちなんだろうか」。

そもそも、そこに暮らしていた人でさえ、政府のいう基準や事故収束が信じられず、自分たちが暮らしていた大切な場所を離れてしまったのだ。そうした人たちに替わって、そこに

住む人。それはいったいどういう人たちだろうか。山下はいう。

「僕はそういう人々に非常に強い不安を覚えます。不安というよりも怖れかな。危険だとされる場所に、それでもよいから住もうと思う人は、そこに何らかの見返りを求める人です。とくに外から新しく入ってくる場合には」。

　それでも川内村の場合、まだ線量が低いので、もしかすると、元々から関係の深かった富岡町や大熊町の人々が、いわき市と同じような感覚で、近くに家をと望んで住むのかもしれない。それならばそう心配することはないだろう。しかしそれよりも線量が高く、第一原発からもすぐ近くに自ら望んで住む人は、それこそリスクを冒してでも何らかの利益を得ようとする人にほかならない。

　今後、もし旧警戒区域内で帰還が始まった場合に、人口誘致策として、例えば税の優遇や危険手当の支払いなどが選択されたとしよう。あるいは現場の復旧や除染、廃炉といった作業が本格化し、高収入の仕事が大量に発生したとする。そのときに、「リスクがあっても収入がよければ自分は構わない、むしろカネになるのなら」といった人が外から大勢入り込んできたらどうなるのか。だが外から入る人のみならず、やむにやまれず帰る人だってそういう志向性をもち得る、と佐藤は考える。

「実際、農業もできなくなった。新しく仕事を探すにも歳をとっていて無理。兼業先もない。そういう人が、「もう補償はできない、被災地に帰還しなさい」と言われ帰されたら、そういう人たちのなかにこそ、こうした考えに転換せざるを得ない状況が生じてくるかもしれない。すでに除染の現場なんかでは、一部にはそういう傾向が見られ始めている」。

安全と復興。これを天秤にかけて、安全を犠牲にして復興を優先したとき、それは被災地を復興の場ではなく、単なる、カネを落とすための公共事業の引き受け場所に転換していく可能性がある。そこは、「危険でも仕事があればよい、カネがもらえればよい」という層が大勢集まってくるところになりそうだ。そしてもし、こうした人々だけが原地に入り、「犠牲になってでも町を存続させたい」あるいは「遠くからでも町を見守り、いつかは帰りたい」と願う層を排除して自治体を乗っ取ってしまったら。

「危険自治体の形成だ」と佐藤はつぶやく。

これまでも公共事業はある意味で、日本の町や村の一部に、カネさえもらえればよいという、そういう回路をつくってきた。それが原発事故で増幅し、それしかなくなったとき、地域社会はどうなるのか。

今はまだ、「ふるさとを残したい」「町を維持したい」「住民たちを守りたい」、こうしたまっとうな意識で避難自治体は成り立っている。だが、これがもし、「カネさえもらえればよい」「町はどんなふうになっても構わない」に切り替わったらどうなるのか。山下はいう。

「こうした危険な場所で、危険な人たちがつくる中間貯蔵施設や、そうした人たちが行う除染や廃炉の作業なんて、おそらくまともなものではないよ」。

事故を起こした福島第一原発。せっかく多くの人が、この巨大精密機械を一生懸命管理し維持・運営してきたのに、安全をいわばコストや経済性で軽視する判断を経営陣が行ったために、東日本大震災による大津波であっけなく電源喪失し、取り返しのつかない事故を引き起こしてしまった。これはいうなれば、原発に協力してきた立地地域や、毎日あくせく働いてきた現場職員たちへの裏切りだともいえる。

「でも事故によって、さらに「安全なんてどうでもいい、経済性だけあればよい」ということになってしまったら。つまりは、いわゆる資本の論理に、住民や労働者まですべてが転換してしまったら。もしそんな地域社会に変貌したら、これから犠牲精神で帰ろうとしている人たちだって帰るに帰れないですよ。それどころか、放射能だだ漏れの事故原発に、ただ漏れの廃棄物の貯蔵施設、そしてそこに残った原発の再稼働となれば、あまりに危険で、ふつうの人は本当に近づけない場所になってしまうのではないだろうか」。

中間貯蔵施設と最終処分場の行方

原地の復興のために各自治体が国から要請されていた事柄には、次の二つがあることはすでに示した。

一つは警戒区域の解除と避難区域の再編であり、すでにその作業は終わっている。

そしてもう一つの条件が、除染で出た放射性廃棄物を収める中間貯蔵施設の建設だ。これについてもすでに各地で、その建設が具体的に検討され始めているようだ。

しかしながら、この中間貯蔵施設には多くの問題が隠されている。

第一に、中間貯蔵となっているが、中間貯蔵といっても長期にわたるから、事実上の最終処分場になる可能性が高いわけだ。実際に、そのような可能性に備え、しっかりと安全対策を施した施設を求めていくしか自治体としては手はないわけだが、場合によっては中間貯蔵レベルの施設しか認められない可能性もある。そうなれば、例えば数十年後[35]にさらなる貯蔵先を探すということになるが、そこで貯蔵したものの引き取り手があるのかといえば、その担保は現在のところ何もない。

第二にすでに見たように、このままでは復興事業を優先し、安全を犠牲にしてつくられる施設になるということが非常に問題だ。こうした思考法でつくられる施設は、安全はもはや二の次なのだから、山下がいうように「放射能だだ漏れ」のものになり得るだろう。すでに除染の作業にそうした傾向が見られている[36]。それでも今は現場作業員の士気で無秩序といった状態にはなっていない。しかし今後、現場作業員も入れ替わり、士気も衰えたとしたらどうなるのか。現場の安全を人々の健全な精神で支えられるような仕組みづくりが急務だ。

そして第三に、この事故に伴う放射性廃棄物のみならず、全国の放射性廃棄物の行き場所が決まっていない。この事故に伴う放射性廃棄物については最終的には福島県外に置くことが決まっているが、誰も好きこのんでこんな放射性廃棄物を引き受けるところはないだろうから、すでに「現時点でその最終処分は福島で行うしかなくなっている」といえるかもしれない。他方で、もしそれを自ら望むところがあるとすれば、それは「人口が減少し、多少危険でも収入が入ればよい」と考える地域にほかならない。だがこれこそ、この数年のうちにこの事故現場に現れる自治体ではないか。帰還政策が導くそうした自治体こそ、この国の放射性廃棄物のみならず、あらゆる迷惑施設を引き受ける自治体へと変貌し得るものだ。こうして、県外での汚染物質の最終処分を今望んでいるまさにこの事故現場こそが、この先、存続の危機に陥ることによって、自分たちの判断で自らの地域の最終処分場化を望む可能性がある。

むろん今は福島県も、被災自治体も、事故に伴う放射性廃棄物を福島県で最終処分することには頑強に反対し、第一・第二原発の双方についても廃炉を求めている。しかしそれも、自治体が今後とも長期に安定的に持続することが保障されている場合であって、追い詰められれば豹変する可能性はある。事実、全国の過疎自治体のなかには、こうした迷惑施設の積極的誘致を検討しようとする話がちらほらと現れ始めてもいるのである。

そして――もしかすると、帰還困難区域という場所は、そうしたものを置く用地として狙われている場所なのではなかろうか。実際にすでに、海外からの資本が福島の土地を物色しているという噂もある。危険だがカネになる場所に入り込んでくるのは人だけではない。資本を含め、様々な勢力が入り込み得る。しかも今やそれは国内だけではなく、海外からも入り得る。政策を見直さなければ、この場所を基点に、日本の国の主催さえ奪われかねないのかもしれない。

こうした危険の回避をはかるために、自治体合併を進めてもおそらく無駄だ。もし合併で切り抜けられるとすれば、それはいわき市が被災地の南側を、そして相馬市や南相馬市が被災地の北側を広域合併したときだけだろう。このときにはまた、住民票問題の多くも解決されるだろう。だが、そうなったときにさらに次に何が起きるのか。山下は吐露する。

「そこまでは僕にも想像がつかない。でも、これまでの市町村合併の結果や、東日本大震災での津波被災地のなかで合併自治体が置かれた非常に厳しい現実を考えても、さらなる広域合併はますます人間の手でコントロールできない事態をつくり出すのは間違いないだろう。絶対にいわき市や相馬市・南相馬市にもその怖さがあるから、合併はきっと嫌がるはずだ。絶対にしてはいけない選択肢だということは、確信をもって言える。でもこれだって国民世論がどう出てしまうのかが僕は不安だ。つい十年前の平成合併こそが、不理解の産物だったのだから」。

安全の自治をないがしろにした結果としての原発事故

第3章で検討したように、福島第一原発事故は、その安全性の確認にそこに住む人や自治体を参加させず、原発を動かす側の論理だけですべてを判断してきた結果生じたものだ。安全管理がきちんとできていたのなら、何も問題はなかったのだ。だが、それはお粗末なものであり、予言されていた地震と大津波によって原発事故は引き起こされた。結果として、一企業の経営という枠のなかで地域社会の存亡が賭けられていたことになり、しかもその賭けに失敗し、地域社会は見事に崩壊した。さらにそれは、場合によっては国の存亡にまでつながりかねないものでもあったわけだ。だが今、その事後処理にも失敗しつつ、その結果何が起きるかといえば、壊れた地域社会の暴走であり、ここからもしかすると国家主権の浸食が始まり、国家の危機につながるかもしれないのである。

本来はもっと謙虚に原子力という悪魔とは向き合い、徹底的にコストをかけ、多くの人々の意見を取り入れて、100％を超える安全を確保して、そうしてはじめて運営する必要があった。それが原子力というもののあるべき姿だったのだ。そしてその際、安全を確立するのに最も大切だったのは、そこに暮らす人々の思いであったはずなのだ。自分の暮らしの安全を願わない住民はいない。子どもや孫たちに継承する地域の安泰を思わない住民もいない。そうした人々の思いが入ってはじめて、原子力の安全はたもたれる。だがこの事故はそうした当たり前の住民＝自治体を壊してしまった。そしてかわりに、「安全よりも仕事さえあればよい」「カネさえもらえればよい」「事業さえもらえればそれでよい」というかたちに、この地域が切り替わるとすれば……。

原子力発電所事故はこうして、思いもしなかった事態へと展開する可能性がある。少なくとも今の帰還政策は、この国をさらなる危険に導くものだ。まだこの事故は終わってはいない。ただ廃炉に何十年もかかるというだけではない。またこの先避難がずっと続くということだけでもない。原発事故で生じたこの国の危機はまだ収束していないのだ。

「だからこれは、帰還政策では避難者たちは戻れない、かわいそうだから何とかしてあげようといった程度で終わるものでは到底ないです。津波災害との違いはやはりそこにある。原発は国家そのものと関わっている。それも、賠償で国が面倒を見てくれるとか、あるいは逆に国は事故の責任を感じてないとか、そんなレベルの話でもない。対応を間違えると、我が国の行く末にも大きく関わる事態が生じ得ることに、想像力を働かせることが肝要だ」。

福島第一原発事故で、ようやく原子力政策念願の最終処分場ができあがる可能性がある。[37]加えて近年の環境意識の高まりのなかで、今後の原発立地は無理だとされてきたのが、この場所では今後いくらでもつくることが可能になるかもしれない。そもそもここには千年に一度の災害を乗り切った第二原発と、第一原発の5・6号機が存在する。危機管理の成功事例も併存しているのだ。事故を起こしたことによって、原発政策はもしかするといよいよ完成するのかもしれない。「原発政策の失敗が、その完成を導く」といういきわめて皮肉な構造がここにはある。これまで原発を推進してきた勢力からすれば、実際、この事故は千載一遇のチャンスと映っているのだろう。

「災い転じて福となす」。非常に奇妙なことだが、この福島第一原発事故は、原子力立国への再スタートを切る大きなきっかけを与え得るものだ。しかもそこで生じる新しい自治体は、今まで以上に、原子力事業体のいいなりになる自治体かもしれない。

排除が導く追い込み——民主主義こそが危険なものを生み出す?

政府がそれを狙っているのか、あるいは世論がそうさせているのか。山下はいう。

「おそらく前者の可能性はない。ただ規定のルールに従って、政府は動いているだけだ。逆に、後者の可能性はあり得るだろう。誰も核廃棄物を自分のところに持ってきてほしいと思う人はいないから」。

そして今後、この排除の論理が、めぐりめぐって被災地にすべての「負」を追い込むように現実に作動していけば、この排除の論理こそが、最も危険なものを生み出す根本原因になり得るわけだ。

市村はいう。

「福島県内のがれきじゃなくて、岩手や宮城の震災がれきを受け入れないでしょう。あれは象徴じゃないのかなという気がするんだよね。別に放射性物質が含まれているのでもないのにそういうことになっている。だから福島なんかでは、なおさらのこと、「中間貯蔵施設を自分でつくらない限り除染は進まないぞ」みたいな言い方をされるわけだよね。結局、どこかがそれを引き受けなければならないわけだけど、それですら「協力しましょう」という声は出ない。そういうものですよね、この放射性物質というものは。要は、この事故って結局は誰にも受け入れられずに、自分のテリトリーから排除すれば終わりなんですね、たぶん。拒否で終わっちゃうんです。我々は困ってる。でも拒否されました。そこで終了と」。

結局、どこの地域でも、自分たちのところに嫌なものが来るのは見たくないということだろう。あの日の事故で、実は日本そのものが危なかったとか、あのときに現実に存在していた危険のことはもはやすっかり飛んでしまっている。今や単純に、他のところはともかくとして、「自分のところだけは放射性物質は排除したい」という、そうしたことだけで動いているようだ。[38]

「でも、それこそが民主主義なんですよ」と山下はいう。

「民主主義って何かといえば、みんなが嫌だといったら嫌だ。そういうことです。我々の民主主義は多数決でしかないから。だからがれきの受け入れを民主主義で嫌だと決められたら、「それはあなたたち被災地でやってね」という押しつけにもなる。そして逆も同じ。「みんなが嫌がるものでもうちは引き受けますよ、カネさえもらえれば」と、これも民主主義で形成可能なんです。こうして見ると、結局、実はこの民主主義が、事態を難しくしている根源にあるもののような気がする」。

我々は民主主義こそが、この国にとって最も大切なものだと教わってきた。だが、こうして目の前に現れる民主主義は、それぞれのエゴを表現する手段でしかないかのようだ。そもそもこの民主主義が原発立地を生み、この事故の遠因になった。そしてこの事故が起きた後では、放射性物質の扱いをめぐって民主主義が排除を生み、その排除がさらにこの地にすべて汚いものを押しつけ、その将来を危険なものに変えていく最大の圧力になりそうだ。しかしこれではこの国を理性的に動かしていくことは到底できない。目の前に現に迫っている危険すら、回避することはできないのではないか。市村はいう。

「そうすると、それこそ民主主義のなかで結局、俺たち被災者も、排除されるべき存在になってしまう怖れがあるんですよ、たぶん」。

「排除されるべき存在？」

「だって排除でしょう。それはなぜかといったら――よく言われたんだけれども、「放射能がうつる」だの、何だかんだと――いわれなき差別。要はいじめの構造に近いものがすでに発生している」。

排除は、放射性物質だけでなく、その影響を受けた人間にまで広がり得る。広がり得るというよりも、現実にそうならざるを得ない実情があり、おそらくこのことこそが、今後とも原発避難者たちの避難が続く根源的な要因になっていくのではないだろうか。

「排除ですよ。現実に排除はどこだって起きています。大人社会で起きているんだもん、子どもで起きるのは当然だよね。もっといえば、自治体レベルでだって起きている。でしょう？　国なんて、なおさらだと思う。国の責任だなんて言ったって、結局は排除して終わり。力の弱い一個人、一家庭の被災者が、そんなものとどうやって闘えばいいんですかって。でも、こういう立場に置かれる可能性というのはたぶん、この国に暮らす限り、みんなもってるんですよ」。

切り札としての二重住民票とバーチャル自治体

まとめよう。

この原発事故が引き起こした事実。それは、「かわいそうな被災者」を大量に生み出したということにとどまらない。重大事故を引き起こし、この国の主権を揺るがしたとともに、この国に放射性物質という汚いもの、ふれたくないものを大量にばらまいたことにある。

その汚染物質は福島第一原発の事故現場を中心に広がったが、今生じていることは、原子力発電というものがこの国のすべてに関わっていたのに対して、その原発事故の責任が、民主主義という回路を通じて、一定の地域に押し込められつつあるということだ。そして、その押し込みによって、この地の意味が転換し得る。

ここには汚いものが集中する。そして汚いものが集中することによって、この場所にはどこからともなく汚い勢力が群がり入り込む危険性が高まっていく。その勢力はおそらく、安全と経済を天秤にかけて、経済をとる人々だ。そしてこの人々は決して、「この地をよくしたい」とか、「子孫のために残したい」という人ではない。経済的成功さえ収めれば、カネをもってこの地を去るのだろうし、あるいは現実には現地に近づきもせず、安全なところから利ざやだけ取ろうとするのかもしれない。

そしてもし、こうした新しい住民層が、旧住民層に対してさらに次のような主張を始めたとしたら——もはやここに住んでいない人間は、ルール上住民であるべきではない。ここに住んでいない人が、現実にこの地に住んで貢献している自分たちと同等の利権を有していいはずがない。ここに集まる利権はここに住む人間だけで享受すべきものである。

もしこうした主張が始まれば、避難者のなかで避難先にとどまりながらも住民票を残し、いつまでもふるさと（避難元）と関わりたいと思っていた人々が、避難元自身から排除される事態だってあり得るわけだ。山下はいう。

「社会学の立場から言わせてもらえば、人間行動やその集団の力学は、コントロールしたくてもできるものではない。統治なんてものも、計算通りにできるものではない。歴史を通じて多くの人々が努力をし、積み重ねてきたことで秩序は成り立っているんです。こんな事故を起こして、その後始末をずさんにやったとき、そこに強力な権力体や利権集団が巣くってしまえば、こうしたものはいったん形成されれば止められないよ。東電だってある意味そうだった。政府以上の存在だったということが今回分かったわけじゃない。そんな権力体が、我々の日常生活にすでに食い込んでしまっている。このことの不気味さ、異様さに今度こそ気づく必要がある」。

そしてこうした原子力権力体が、この事故をきっかけにさらに巨大なものになってしまえば、もはや今回のように政府官邸が企業（東電）に乗り込んで指揮をするなどということさえ不可能になり、国家を超えたわがままな暴走体ができあがるのを許すことになるのだろう。そしてすでに我々は、グローバル社会に足を突っ込んでいるので、ここには国内のみならず、国外からも侵入が可能となっていることにも注意が必要だ。「日本社会のなかなら大丈夫、そんなにひどいことにはならない」と思っていたら、あるとき気がつけば足をすくわれているということにもなりかねない。そしてもし、こうしたかたちでこの地に本当に何ものかの侵入が行われてしまえば、もしかすると、国の主権さえ奪われかねない事態さえあり得るかもしれない。

「原子力は、軍事から発し、今はその平和利用をうたっているけど、つねにそこには国家の主権が関わってきた。原子力大国であるフランスでは、原子力を「主権技術」とさえいうらしいよ。[39]だがそれはまた危ない橋をわたっているのでもあって、原子力技術の利用の失敗は、当然ながら主権の逸失にもつながりかねないことを意味するはずだ。だがそこまでの覚悟があって我々はこの原子力というものを使ってきたんだろうか」。

最初はそうだったのかもしれない。だが今や便利で安価な燃料装置ぐらいにしか認識していないのではないか。そしてたとえ事故が起きても、その結果は「誰かに押しつければそれですむ」くらいの安易な発想で、今もこの現実を見てはいないだろうか。だがそうした気楽な目線で見ている水面下で、我々は国家というかけがえのないものを、別の何かに盗み取られる危険を冒しているのかもしれない。

先にふれた二重住民票とは、実は事故現場がこうした危険なものへと変貌するリスクを回避し、安全を私たちの手元に確保しておくためにこそ必要なものだ。この二重の住民票を使ってつくる「バーチャル自治体」[40]（今井照氏）こそが、おそらくこの問題を解決する切り札になる。山下はいう。

「あの日あの場所で避難を経験した人たちこそ、原発事故の本当の怖さを知っている。そしてみな被曝をしており、人々は、ある意味では運命共同体として今後何十年も一体である必要がある。何かが起きたとき、助け合えるのはそのとき同じ場所にいた人たちでしかないからです。むろん今はまだその自覚はないかもしれない。でも、今後ともそうした人々の集団の関係性をいかに持続させ、この事故の意味を風化させずに、本当の事故収束まで持っていけるのか。このことにこそ、この国が果たすべき原発避難者に対する大きな責任があるのだと思う」。

市村はいう。

「住民票はたしかにみんな残したままだ。だが、その意味を分かっている人はほとんどいない。賠償がもらえなくなる、支援が得にくくなるくらいの理解でしかない。だから財物賠償なんかが進むと、この状況を断ち切ろうと住民票を移し始める人も出てくるんじゃないか。でもまたそのなかで、いまだに多くの人が住民票を手放していないことには、やっぱりふるさとというか、ふるさとになってしまった富岡を「放ってはおけない」という意識が強く働いているんじゃないかとも感じる」。

国民や政府のみならず、避難者自身、福島県民自身にもこの事態に対する様々な不理解がある。この不理解を解いて、現行の制度に替わる、この事態に即した制度や仕組みを新しく整えていくことが早急に必要だ。では、そうした深い議論を行い、制度を整えていくために、いったい何が必要だろうか。市村は続ける。

「問題の構造は分かる。論理も分かる。でも結局「じゃあどうすればいいの?」二重住民票、バーチャル自治体、それ自体は分かる。でもこれらを実現するために「何をどうすればいいの?」俺らはそれが欲しいんだよ」。

被災者は、このままでは「かわいそうな人たち」として、あるいはまた「賠償をもらえばそれで生活再建できるだろう」というかたちで、被災者というレッテルを貼られたままこれからもずっと生きていかなくてはならない。今の状況がこのまま続けば、それだけの人生になってしまうのではないか。

「僕らは、過去の事象と今起きている現実は分かる。けれども、未来のことについてはまったく分からないんですよ。先が見えない。こうしたいなと思っても、できなければどこかで断ち切るとか、切り替えるとかするしかない。自分で自分を。でもそれができなければいったいどうなるのか。結局、ここまでの議論では、今後どうしたらいいのか、という話にはつながっていかないいんじゃないか」。

むろん、「こうすればいい」という話は、我々にはできない。住民票の問題も我々は素人だし、何しろ帰還政策が政府の基本方針であって、それを何らかのかたちで覆すような術は今の我々にはない。ましてそれらを止めても、かわりの方策が見えているわけでもない。この問題は社会学で扱うにはあまりにも大きすぎる。だが、それでもなお、次のようには答えられるかもしれない。現行の画一的な帰還政策を止め、それに替わる新しい対策を構築する態勢はいかなるかたちで築き得るのか。以上の議論をふまえた上で、この問いに答えるかたちで、「じゃあどうすればいい?」を展開してみることにしよう。それは少なくとも、今、我々3人がまわりの人々とともに現実に進めていることの一つの論理にはなっているはずだ。

「じゃあどうすればいいの?」

被災者がなすべきこと——タウンミーティングで声をあげ、自治体につなげる

「じゃあどうすればいいの?」

市村のこの問いに対して、①被災者・被災自治体、②専門家・科学者、③政府・各省庁、

④市民社会・政治・マスメディア・国民の４つに分けてそれぞれの課題を整理してみよう。むろん、今回の問題にはすべてが関わっているので、このうちのどこかが動けば変わるというのではなく、全体として何かが動いていく必要がある。すべての関わり合いのうちに現在の帰還政策が構成されているとすれば、すべての関わり合いのうちにその転換を実現するしかない。

「これはもう、世直しだね。そこまでいっちゃう」。

３人のうちの誰かがつぶやいた。原発事故とその避難・被害を考えることは、この国の欠陥を論じることであり、その解決を求めることは、結果的にこの国のあり方を考えることにつながる。おそらく、この事故の検証はそこまでいかねばならず、それゆえ被害者・避難者の状況を少しでもよくしようと思えば、この国のあり方そのものに言及しなければならない。[41]

まず被災者からいこう。被災者がしなければならないことは論理的には簡単だ。自分たちの本意を声として示し、その声を集約することだ、どうしてもこのことが状況改善にとっての基本になる。すべては被災者からなのだということを、被災者自身が自覚することから、何かが始まるだろう。

むろん、現状のなかで被災者が声をあげるのはそう簡単なことではない。声をあげられるような仕組みをつくることがまずは先決だ。そして被災者の声は、ただあげるだけでは断片にすぎない。それは多数決民主主義の日本という社会では、たやすくかき消されてしまう声である。各論２で紹介した、タウンミーティング事業の意味をここでも簡単に解説して、人々がどんな声をどのように示すことが必要なのか考えておこう。

「市村さんたち、とみおか子ども未来ネットワークがこの1年行ってきたタウンミーティングには、当初考えていた以上の画期的な意味があると僕は思う」と、佐藤はいう。

「今回のタウンミーティングのやり方でおもしろいと思うのは、いわゆる「熟議民主主義」[42]と呼ばれる討論型の合意形成手法に似ているんだけど、その中身がずいぶん違うということです。あれっていろんな方法があるけど、今回僕らが関わったような会議運営とは異なるよね。例えば、あそこまで特化した属性ごとの話し合いとかはしないと思うし、会議のプロセスそのものにも特徴があるというか……」。

そしておそらく、そうしたいわゆる民主的なやり方では、このタウンミーティングでやったような結果は出なかっただろうと、佐藤はいう。

「富岡のタウンミーティングでは、世代や性別、家族構成なんかで参加者を分けて、むしろ意図的に属性ごとの特徴ある声が目立つようにしている。逆にこういう属性を取っ払ってしまうと、最大公約数としての合意のようなものは出ても、話が小さくなりすぎて問題の本質が見えなくなったんじゃないかと思う」。

例えば、討論型世論調査（Deliberative Poll）を例にとれば——討論の前後で特定の政策課題等に関する意識調査や当該テーマに関する事前学習を行うなど、細かい手法についての記述はここでは割愛するが——富岡町なら富岡町という母集団を代表する人たちを何百人単位で集め、週末などを利用して、徹底的に議論させるという方法をとる。これまでに日本で開催された例では、10名前後〜20名程度のグループごとにファシリテーターがついて議論が進められるが、グループの構成はランダムに組み、偏りが出ないようにする場合が多いようだ。そして議論を何回か繰り返し、まとめたものを全体会でさらにたたいていく。それを3、4日とか1週間とか集中的に行うことで、これまでの政策に対する見方を変えていくというものである。

このタウンミーティングでやってきたのはそういうことではない。むしろ属性ごとに議論をする。なぜそうしたことが必要なのか。市村はいう。

「やはり同じ立場だと思える人たちの前だからこそ、自然と声が出るようになるからだと思う。同じ富岡町の住民だということで、たとえお互いに知らない者どうしであっても、他でやるよりも気を遣わずに話ができる。これは同じ福島県民の間でもできないことかもしれない。立場が違えば、言えること言えないことがあるから、それをさらに、女性とか高齢者とか属性でまとめる。なので、言いたいことがスムースに出てきているような気がする」。

もっともこうして出てくる話は、論理的であるよりはしばしば情緒的で、また断片的でもある。

でも、と市村はいう。

「新潟でやったタウンミーティングで、ある女性が、「何を失ったかね、新潟に避難していてね。そうだね、富岡の青い空かね」なんて、みんなで笑いながらしゃべっている。この思いって分からないでしょう。なんでそんなあっけらかんと言っていられるのって。でしょう？　でも、そこには深いものがやっぱりあるんですよ。それが何かを考えるためには、やっぱり理論的なものだけではない。「分がんねえが、おめら……」というようなところがないと駄目だっていうことなんです」。

論理から始めるのではなく、こうした話のなかに生じる被災者の本心からの声の発現と、それを被災者どうしで共感していくことこそが出発点なのだというのが、市村の見解だ。別のタウンミーティングでは、富岡の地元にあったショッピングプラザ・トムトムの店内で流れていた歌を女性たちが合唱する場面もあった。これも決して論理などではない。だがそうしたかたちで人々の声が溢れ、心が合わさっていくところにこそ、この問題を解くための鍵が潜んでいる。そしてそうしたことに意味を見つけ、そこから積み上げて避難者の論理を展開していく必要があり、そこに研究者の手が必要となってくるのである。

とみおか子ども未来ネットワークのタウンミーティングには、山下、佐藤をはじめとする、社会学広域避難研究会のメンバーが関わり、会合設営の手伝いから、ミーティングの書記、記録、行ったミーティングのテープ起こしやその整理、そして分析までを行ってきた。一つひとつの声を整理し、それを構造化して「人々の声」につくり上げていく。避難の経緯から、今の暮らしのなかの思い、この間のいろいろな体験。これらを出し合い、研究者が媒介して、参加メンバーのうちに流れる共通の文脈を確かめていく。

当初は直感的に「こうしたことが必要だ」ということで始めたタウンミーティングだったが、今考えれば、人々の間で何がおき、何を経験してきたのかを、声を重ね、共有していくことで、それぞれが互いに自他の置かれた状況を確認していくプロセスであったのかもしれない。

なぜ全国各地でのタウンミーティングの開催が必要なのか。念のためこのことにもふれておこう。この原発避難によって、人々はコミュニティを再建しようにも、帰るべき土地を喪失してしまった。もちろん警戒区域は解けたのだから、原地に入ることはできる。しかし、そこに子どもも含めて各世代が一緒に集まり、話し合うなどということは無理だ。これまでの災害や公害ならば、土地の暮らしはあるのだから、人と人とのつながりはそれでも残っていく。これに対し、原発被災者は、互いに会う機会を自ら積極的につくっていかなければならない。コミュニティを作為的につくっていかなければ、自然に声があがるなどということはない。避難先の各地で行うタウンミーティングは、その作為の試みなのである。

こうしたタウンミーティングの結果を集約したものが、とみおか子ども未来ネットワークが2013年2月に発刊した『2012.2≫2013.2　活動記録（vol.1）』であり、さらにその学術的な分析結果が各論2に示した原発事故の被害構造論である。あげられた声もそれだけなら断片にすぎないが、分析から抽出された被害構造をもとにすることで、被災者は行政や政府と話し合い、論点をぶつけていくことが可能になる。

そして実際に、2013年2月16日、とみおか子ども未来ネットワークの設立1周年の事業として開催した公開討論会「とみおか未来会議」では、この分析結果をもとにして、富岡町民を集め、現状の問題点について、遠藤勝也町長・宮本皓一議長（いずれも当時）とともに討論を行うまでに至っている。この日の議論では、当時進行中であった警戒区域の解除の意味と、避難指示区域再編後の町のあり方に論点が行き着き、そのなかからとくに、現行の帰還基準（積算線量年間20ミリシーベルト）と原発事故収束状況に対する危惧、ならびに二重住民票の必要性が町・町民双方から強調され、意見の一致を見た。

こうして、汲み上げられ、重ね合わされた声はさらに、国の政策形成の場にも届かなければならないが、そのためにはまだいくつもの工夫が必要なようだ。むろん、富岡町という枠を超えて、双葉郡の町村全体の声を構築していくことが重要だし、自主避難と強制避難の声のすりあわせ、県民の声の集約も不可欠だ。

強い集合ストレスを自覚する——回復する共同体

ただし、と山下はいう。

「本当はこれを、福島県レベルまで引き上げないといけないのだけれど、まだまだそれは先の話かもしれない。福島県民はこの2年間、原発事故をめぐって、分裂を続けてきたというのが正しいのだろう。しかしそれはこの事故がもたらした大きなストレスによるものであり、このストレスの大きさを考えれば、分裂するくらいが当然だともいえる。県民は、自分たちが受けているこの強い集合ストレスを十分に自覚し、これに対処していく必要がある」。

原発事故は、東日本を中心に大量の放射性物質を撒き散らした。しかし、ただ放射性物質が広範囲に広がったというにとどまらず、この見えない毒性をもった物質が全国民に対しても強い心的社会的ストレスを与え続けていることに注意したい。なかでも福島県内の状態は、これまでにない強いストレス状況を示しており、このことを理解しなければ被害の実像は見えてこないだろう。

「集合ストレスは人々の間に様々な裂け目を生んでいく。ちょうど大雨が降った後のように、大地の亀裂に水が入り込み、裂け目は次第に大きな溝に成長していく。そしてその溝にさらに次々と、恨みや憎しみ、不安や不満が流れ込んできて傷口を大きく深く広げてきた。この2年間の福島県内の人々の精神状態にはそんな印象をもちます。ある面ではね。これらの負の作用を解消するには、このストレスを生み出した原因に遡る必要があるけれども、この原発事故がもたらした放射能というものは正体が見えない。この事態そのものについての全体像も見えないので、人々は、事故に責任ある存在に向けてではなく、怒りや恨みを発散しやすいほうへとそのストレスを流しこむことになる」。

人々の間に生まれた負のエネルギーは、立場の弱いほうへ、弱いほうへと向けられてきた。避難者を受け入れた地域の住民は目に見える避難者たちに、そして福島県内に残った避難者たちは県外に出てしまった避難者たちに、そしてまた住民は身近な役場職員たちに。あるいは電力関係で働いている（いた）人たちに対してもそうだといえるかもしれない。反論できない立場にいる人々へ、あるいはより脆弱な立場にいる人々へ、ストレスのはけ口は求められてきた。そしてこうした作用のうちに、避難者たちと直面する人々の、おそらく本心から発せられたものではない「早く帰れ」という言葉と、「こんなところにこれ以上いたくない。

早く帰りたい」という避難者たちの涙ながらの訴えが交錯したところに、帰還政策が強く推進されてしまった心的メカニズムがありそうだ。

何をどう進めれば、この強い集合ストレスのなかから我々は抜け出し、多重の分裂を超えて、冷静に互いの立場を確認し合いながら、あってはならない事故からの、できるだけソフトな着地点を見つけ出すことができるのだろう。山下はいう。

「それでもなお、基礎になっている福島県民の共同体性というのかな、「お互いに助け合わなければ」という感覚は、十分に強固な気もする。マスコミの情報でどうしても悪い部分だけが印象づけられてしまうけれど、例えばいわき市で発生していた「被災者帰れ」の落書き事件や、仮設住宅での器物損壊事件（2012年12月～翌年1月）なんかも、住民の間でこれではいけないと、むしろ避難者と地元住民との関係を深める方向に動き始めるきっかけになったという。すごいストレスだけど、福島県民はなおも正常ではある。必ずこの事態を乗り越えていく力はあるんだと、僕は感じる」。

おそらく県民が冷静に議論を始めるのはこれからだ。福島を応援する人間は、人々が表現する一時の感情的な表現に引きずられず、福島県民が落ち着いて本心から話し始めるのを見守る必要がある。

「俺らって何だ？　専門家って何だ？　科学者って何だ？」

とはいえ、被災者や福島県民にできることは限られている。人々が声をあげただけで事態が変わるなどというものではない。第二に、この声を受け取り、あるいはさらに今出てきている生の声をふまえて未来を予測し、よりよい答えを出していけるような、専門家たちの強い関与が必要だ。右に示したような、声をあげる段階でのお手伝いのレベルを超えて、専門的な立場に基づくもっと積極的な関わりが求められる。被災者の側からの専門家・科学者に向けた要請を、市村に論理展開してもらおう。

「変な言い方だけど、「俺らは何だ?」と、仲間のうちでは、そういう話がよく出る。「俺らは何だ?」と言うときに、例えば事故の前は「パーマ屋だよ」とか何とか表現できたわけだけれども、それがいきなり「被災者」になってしまったんですよ。今や冠のない、この被災者という立場から何を言うべきかという、きつい状態に追い込まれているわけです」。

それは農家の年寄りだって同じだ。

「じいちゃん、ばあちゃんが、「俺らの畑を返してくれよ」「田んぼを返してくれよ」とか、「家を返してくれ」とかって言うよね。「帰りたいよ」「畳の上で死にたいよ」と言うよね。それ自体は被災者が言うべきこととして、それはそれでいいんですよ。何の問題もないと思う。でも、そういう言葉のうちにどういう思いがあって、どういう意味があって、そして、どういうことが必要なのかということが、被災者自身には分からない。本質的なことは言えないのよ」。

だがそのことを表面だけさらって、ある人々にとっては都合のよい帰還政策が形成されてきた。しかしそれは被災者の言葉の本当の意味をふまえたものではない。逆にいえば、その本質や、その背後にある構造をえぐり出し、被災者にとって本当に必要な政策形成につなげていくことが、本来の専門家の仕事なのではないかと、市村は考えている。

「各自の本分ってあると思うのね。震災前、何屋さんだったかと聞かれれば、俺は「保険屋さんです」と。保険屋さんて何する人だといえば、俺は自動車事故だとか、火事だとか、個人では対処できないような経済的負担がかかったりする問題が生じたときに、それを代替して助けるのが保険屋の職務の本質だと思ってる。だから、俺自体は、成績はあまり気にしなかった。でも、お客さんは頼りにしてくれた。それは、どんな場合でも「全部あの人が問題を解決してくれるはず」という関係性だったと思うんですよ。それは俺が偉いとかじゃなくて、保険代理店業というものの本分だと思うんです。そういう思いで俺は十何年富岡で生きてこの業務をやってきたわけで、選んだ職業を全うするために「やらなければならないこと」と思ってやっていただけ。では逆に、それこそ今の科学者という人間、医療に関わる人間、弁護士も含めて、専門家といわれる人たちに「あんたらの本分は何？」と聞きたくなるんだよ」。

　山下や佐藤は、とみおか子ども未来ネットワークのメンバーたちとお付き合いをしてきたなかで、1年を超えた頃に言われたことを思い出す。「俺らのものは全部見せてもいいぞ」「富岡に行って家に連れていってもいい、中に入ってもらっていい」、そうメンバーたちに言われた。あるいは「俺のインタビューまだしてないよね。なんでも答えるよ」とも。今、研究会の調査は新しい段階に入っている。市村はいう。

「あれはなぜだと思う？　たぶんこれは――俺が思う話ですよ。社会学広域避難研究会の研究者たちを、この問題を解決してくれる人たちだと思ったんですよ。学者として」。

そしてそうなったときには、ある意味で「被災者はモルモットでもよい」と思うのかもしれない。

「それはもちろん、ことを成すのか成さないのかという話にはなるわけだけどね。この人たちに俺たちが託せば、専門家としての本分を通じて、きっとこの問題に何かしらの解決法が出るはずだと、そう思ったんだと思うよ」。

タウンミーティングについて、研究会では、拾い上げられた数々の声を属性ごと・属性間で分析し、人々・家族のなかで生じている原発避難問題の共通構造を洗い出しながら、それを自治体やコミュニティなどといった、より大きな文脈に結びつけて論理化していく作業を行っている。そこには被災者では気づかない事象のつながりの発見があり、あるいはまた研究者にとっても声の意味を丹念に問うことではじめて見出す新たな文脈の発掘がある。そしてまたそこからは、避難者間にある共同性とともに、異なる利害の対立関係や各立場間の相違も浮き彫りになってくる。

とはいえ、社会学ができる作業は、とりあえずはここまでだ。原発避難の問題はむろん、社会学者だけで解ける問題ではない。今、とみおか子ども未来ネットワークでは、社会学者のみならず、様々な専門家にあたって味方になってくれる人――理解してくれる人――を探し、原発避難者の理論武装を手伝ってもらう作業に入っている。ここでは、これまでにない被災者と専門家、あるいは専門家どうしの交流も始まっているが、まだ試し試しの対話を続けている。

もっとも研究者の多くは、この事故の後でもまだ、立場を守って観察したり提案したりするだけの人が多く、被災者からすれば対等な関係をもてる人はごく一部だ。今回の原発被災者はある意味で「科学の被害者」なのだが、領域によっては、今でも被災者は「単なるモルモット」に映るようだ。とくに放射線被曝に関する領域では、その関係がいまだに続いているように見えてならない。科学においてもしばしば人は人ではなく、データであり、サンプルでしかないようだ。我々が試しているのはこの状況の逆転である。

「だから、俺がそれを端的に何というかというと、「一緒に考えてください」ということになるわけです」。

山下が佐藤ら他の研究者と始めた社会学広域避難研究会の活動のきっかけも、実はこの言葉からなのである。２０１１年7月、東京で開催した研究会に顔を出した富岡町役場職員のA氏が言ったことがまさにこの言葉だった[44]。「この問題はあまりに難しくて分からない。一緒に考えてくれ」と。研究者に対して、「助けてくれ」ではなく、「考えてくれ」という注文はきわめてまっとうだ。データを集め、分析し、考えるのが科学者の本分である。その際、データを被災者が惜しみなく提供してくれれば、研究者の仕事は効率よく進む。だがこのことが本当の意味で成り立つには、科学者と被災者の関係が既存のものから別のものへと置き換わる必要がある。科学が被災者を自分たちのデータとして使うのではなく、被災者が科学を自分たちの手段として使うのである。科学者はいったん、被災者の手足になってみる必要がある。

だが、もしそうなってくれば、最終的に必要なことは考えるだけでなく、「答えを出すこと」だ。被災者が欲しいのは、問題を解くプロセス以上に答えだ。とはいえこの問題の解答にたどり着くには、もっともっと多くの研究者・科学者の協力がなければならないだろう。我々もまだ入り口にいるにすぎない。

「『俺たちは、闘っている』という言い方をよくするでしょう。でも別に世論が敵ではないし、国もある意味、敵ではないんですよ。『じゃあ誰と闘っている？』誰とじゃないんです。一般社会でも、被災者でなくても、自分たちの生活を成り立たせるためには闘わないと生きていけない、私たちの社会はそういう社会でしょう。どうしても闘いが必要で、それを勝ち抜かなければいけない、そういう社会なんでしょう。そこに輪をかけて、俺らは被災者・被害者・避難者という三つの枠組みをごそっとつけられている」。

それだけではない、と市村はいう。

「さらにそれこそ生活の不安にとどまらず、健康問題という、また目に見えないとんでもない大きい重荷をのせられているんです。背負わされたものがある。目に見えないから空気のようだけれど、でもとんでもなく重い物をのせられている」。

被災者は闘っている。むろんこういう言い方をすれば、被災者だけが闘っているのではない。

「でも、その状況のなかで皆さん、武器は持っているんです。学歴だとか地位だとか。でも被災者たる俺たちは、丸裸で闘っているようなものですよ、単純にいえば」。

逆にいえば、その武器を提供することが、この原発事故という新しい事態に向き合う専門家・科学者の役割なのだろう。丸裸の被災者たちと付き合い、いろいろな情報や経験、考え方を示してもらいながら、それをもとに——今までにない新しいデータをもとに——新しく論理をつくり直していくこと。新しい事態を解読する新しい科学の作業のなかで、研究者自身にも、事故前に見えていたものとはまったく違う世界が見えてくるはずだ。

新しいタイプの研究を通じて、研究者自身も変わっていく。佐藤がいう。

「僕もある日変わったかな。自分で言うのはおこがましいけれども。今福島県内である人たちの仕事を手伝っているんですけど、要は最初、すごい色眼鏡で見られていたんですよね。あっち側の人間というような感じで。たぶん、自分のなかに何かあったんですよね、考えてみれば。それがたぶん、市村さんたちとみおか子ども未来ネットワークの人たちや研究会のメンバーと試行錯誤を繰り返すなかで、自分自身も変わってきた。そういう新しい調査のあり方、震災のフィールドワークというものが、私たちの研究会のなかでも生まれてきているかもしれない」。

分化したシステムに横串を通す

もっとも、専門家・科学者が行うべき震災との関わりを通じた自己変革は、各専門分野内部での専門性の徹底化（本分の追求）とともに、もう一つ別のベクトルでも追求されねばならないだろう。それは専門家間の連携である。多領域の専門家が連携し合い、各領域の本分を全うしながら、一つの問題のために力を一つにあわせ、答えを出していくことが必要だ。

だが、研究者や科学者といわれる人々がつくる業界は領域間の分断がとくに激しく、専門家たちが互いの断絶を超えて協調し、よりよい解、それも総合的な解が出せるような仕組みについては、これを今後、意図的につくっていく必要がありそうだ。「領域を超えた連携」こそ、これまでの科学が最も不得意としてきたことかもしれない。そして、このこともまたこの事故の遠因にもなっているはずだ。

ところでこの領域間の縦割りがより深刻かつ問題なのが、日本の行政組織である。

第三に、人々の声や専門家による科学的知見をしっかりと受け止め、適切な政策の実現につなげていくためにも、現在のこの国の行政機構のなかにそれが実現できるような仕組みやルールをつくることが必要だ。ここで必要な科学的知見は総合的なものだから、政策もまた総合的なものでなければならない。ところが、日本の行政はあまりに縦に割られており、各省庁ごとの組織力は強くても、省庁間を超える総合政策形成は難しいようだ。だが、この障壁を今回こそ超えていかねばならない。

今回の震災のために、そうした総合調整の機関としてつくられたものが復興庁である。だが、ここにはまだ、現行制度を超えた政策形成の権限は付与されておらず、まして住民の声を吸い上げ、科学領域と対話する仕組みもない。復興庁が総合的な調整を行える機関に急ぎ転換できれば、被災地の現状は大きく変わる。少なくとも、目先の事業を急ぐよりも、今までに提起されてきた事業群が本当に被災地のためになるのかを冷静に判断し、問題があるものについては早急に見直して、被災地・被災者が着実に復興できるよう、全体の政策を調整（場合によっては抑制）できるような手法を急ぎ開発することが、震災3年目における復興庁の本務のように思われる。山下はいう。

「日本社会は明治以降、百数十年の近代化の過程を経て、一つの大きな広域システムへと統合されてきた[45]。そのことによって世界有数の近代国家となったんだけれども、しかし、このシステムには明らかに欠陥がある。巨大システムは、必ずその下位システムを形成しつつ巨大化するのだけれど、そのシステム分化によって構成された各システム間の連携は非常に難しいものとなる。日本の縦割のシステム分化はその典型です。そしてその欠陥は、災害のような何らかの環境事変が起きたときにシステムを機能不全に陥らせたり、暴走を引きおこしたりする原因にもなっていく」。

この診断——分化した巨大システムが、急激な環境変動に向き合った際に引き起こす機能不全という見立て——は、今回の原発事故をめぐっては、間違いなく目の前で起こっているものであろう。

「そしてそのための処方箋は、この分化されたシステムに、システム間を横断して互いの作動を調整するような何かを取り付けるべきだということになる。社会学的にはそういうことになっている」。

とはいえまた、各システムは互いに分離しているからこそシステムなのだから、各システムが直接つながり合うことを目指すのではなく、各システムに横串を通すようなかたちで、それぞれが別のシステムを参照し合えるような仕掛けを工夫していくしか方法はない。

例えばこういうことだ。そもそも原子力政策は総合政策である。それは単なる原子力発電のプラントの問題だけでなく、危機管理や地域振興、労働者の健康管理などあらゆる面に関係して構成される。だからこそ事故が生じれば、国の全省庁が関わって対応しなければならない事態となるのである。しかしながら、官僚システム上は、原子力問題は経済領域の問題として考えられており、それゆえに結局のところ事後においても作動の中心が経済産業省に置かれている。このことから、事故を起こした経済産業省が、事後処理においてもこの国の作動のあり方を決めるということになっており、賠償も放射線リスクの算定も、結局は経済論理に直結され、他の論理との交流・調整の回路をもたないままに決定されてきた。

こうした対応がもつ偏向は、最終的には現実の機能不全を結末するだろうが、そうなる前に復興庁のような機構が介入して特殊な一システム内で行っている全体的決定を公衆の前に引きずり出し、総合的な決定に基づく各システム間の協力といった、あるべき関係に改められるのかが、この国の未来を占う大きな別れ道となろう[46]。

生活も、暮らしも、コミュニティも、自治体も、本来すべて総合的なものだ。だから復興も総合的でなければならない。しかしそれを各省庁がそれぞれに作動し、バラバラに進めれば、「生きている」ものは引き裂かれ、切り刻まれて、場合によっては死に至ってしまう。

関わる専門家の連携とともに、政府そのものの省庁間の連携が緊急の課題だ。

これまでの政府間の調整は、「相手の批判をしない」ことで互いを立て、うまくやってきたのかもしれない。しかし、もはやこういう事態を迎えてしまえば、省庁間での責任の追及や、批判すべきことは批判するといったことも、本当は必要なのではなかろうか。例えば賠償のあり方をめぐって、本来、専門家の見識をもとに文部科学省で行うべき作業を経済産業省がなぜか進めてきた異様さ。除染やリスク・コミュニケーションというそもそもできるはずのない仕事を引き受け、人の環境を守るはずが、汚い環境を国民に押しつける立場にたった環境省。同様に国民の健康を守るのが本務であったはずの厚生労働省が、人々の健康被害を頭から否定するだけの立場にたっているという大いなる矛盾。そして本当につくるべき町とは違う、かたちだけの「仮の町」の建設に関与しようとしている国土交通省。ルールに則って進める官僚たちの仕事が、国民の暮らしを脅かし、政策の意味を否定しつつある。何らかの変革がなければ、この事態は国家の破綻を導くかもしれない。

国民レベルのミーティングへ——信頼できる総合政策の形成へ

「おそらく本当は、こうした領域間、省庁間の垣根を超えた議論の場をつくることこそが、市民社会とか、市民運動と呼ばれるところに求められるものなんだと思う。ヨーロッパではたぶんそうなっている」。

もちろん、ヨーロッパと日本では、社会のかたちも文化の形式も違う。だから当然、そうした場のつくり方も変わってくるはずだ。むろん、シンポジウムや公開討論会など、市民との協働による政策討議の場はこれまでの日本のなかでも試みられており、この震災の後も様々に積み重ねられてはきた。だが、それでもなお結局、被災地・被災者の本当の復興のために機能しない復興政策しか結実していないのであれば、これはやはりそのあり方を根本から考え直していかなければならないのだろう。山下はいう。

「もしかすると、国レベルでも、タウンミーティングみたいなものが必要なのかもしれないね。いわゆる熟議ではなく、むしろ属性や立場に配慮して意見を集約させ、そこで出てきたものを専門家の知見や技術を用いて解析・解読しながら、その構造をふまえた総合政策を実現していくといったような。各省庁もむしろ各自の立場を前面に出して、公の目の前でぶつかり合うほうが、本当はうまくいくための道筋を探すきっかけになるのかもしれない」。

佐藤は「国がやっていることは大丈夫」という、以前であれば当たり前であった感覚が、2011年の前半ですべて崩れたという。

「要は、僕も元はコンサルをしてましたのでね。そうはいっても、国は頑張っているよ、という思いがどこかにあったんですよ。それが2011年の半年で崩れたんです。官僚それぞれに対する信頼がというのではなくて、制度だとか体制だとか、そんなものに対してもっていた安心感というか、そういうものが、急速に疑念に変わっていった」。

今の体制のままでは、この国の政策は、本当の意味での政策には組み上がらず、むしろ進めれば進めるほど、「やらないほうがましだったのに」というものになるのではないか。実際、この20年ほど、そうしたことがずっと続いてきたのではないか。この震災・原発事故をきっかけにして、この大事のためにこそ、政策形成の過程を根本から見直す必要がある。適切かつ総合的な科学的知見に基づき、とくに社会や文化に配慮して、多くの人に、これならできると思えるような政策を練り上げていく手法。それは関与する人々に「汗をかく」ことや「痛み分け」を要請するものかもしれないが、それでもなお、自分も貢献したい、関わりたい、参加したいと思えるような内容を創出し得る政策技術。そうしたものが希求されているのだろう。

「おそらく、そういった議論の場をつくって問い直せば、原発避難対策は単純な早期帰還政策にはなり得ないし、「賠償＝生活再建」とは違うかたちで、暮らしの再建、地域の再生を進める具体的な制度の提案も出てくると思う。そして、「補償はここまで」などという切り捨てのかたちではなく、用意された復興財源を念頭に、それを有効に復興につなげていけるような中長期的な道筋も構築できるはずだ」。

山下はこう私見を述べる。

「きちんとした目標と材料があれば、それぐらいの知恵や計画は、日本の学術や科学のなかからは十分に提案可能だし、何より日本の官僚は有能だから、それを実現する手腕は確実にもっている。後はそうしたものの必要性を政治家が決断し、また国民がそれを望むかどうかだけのような気がする」。

おそらく大切なのは、カネをかけることの前に、手間をどれくらいかけられるか、その覚悟なのではなかろうか。丁寧に情報を集め、分析し、適切な解を求め、必要な論理を組み立てていく。そこには試行錯誤も求められよう。人のための復興は、カネで行うものではなく、人で行う復興、人による復興になるはずだ。復興の財源があるのは決して悪いことではない。しかし、財源があることでかえって「人」が抜けてしまい、カネによる復興、カネのための復興になってしまったのではないか。

なおその際さらに、ここで行う総合的な政策形成は、必ずしも国民や住民の総意を第一目標とする必要はないとも、山下は考えている。

「西欧だと、国民一人ひとりが啓蒙され、政治や行政に責任をもって参加することが求められる。その観点からすれば、総合政策はみんなの総意であるべきだということになるのかもしれない。けれど日本のなかでは、政治は政治家が、行政は官僚が職務を尽くすものであり、そして庶民は庶民で自分の地域のことや仕事の本分をしっかり全うすることが求められていて、理性的な結論を出すために必ずしも政治や行政にみなが参加することは必要とされていない。それどころか国民のほうも、「しっかりみんなのことを考えてくれるものであればそれでよい」「最善を尽くしてくれたのであれば文句は言わない」という発想で、政治や行政を見ている。きちんとした解でさえあれば、人々は理解し納得し、積極的に協力するはずだ。これはこの国の社会文化だと思うんです。民主主義だからといって、すべての国民の話を聞きます、国民の声ですべての政策を組み立てますなどと、そこまでやるからかえって混乱する」。

そこまでしなくても、この国の国民は、この国や政府、そしてまた専門家や科学者といったものが、その本分を果たしていると信じている。いや、この事故前までは信じていたのである。

にもかかわらず、やるべき人がやるべきことを怠り、責務を果たすべき国が、あるいは公共に関わる企業が、自ら公言していた約束を破ったことでこんな大事故が生じてしまった。だが非常に興味深いことに、それでもなお、まだまだこの国に対する国民の信頼の基盤は盤石なようだ。まさに社会文化なのだろう。信頼があるからこそ、この国は成り立っている。問題は、その信頼に応えるだけの、しっかりとした政策形成のシステムを今度こそつくり上げられるのかどうかということだ。

世論をつくるのは一人ひとり

とはいえもちろん、国民は我が国の抱える問題を知らなくてよいということではない。当然ながら十分に認識する必要がある。というよりも、日本はもはや市民社会なのだから、好むと好まざるとにかかわらず、この国は世論の力で動いており、また今後とも世論の力で動かすべきだからだ。世論と政治は表裏一体の関係にある。

世論のあり方は、佐藤が最も気にしているところだ。このことに関連して、佐藤は福島の若者たちとのこんなやりとりが最近とくに印象的だったと話す。佐藤は今、福島大学の教壇に立っている。

「私は福島大学のうつくしまふくしま未来支援センターという、福島県内各地の復興を支援する部署にいます。そこで私ども職員は、自分たちの研究や支援活動を通じて福島の復興を学生とともに考える「災害復興支援学」という授業を担当しています。そこで一つ気づいたことがありました」。

受講生は福島に暮らしている学生たち。自身もいろいろな思いで福島の暮らしを送っている。しかしその学生たちでさえ、原発避難に関する理解は非常に乏しかったという。佐藤は学生たちにこんな説明をした。

「例えば、原発立地地域は公共施設が充実しているとか、額面は微々たるものでも、各世帯に原子力立地給付金が支払われていたということで、いろいろと批判が出ている。だから、「今さら賠償金もらって……」みたいな世論も強くなっている。でも実際はそんな単純な話ではない。しかし「そうして単純化された世論が今、非常に根深く彼らの生活を苦しめている実情があるんだよ」と、そう話してみたことがあるんです」。

そのときさらに、佐藤は学生たちにこう言ってみたという。

「でも実はその世論をつくっているのは、あなたたち学生さんたちだったり、あるいは私だったりという、個々人の力なんですよ。個々の力が大きな力となって世論を形成して、その力が彼らの生活に極めて大きな影響を及ぼしているかもしれないのだよと。そういう話をしました」。

福島県内に暮らす人々だって、この原発事故で何が起きているのか、十分に分かっているわけではない。まして、強制避難者の生活には想像も及ばないというのが実情だ。そのすぐそばで、被災者たちは、個人レベル、家族レベル、地域レベルの複雑多層な分断に向き合い、仕事の面でも生活の面でも多くの悩みを抱えながら暮らしている。その苦しみの根底には、彼らの状況をきわめて単純化したかたちで理解し、心ない言葉で追い詰めていく世論がある。だがその世論こそ、その人たちのすぐ横で暮らす私たち一人ひとりの声からできているのである。

「授業が終わった後で感想を聞いてみると、この部分がかなり衝撃的だったようです。「そんなことは考えたこともなかった」「強制避難させられた人たちは多大な賠償をもらっているのだから、それで生活再建すればすむのではないか、そういうふうに思っていたけれども、実は違った」「もしかしたら、たしかに自分たちがそういう状況を引き起こしているのかもしれない」というような声がかなりありました。そしてそこから、「もう一度この福島の原発問題を考え直していきたい」という前向きな意見が出てきたのが、私としてはうれしかったかな」。

被災者自身が、この問題がいったい何の問題なのか分からぬまま3年を迎えようとしているが、それは福島県民全体においても同じことだ。まして国民の多くがこの問題について十分理解できないのは当然でもある。

国民にとって、公共（性）は、政府であり、世論である。政府が公共のかたちであるなら世論がその内容を決める。だが日本の場合、これまでどうしても、世論は国民がつくるというよりは、マスメディアが先導してきたという印象が強く、事実、国民はメディアのつくる

「世論」なるものを、ただ追認し、それを受け入れているというのが実態なのかもしれない。

だが、こうしたきわめていびつなマスコミュニケーションを、相互に意義のある、意味あるコミュニケーションに変えていくための努力が、当然ながら必要だ。

我々はこの社会にくさびを打ち込んで、暴走しないよう監視し、場合によっては一定の方向から別の方向へと目指すべき場所を修正し、誘導しなければならない。

そのためにも、各避難自治体レベルで行うタウンミーティングはむろんのこと、県民会議、国民会議などのかたちを経て、しっかりと現状を見すえ、何が必要なのかを、市民の側から、国民の側から、問う場づくりが早急に必要だろう。そしてそうした場から出てきた被災地・被災者の実像を、メディアが適切に伝え、思想が表現し、人々が受け入れていく。そしてまたそれを教育の場で次世代へときちんと伝えていくこと。そうすることで、科学も、各省庁も、政治も、正常に機能する可能性が――もしかするとそこではじめて――見えてくるのだろう。

我が国はもはや1億人を超える大きな国家になってしまった。1億人がそれぞれに知り合うことは物理的に不可能だ。それゆえ一人ひとりの人間にとっては、1億人は数であり、自分とは関係のないものに見えるのは仕方のないことかもしれない。

しかしながら、1億2000万人超のこの国に暮らす人間は、間違いなく一つの集団であり、共同体である。このことも事実なのだ。この社会共同体が、この国の危機に際して、正常に、かつ冷静に対処できるのかが問われている。福島第一原発事故はこの国の危機であり、課題である。しかもこれは、これから起きるかもしれないもっと大きな課題の前奏曲かもしれない。20世紀の日本社会は、国家の危機の対処に失敗し、数百万人の同胞を失ってしまった。しかも他国にも多くの犠牲を強い、このことが今も私たちの国際関係に尾を引いている。では、21世紀の日本社会はどう、この国の危機に応えていくのだろうか。私たちには何かが足りないようだ。では何が必要なのか。それを具体的に見極めることが今の私たちにとっての――そしてまたおそらくそれが被災者自身にとっての――目下の大きな課題なのである。

被災者は闘っている――浮き板をひっくり返す

長い話になった。しかもこれでさえ十分とはいえないようだ。だが山下も佐藤も、社会学という立場や自分の能力を超えて、やや無理な議論を重ねすぎたようだ。ここで終えることにしよう。

でも――「被災者がそうだとは思える話にはなったような気がする」と、市村はいう。

「「被災者って何か？」という話はしたけれども、俺らの感覚としては、今、俺らはやっぱりかわいそうな被災者として接せられている気がするんですよ。でも、俺たちそんなにかわいそうなのかって。何かそこに掛け違いというか、イメージが違うみたいなものがある。じゃあ「俺たちは何をしているんだ」というと、結局、「本当の生活再建をしなきゃならない」「地域を何とか元に戻さなきゃならない」「家族を守らなきゃならない」。そういう様々な闘いのなかにいるわけですよね。元に戻す。自分たちの暮らしを元に戻す闘いのなかにいる」。かわいそうな被災者ではなく、闘う被災者。少なくとも自分たちはそうだ、そうでありたいと市村はいう。

「「人生がなくなった」という言い方をどこかでしたと思う。でも人生は完全になくなったんではなくて、これからも続けていかなきゃならない。止まってしまった人生をもう一度動かすためには、それ相応の力学を働かせなくちゃいけないじゃないですか。それには闘っていかなきゃいけない、この世の中と向き合いながら。そういう認識があるんだけども、でも実際に国や専門家や支援者や、そういう人たちと接する場面では、俺たちはかわいそうな被災者だっていう、そういう接し方をされている感じがある。向こうは与える側、こっちは受ける側みたいな」。

やはり、この立場の逆転をこそ、目指していかなければならないのだろう。復興するためには、この事態を乗り越えるためには、被災者は闘う被災者でなければならないはずだ。しかしもしかすると、今行われている国の復興も、民間の支援も、あるいは専門家や科学者たちの関わりも、被災者を「闘えない被災者」にしてしまっているのではないか。山下はいう。

「本来あるべきものの転倒が、この議論のなかでもずっと、何度も現れてきたことなんだよね。復興でも支援でも、科学でもメディアでも。「誰のためのものなのか」という問いがいつもひっくり返されている。でもこれこそ、そろそろ正さないと、本当に取り返しのつかない、とんでもないことにつながる気がする。というのも……」。

山下が気にするのは、「かわいそうな被災者」の行方だ。

「このまま、闘う被災者の戦線が展開されずに、「かわいそうな被災者」だけが残ってしまったら。それも大量にそれができあがってしまったときに、いったいどう対応するのか。その行方や責任を、誰も考えていない気がする。闘う被災者があきらめや断ち切りで、この事態から身を引いてしまったら、残った闘えない被災者はますます無力化し、国や専門家や、支援者にとっても、もはや手に負えないものになってしまうんじゃないだろうか」。

佐藤はこの話を聞いて、「それは、さっきの危険自治体の問題と非常に似てるよね」とつぶやく。

「国が補助金を与え、それに自治体が依存する構造。日本社会では、震災前からこういう構造を元にして、国が自治体を飼い慣らしてきた。この事故でもそれがはっきり見えるわけだけれども、実はこの事故のあと、自治体たちは闘っていたんだと思う。ところがそれをまた、国が強制的に元の依存構造へと追い込もうとしている。それがこの1年ほどの動きだったんじゃないか。でもその結果起きることは……」。

本来、復興は自然におこる。どんな災害のなかからでも、生き残った人間は再び生命の光を輝かせながら立ち上がろうとする。それはこの21世紀の原発事故でも同じなのだ。むろん事態が複雑化しすぎているから、これまでの災害とは違って、人々が立ち上がるには多くの人の協力が必要だ。ところが、それを支えるべき国や、専門家、支援者たちが、もし闘う被災者を闘えない被災者にしてしまったら。あるいはまた闘う自治体を闘えない自治体にしてしまったら……。だが闘えない者も、生き残るためには何らかのかたちで闘っていかねばならない。しかしすでに飼い慣らされてしまった者は、依存を超えて、してはならない闘いを始めるかもしれない。そうすればそれは、もはや手に負えないものに変貌してしまう可能性がある。追い詰められたネズミは突然、豹変し、狼に生まれ変わるかもしれないのだ。

でも——と市村はいう。市村は決して、事態を悲観していない。

「でもね、専門家や支援者の人たちとの関わりには、必ずありがたいことに善意があるんですよ、みんな。俺らの周りでは本当にそう。この善意は本当にありがたいと思ってるんです。だからはっきりいうと、闘う被災者とともに歩む存在として、専門家だという人たちにはともに考えてほしいし、例えば弁護士さんたちには、法的な理論を一緒につくる人たちになってほしいし、もちろん政治家もそうだよね。助けてくれるんではなく、一緒にこの事態を闘ってほしい。そして支援者はその闘う被災者をどう支えられるのかっていう、そういうふうな構造が欲しいなって思ってる。そういうことが被災者からすれば本当は求められるのかなと」。

こうしたかたちで被災者発の復興を、被災者発の科学や技術によって提起し、それを復興庁をはじめ、国の各省庁に手伝ってもらえるような態勢ができていくこと、これが今、市村が考える理想の姿である。

そしてその際、この事故がただ個人や集団に対する被害にとどまらず、自治体やコミュニティそのものの破壊や崩壊を導いたのだとすれば、その再生の起点にはやはり、被災した自治体やコミュニティがなければならず、決してそれは個別の「人」ではないだろう。そのためにも、除染やリスク・コミュニケーションの前に、まして個々の人々の帰還をむやみに急がせる前に、まずは壊れてしまったコミュニティ、なかでも壊してしまった自治体の早急なのである。

再建――住民の再確定と、何らかのかたちでの自治体の再組織化――が進められるべきなの

福島第一原発事故で汚されてしまったあの場所の安全性の回復。そしてこの事故によって破壊されてしまった、この地にあった自治の回復。そしてこれらを支えるべき、より大きな自治（周辺自治体や福島県）や、健全な国家主権の確保。突き詰めるならこれらこそが事故ののち、我々に課されている真の課題なのだ。逆にいえばこの事故は、ある特権的な人々が、「任せるから」という人々・自治体の依存を利用しながら権力や富を専有し、しかしその「任せてください」を全うせずに、絶対に安全であるべきものを危険にさらしたことに最大の原因がある。その結果、人々の安全、自治、主権が大きく破壊されてしまった。

もっとも、こうした依存と専有の抱き合わせは今回急に現れたものではなく、どうもすでにこの国の隅々にまで行き渡っている現象であり、そのなかで人を人と認識せず、安全・安心を軽視し、それどころか経済や効率のために利用して、自己の利害を優先するものたちが、この国のなかに知らず知らず巣くってきたのであった。こうした醜いものの作動を押しとどめ、人の暮らしの観点から、政治や経済、科学や技術を活用できる、そんな新しい社会への再構築こそが急務だ。

だが、もはや崩れてしまった私たちの社会を元に、そんな再構築などできるのだろうか。

もしこの国に何か変化が起きるとすれば――そのときの山下のイメージはこうだ。

「日本の国は一見ボロボロに見える。でもこの船は今のところ決して沈む船ではない。これ

ほどの大震災と原発事故を経て、今もまだ正常だ。これはある意味、すごいとしか言いようがない。でもそれは、もちろんもはや万全でもない。この先もしっかりとこの船は浮いていられるのか、多くの国民が不安に思いながらも、逃げ出せずにこの船にしがみついている」。

だが、もしかすると今の船では、もう駄目なのかもしれない。とりあえず浮いてはいるが、行き先も見えずにただ漂流しているだけのようだ。

「でも、この船のどこか一点をみんなで押せば、そこからこの船はひっくり返り、新しい船に生まれ変わるかもしれない。ボロボロになってしまった浮き船の底側にはまだまだ健全なものが残っていて、船をいったんひっくり返すことによって、この船は再びよみがえるのかもしれない」。

この日本という船を、沈めずにどこかの一点でひっくり返す。ふるさとを思い、この国を思う、一つひとつの力を一点に集中させ、それも冷静に見極めた一点にすべてを注いでいく。ちょうど浮き板をひっくり返すように。日本の歴史でも、これまで社会の自己変革はそんなふうに起こってきたのではないか。

「その一点が、二重住民票なのか、仮の町なのか、あるいは賠償をめぐる議論なのか、避難する権利なのか、あるいはもっと別にあるのか。それはまだ分からないけれど、でもそれを見極めることで、何かが一気に変わる可能性はある。今はそのための準備をしているときのような気がする」。

佐藤はいう。

「そのためにもやはり、国民の役割というか、世論がどうなっていくのかが、強く関係してくるのは間違いない。何かが変わるとしたら、研究者も支援者も大事だけど、ふつうの私たち国民が何らかのかたちで変わることが必要だ。そのためにどうするかといったら、まずはやはりきちんと問題を理解すること。この国に起きている現実を理解すること。その上で、この国を正しく変えようという人々の闘いに、一人ひとりがどういうふうに関われるのかを考えていくこと」。

この本はそうした観点から、東日本大震災・福島第一原発事故と避難の問題を多くの人と共有するために編んだものだ。私たちは、この震災・原発事故がもたらした現実をどう理解し、どう向き合っていけばよいのか。このことはだが、この国の理解の仕方にも直接つながっており、それゆえこの問いに答えるためには、この国の問題構造をしっかりと解き明かしていく必要があった。むろん、ここで示したことは決して十分なものではない。だが、論理の道筋くらいはつけられたのではないかと思っている。私たちは、この国に広がる不理解を理解に引き戻し、そして不理解がもたらす様々な絶望を、希望ある未来へとひっくり返していかなければならない。そしてもし、この原発事故を通じて、この国の新しいかたちが見え、そしてまた私たちの暮らしの新しい姿が見えてくるなら——それこそが、この東日本大震災・福島第一原発事故からの、本当の復興なのかもしれない。

追記

すべてを脱稿した後で、我々はさらにいろんな論点を見逃していたことに気がついた。もしかすると再び機会を得るのは難しいかもしれないので、その中から一つだけ補足しておきたい。それは、「こわい被災者」というものである。市村に語ってもらおう。

「この本の最後に、俺は「闘う被災者」を強調した。でもあんまり「闘う」を強調すると、「かわいそうな被災者」から「こわい被災者」へと、印象が逆転するかもしれないと思ったんだよね」。

今とくに、いわき市などで起きている避難者と住民との軋轢などにはまさに、この「こわい被災者」というイメージが見え隠れする。そしてこの「こわい被災者」こそ、今後差別へとつながりかねないものだ。

「「闘う被災者」っていう表現をしたのは、俺たちもふつうの人間だってことを理解してほしいってだけなんだよ。事故の前までふつうの人生だった。そのふつうの状態にただ戻りたいだけだ。「闘う被災者」の闘いは、ふつうであるための闘いなんだよ」。

「こわい被災者」もまた、不理解の中から生まれてくるものなのかもしれない。被災を経験していない人間にとって、被災を経験した人とのコミュニケーションは確かにいびつなものになりがちだ。相手への気遣いが過剰になりすぎ、かえって思っていることが言えなくなる。被災者もまたそうしたコミュニケーションをうまくこなすことができない。そして互いのディスコミュニケーションの中で、「かわいそうな被災者」はしばしば「こわい被災者」に転換する。

だがそれを、もう一度、人間同士の関係に戻していくこと。それこそが、闘いの本当に大事な局面なのだろう。そしてそれゆえ、この闘いは間違いなく、被災者のそれであるとともに、被災していない人間の側の闘いでもある。被災者を特別扱いせず、ふつうの人として接し、当たり前の一人ひとりとしてつきあえるようになること。むろん被災者は被災者だ。被災はあらがえない事実なのである。だがそれを超えて、再び同じ人間として認め合えるような関係を取り戻していくこと。本書で記した「一緒に闘ってください」というメッセージにはおそらく、そんな闘いが含まれているのである。

2013年10月　山下記

注

第1章

1　避難の行程としてはさらに、2011年11月に設定された特定避難勧奨地点がある。第2章110頁参照。

2　もちろん表現としては、「当面は帰らない人たちにも支援を」という方針もうたわれている。しかし、実質的には何の施策もない現状が続いている。

3　正確には、多くの避難自治体が3月末までに再編し、さらに5月28日に双葉町が、そして8月8日には計画的避難区域に指定されていた川俣町山木屋地区が再編を実施して、この時期の区域再編は終了した。

4　なかでも飯舘村は、その復興政策を避難町村を引っ張るモデル的なものと位置づけ、推進している。川内村の帰還政策は、それに追随したものと一部には考えられている。ちなみに、飯舘村ならびに双葉郡内の住民、行政、さらに議員のなかからは、共通して次のことが指摘されている。原発事故後、避難指示区域の再編基準をはじめ、帰還政策のモデルが飯舘村や川内村で先行実施され、それらがルール化されて、双葉郡内の町村へ適用されてきた。飯舘村の菅野典雄村長自身も講演のなかでこの点に言及している（2013年8月8日、第43回ふくしま復興支援フォーラム）。

5　山下祐介・菅磨志保『震災ボランティアの社会学』（ミネルヴァ書房、2002年）参照。

6　山下・菅（前掲書、2002年）参照。また災害とコミュニティの関係については、山下祐介

『リスク・コミュニティ論——環境社会史序説』（弘文堂、２００８年）も参照。

7　ミシェル・フーコー『生政治の誕生——コレージュ・ド・フランス講義　１９７８〜１９７９年度』慎改康之訳（筑摩書房、２００８年）参照。

第2章

1　なおさらに、同日の長泥行政区の推定放射線量は毎時２００マイクロシーベルト程度であった。長泥行政区は、２０１２年8月段階で帰還困難区域に指定されている。

2　第1章注3を参照。

3　ここでは説明を簡略化するために、強制避難地域のうち20キロ圏の警戒区域内のみを対象として記述を行っている。なお、その他の事情を補足すれば、先述のようにすでに２０１１年9月までに20〜30キロ圏にあった緊急時避難準備区域は解除され、また各地のホットスポットに設定されていた特定避難勧奨地点も南相馬市を除く地域で解除された（２０１３年8月1日時点で、南相馬市の１４２地点１５３世帯は指定されたまま）。計画的避難区域も、本文で示したように、すべて同一基準で三区分に再編成された。なお、「避難指示解除準備区域」に指定されている区域のいくつかは、早いところで２０１４年春をめどに順次解除が進み、帰還が宣言されそうである。おそらくその数カ月後には、精神的賠償が打ち切られることが予想され、さらに避難先住居の借上げ住宅支援等も打ち切られることになれば、避難者のなかに大きな混乱が生じることは容易に想像できる。

4　付け加えれば、第1章注3に述べたように、計画的避難区域の再編が完了したのは２０１３年8月8日。

5　各事故調とは、２０１２年に発表された以下のものを指す。「東京電力福島原子力発電所におけ

る事故調査・検証委員会　最終報告」（政府事故調）、『国会事故調　東京電力福島原子力発電所事故調査委員会　報告書』（国会事故調）、「福島原子力事故調査報告書」（東電事故調）、『福島原発事故独立検証委員会　調査・検証報告書』（民間事故調）。

6　この本を準備している２０１３年８月現在、すでに緊急時避難準備区域の指定が解かれた川内村や広野町、田村市、南相馬市（うち、田村市、南相馬市の一部は現在も避難指示区域）でも、避難をしている人たちがまだ大勢いる。こうしたところでは役場の再開、学校の再開などが進められ、帰還準備は着々と進んでいるのにもかかわらず、人々が戻っていない現実がある。例えば川内村でも、帰還者（週４日以上）は３割から４割程度となっている。ただし、すでに避難指示解除の数カ月後には、精神的損害に関わる賠償は切られており、仮設住宅等の提供がなくなれば、今後帰らざるを得なくなる人々が大勢現れてくる可能性がある。

7　むろん手順はもう少し巧妙で、避難指示区域の再編や解除は、直接的には各自治体が行うことになっている。すでに行われた区域再編もそうだが、国が自治体に要請し、それを受けた自治体が住民に指示をすることになる。自治体とは住民の自治体だから、実際は首長・議会と国の間で決まったことでも、間接的には「住民自身が、自分で自分の運命を決定したこと」になっている。国の理解はそういうことであり、現行の自治の仕組みもそういうものだ。この点については、第４章で、とくに警戒区域の問題をめぐって詳細に議論する。

8　山下祐介・山本薫子・吉田耕平・松薗祐子・菅磨志保（社会学広域避難者研究会・富岡調査班）、「原発避難をめぐる諸相と社会的分断――広域避難者調査に基づく分析」『人間と環境』38（２）（日本環境学会、２０１２年）を参照。原発避難のその後の状況変化をふまえて、ここでは内容を少し修正してある。

9　緊急時避難準備区域は原発から20〜30キロに設定された地域で、この範囲に行政区域が含まれる川内村ならびに広野町、さらには一部が含まれる田村市、南相馬市では、当時の首長判断により、住民への避難指示が行われた。本書では、「一定の地域の住民が避難を強いられた」という意味において、これらの町村も事実上の「強制避難」地域として扱う。また特定避難勧奨地点は、いわゆるホットスポットだが、政府からの避難指示が出たという意味で同じく強制避難地域として分類しておきたい。

10 このことは逆にいえば、賠償は切られているにもかかわらず、被害は認められていて国・県が被害者の面倒をみているという奇妙な実態が出現しているということでもある。東電から国への責任の転嫁を示しているのかもしれない。本章注6も参照。

11 この点は、2013年3月に、政府担当者がツイッターで漏らした本音にも現れている。「懸案が一つ解決。白黒つけずに曖昧なままにしておくことに関係者が同意」。原発事故子ども被災者支援法をめぐる線量基準の検討が、関係省庁の合意によって7月の参院選以降に「先送り」されていたことに対する見解であった（「毎日.jp」ニュース http://mainichi.jp/select/news/20130801k0000m010178000c.html 2013年10月18日アクセス）。

12 さらにいえば、生活内避難という点においては、実は日本はみな地続きだともいえるだろう。事故直後は多くの人が放射能汚染を気にし、食べ物にも気を遣ったはずだ。このことは、「風評被害」としても扱われたが、実際に汚染された以上、「風評」ではないだろうし、またリスク回避の行動としては当然ともいえる。だが、その多くも、政府・東電側から一方的にリスクは低いとして、責任は生産者・消費者の方に押しつけられそうだ。「風評被害」を論じることは、「放射性物質による実害はない」と言っているのと同じだから注意が必要だ。我々は今も、不安を抱えながら暮らしを続けている。その意味では、国民の生活内避難は続いている。ふつうの暮らしを失ったのは、必ずしも福島の人たちだけではない。

13　２０１３年６月17日、自民党兵庫県連の会合での高市早苗議員の発言（「東京新聞」２０１３年６月19日）。なお健康被害については「隠されている」という話も多い。だがそもそも健康調査は十分なかたちで行われておらず、また既存のデータが様々な分野の専門家の間で共有されていない事実を前提に、我々は現状を見ておく必要があるだろう。

14　山下はいう。「ここには、傲慢な科学的啓蒙主義があると僕は思う。科学を理解していない人間に、科学を分からせようという、科学者の自己中心主義ですよ、これは。ある種の新興宗教が、自分たちの教説を理解できない人を「間違った人」と見なし、信仰を植え付けるために洗脳しようとするのに非常に似ています」。そして現実にすでにそうした一部の科学者たちの動きがあることに注意したい。なお、このことは科学としての社会学の立場からの分析であり、科学内部の議論（科学の科学）であることにも注意されたい。

15　賠償問題に関しても同じようなことが起きている点に注意したい。これも比喩で示しておこう。今、除染をめぐって加害者と被害者の間で起きていることはこうだ。ある人が歩いていたら、突然ペンキをぶっかけられた。相手は謝りもせず、勝手にペンキを拭いて、「さあもうとれました、いいですね」という。でも服はまだペンキでべったりだ。しかし相手はいう。「こんなの汚れているうちに入りません。他の人に聞いてみなさい。みんな汚れてないって言ってますよ」。そして最後にこうなるのだろう。「こっちはやることはやったし、これ以上は無理。沢山お金をあげるからいいでしょう。それで何とかしなさい。そんなに嫌なら新しい服を買えばいい」。個人と個人の関係であれば通らない一方的な論理だが、今回の加害者は、もしかするとこの状態を「和解」と考えているようだ。しかし、これでは多くの人は納得がいかず、このまま放置すればやがて賠償問題は複雑にこじれることになるだろう。

16　「避難する権利」の議論のなかでも、生活内避難者に対する配慮は強く働いており、例えば、医療対策等の充実によって、避難を望まない／できない人が安心して居住し続けられるような環境をつくることなどもうたわれている。しかし、これは健康を守る権利であって、避難する権利ではない。両者を包含する上位権利の導出——例えば「脱被ばく」を貫徹する権利（荒木田岳氏）——などが必要なのだろう。

17　長期広域避難については、日本では、長崎県雲仙普賢岳噴火災害と三宅島全島避難に関わるものが近年のものとなる。普賢岳噴火災害については、高橋和雄『雲仙火山災害における防災対策と復興対策——火山工学の確立を目指して』（九州大学出版会、２０００年）や鈴木広編『災害都市の研究——島原市と普賢岳』（九州大学出版会、１９９８年）を、三宅島全島避難については、田中淳・サーベイリサーチセンター編『社会調査でみる災害復興——帰島後4年間の調査が語る三宅帰島民の現実』（弘文堂、２００９年）を参照。

18　なお、コミュニティ概念には、ここでいう、事実としての人のまとまりという意味とともに、もう一つ、人々が統合の目標とするべき理想という意味もある。そしてこの二つの意味の関係性のなかに、「コミュニティ」という語の重要な機能も隠れている。ここで展開しているコミュニティ論はだから、そのうちの前者に偏らせたものであるが、本書はコミュニティの解説書ではないので議論に直接関係のない説明は割愛した。コミュニティ概念のより包括的な議論については、とりあえず、山下祐介『リスク・コミュニティ論——環境社会史序説』（弘文堂、２００８年）を参照。

19　市村がよくする話に、こういうものもある。「家族で必要だから今も車を2台持っている。でも一つは東京のナンバーに変えた。福島から来たと知られたくないから。でももう一台はいわきナンバーのままだ。その車で福島に戻る。高速無料化は本当に助かる。移動にかかる費用は馬鹿にならないから。でも福島に戻るときは、東京のナンバーでは行かれないよね。「あいつ富岡を捨てた」と思われかねない。そう言われるというよりも、そういうバリアが働く」。この自動車のナンバーの話は、彼らが置かれた二カ所居住の現実（第4章参照）を如実に物語るものといえそうだ。どちらにも居住しながら、どちらにも所属できていない感じなのである。

20　除本理史氏は、経済学者・池上惇のいう「固有価値」を、「地域」という文脈から「人々が長い時間をかけてつくり上げてきた地域の経済や文化そのもの」と解した上で、原発事故による「ふるさとの喪失」、すなわち、「避難先で代替物を見出しえない」「かけがえのない」有形無形のものを失ったことが、「多くの避難者に共通する基本的課題」ととらえ、コミュニティ賠償の可能性について検討している。大島堅一・除本理史『原発事故の被害と補償――フクシマと「人間の復興」』（大月書店、2012年）、除本理史『原発賠償を問う――曖昧な責任、翻弄される避難者』（岩波書店、2013年）参照。

21　むろんここにも罠はあり、いったんこの雇用関係のなかに入れば、自力で自分の生活を成り立たせることなどできなくなるということでもある。雇用システムに依存することではじめて、自由を得ているというわけだ。

22　これは農村社会学のなかでよくいわれている議論である。細谷昂他『農民生活における個と集団』（御茶の水書房、1993年）参照。

23　その意味で、現在進行中の原子力市民委員会（高木仁三郎市民科学基金）が今後どのような提言を示すのかが、日本の市民社会の行方を大きく左右することになるだろう。原子力市民委員会についてはホームページ（http://www.ccnejapan.com/ 2013年10月18日アクセス）を参照。

各論2

1　ここでの記述は、本書に先行して準備を進めてきた、佐藤彰彦「原発避難者を取り巻く問題の構造――タウンミーティング事業の取り組み・支援活動からみえてきたこと」『社会学評論』64（3）（日本社会学会、2013年）をもとに、より広範な語りを対象に再分析を行ったものである。

第3章

1 開沼博『「フクシマ」論――原子力ムラはなぜ生まれたのか』（青土社、2011年）参照。

2 ただし、これは例えば原発稼働終了後の廃炉にかかるコストなどは含まないという前提での話である。

3 女川町は、宮城県内の津波被災地において、人口に対する死者・行方不明者の割合が高い地域であった。山下祐介『東北発の震災論――周辺から広域システムを考える』（ちくま新書、2013年）第2章を参照。

4 葉上太郎「原発頼みは一炊の夢か――福島県双葉町が陥った財政難」『世界』11月号（岩波書店、2011年）参照。発電所近くの展望台に「磐城飛行場跡」の石碑がある。1940年に旧大日本帝国海軍が半ば強制収用のかたちで用地を取得。第二次世界大戦末期には特別攻撃隊の養成基地となった。

5 石炭産業や軍事産業よりもリスクが大きいという言い方は一面的かもしれない。これらはこれらでまた大きなリスクであった。だが、21世紀となっては、原発のリスクの方が大きいとはいえるかもしれない。石炭採掘は機械化され、事故のリスクは軽減されている。そして軍事施設には有事の際の危険はあるが、原発にも同様にテロ攻撃の危険が潜んでいるからである。

6 本来、太平洋岸は大津波の常襲地帯であり、貞観津波についても2000年代にはすでに広く知られていたから、その対応をしていなかったことは、東北の太平洋沿岸に暮らしていた者の常識からすれば考えにくいと思われる。
7 念のために補足すれば、山下も佐藤も研究者とはいえ、原子力関係の勉強をした者ではないから、その点では素人だ。両者は社会学の研究者であり、人間や地域社会やコミュニティの専門ではあるが、それ以上ではない。この本でも、その点での領域越境はしていないつもりだが、読者も十分に注意して読み進めていただきたい。
8 「毎日.jp」より（http://mainichi.jp/feature/20110311/news/20120822ddm010040007000c11.html ２０１３年10月18日アクセス）。
9 この「河北新報」の報道にはやや注釈が必要かもしれない。市長本人の説明は、「避難者の一部にそうした人が見られるが、（こうした報道を通じて）それがあたかも避難者すべてがそうであるかのように（世間に）理解されることを危惧している」（２０１３年3月30日に福島市内で開催された日本自治学会セミナーでの本人発言に基づく）というものであった。また実際にいわき市の施策にも避難者をことさら区別するようなものは見当たらない。当時のいわき市民の避難者に対する不理解がこの報道の意味を歪曲したきらいがある。なお付け加えておけば、被災者がパチンコ店に行く理由というのも、当人たちによれば必ずしも「パチンコで遊ぶため」ではなく、「パチンコ店に行けばだれかれ同郷の友人に会えるから」だったり、そもそも「仕事も田畑も家族も失った避難生活からの現実逃避」としての行動であったりしているようだ。
10 この本の編集の最終段階になって「子ども・被災者支援法」の方針案として、みなし仮設の２０１５年以降の延長案が出た（「朝日新聞」２０１３年10月10日）。

各論3

1 本研究会は、執筆者の一人である山下祐介を世話人とする社会学者ならびに大学院生らによって構成される研究グループで、2011年6月に発足し、それ以来、原発避難問題に焦点をあてた調査研究に取り組んできた。メンバーの多くは、東日本大震災発生後の被災地や東京電力福島第一原発事故に伴う避難者を受け入れている福島県内外の地域で、支援活動や調査活動に関わってきた。なかでも富岡調査班の取り組みはTCFが主催するタウンミーティング事業のほか、交流サロンや同窓会などの「集い事業」等への協力活動を通じて、本書で扱っている問題に継続して関わってきた。以降、本文中の「研究会」は、とくに断りのない限り「社会学広域避難研究会富岡調査班」を指す。

2 山下祐介・開沼博編『「原発避難」論――避難の実像からセカンドタウン、故郷再生まで』（明石書店、2012年）第2章に登場するA氏である。

3 一人あたりおおむね3時間から4時間ほどの聞き取りを行うかたちで進められた。この第一次調査の結果は、『富岡広域避難者調査報告書』（2012年、未刊行）としてまとめられた。

4 といっても山下としては、研究会や研究者が「これができます」というやり方はせず、市村たちが「やりたいことを実現するスタイル」にしたかったので、市村たちが何を言い出すかを待っていた。しかし、当時は、市村も得体の知れない研究者や研究会とどう接するか決めかねていた時期でもあった。

5 2013年度日本社会学会（札幌学院大学）における橋本摂子氏の報告内容に基づく。橋本氏は2011年9月に実施された「双葉八町村災害復興実態調査」の設計・実施・分析に関わった立場から、得られた結果の今後の扱いなどについて自ら批判的な評価を加えている。

6 市村高志「私たちに何があったのか――「とみおか子ども未来ネットワーク」の二年間」『現代思想』41（3）（青土社、2013年）参照。

7 佐藤彰彦・山本薫子・高木竜輔・山下祐介「原発避難をめぐる社会調査と研究者の役割――社会

学広域避難研究会富岡班による研究活動」『災後の社会学』1号、震災科研プロジェクト2012年度報告書（科学研究費補助金「東日本大震災と日本社会の再建――地震、津波、原発災害の被害とその克服の道」）参照。

8 主な調査対象は、富岡町役場、周辺町村役場、復興政策に関係する国の主要な省庁、このほかに新聞記者などメディアやジャーナリスト、社会学および他分野の研究者、弁護士等の実務者、国会議員ほか政治家などであった。

9 研究者が行う聞き取り調査に（インタビューアーとして）被災当事者が参加することは、研究上は次の理由からタブーなはずだ――当事者の発言等によって、調査内容が変わる、相手が自分の言いたいことを言えなくなる、本来「被災者が聞いてはならない」情報を当事者が聞いてしまう可能性があるなど。しかし、この調査は、研究者のための調査ではなく、被災者のための調査であり、そこから得られる「実態」を、我々よりも、被災当事者である市村が聞くことが大切だと考えた。すでに市村は、TCF設立の時点から「覚悟」――個人ではなく、被災者の代表の一人である覚悟――を決めていた。だから、このときの調査では、市村を「一被災者」ではなく「被災者の代表」として関わってもらうことにした。思い返してみれば、この頃に市村と我々で実施した調査が、この本をつくる構想につながった。

第4章

1 山下・佐藤が以前取り組んだ著書の副題にも「故郷再生まで」の文言を組み込んでいた。山下・開沼編（前掲書、2012年）。

2 国民生活審議会調査部会コミュニティ問題小委員会が、報告書「コミュニティ――生活の場における人間性の回復」（1969年）を取りまとめた。

3　セカンドタウンについては山下・開沼編（前掲書、2012年）第1章および第2章を参照。なお、仮の町・町外コミュニティ・セカンドタウンについてはこれまでの経緯のなかで、個々には分村・分町、集団移転等の議論がありながらも、具体的内容の検討には至らず、また他方で、土地の権利関係、受け入れ自治体への配慮など、様々な障壁を越えられずに、結果的に現行のようなものに行き着いたとする見方もできよう。が、いずれにしても、早期帰還を前提にした政策が強く作用しており、「帰るのなら仮の町は要らないだろう」という論理が働いていると考えたほうが現状理解はたやすいだろう。

4　阿部晃成「復興計画がさえぎる故郷の未来——石巻市雄勝地区の高台移転問題」『現代思想』41（3）（青土社、2013年）参照。阿部氏の被災とその後の活動の経緯が綴られている。

5　福島県内全59市町村のうち政府が避難指示を出していない福島市、郡山市など23市町村を対象に、大人は一律8万円、18歳以下の子ども・妊婦に対しては、一律一人40万円が支払われ、その後、「自主避難に要する費用が基準額を上回る」との判断により、東電から約20万円の上乗せがされた（「読売新聞」2012年2月28日）。さらにその後、2012年7月には、会津など県南地域に住んでいた子ども・妊婦も対象に加えられ、同様に一律一人20万円が支払われることとなった（東京電力ホームページ http://www.tepco.co.jp/comp/faq/index5-j.html　2013年10月18日アクセス）。参考までに、福島県は、自主避難者の県外での借上げ住宅支援に関し、これまで、災害救助法に基づく支援を行ってきたが、「県外への避難者が減少傾向にあり、地元への帰還が始まっていることなど」を理由に、県外借上げ住宅の新規受付を2012年12月28日で終了している。また、その一方で、帰還政策は進められている。例えば、県外自主避難者のうち、子どもまたは妊婦のいる世帯に対しては、福島県内の借上げ住宅に住み替えする場合に限り支援が行われている（2012年11月1日以降に住み替えする場合が対象で、入居期間は2014年3月31日まで。ただし、2013年10月現在、その延長が検討されている)。以上、福島県庁ホームページ(http://wwwcms.pref.fukushima.jp/download/1/02_24.11.5kengai_shinkiuketsukesyuryo.pdf ならびに http://wwwcms.pref.fukushima.jp/download/1/01_25.1.24kengaijisyukariage5-2.pdf いずれも2013年10月18日アクセス)。

6 我々はこうした問題については素人だから、厳密には専門家の議論を参照されたい。原発事故の賠償論に関しては、大島・除本(前掲書、2012年)がまずは参考になる。また今回の事故に関わる原子力賠償紛争審査会(原陪審)の経緯などについては、中島肇『原発賠償――中間指針の考え方』(商事法務、2013年)を参照。なお付け加えるならさらに、原子力損害の賠償に関する法律4条3項は、「原子炉の運転等により生じた原子力損害については、(略)製造物責任法(平成六年法律第八十五号)の規定は、適用しない」と定めており、この点でも原子力事故の責任主体は原子力事業者(電力会社等)のみであって、GEなど原子炉メーカーは責任を負わない構造になっている。

7 これらの算出方法としては、①固定資産税評価額から算定、②建築着工統計による平均新築単価から算定、③個別評価のいずれかを当事者が選べるかたちにはなっている。例えば、飯舘村のケースでは、当事者が申請をしたのち、(当事者が指定をしない限り)①・②のうち高い方の金額が東電から提示され、それを住民が了承するかたちが採られている。なお、本文中の「約2割」は、築48年以上の木造家屋を上記①で算出する場合。これを②で適用した場合は、築48年以上の建物のうち事故時点で居住の用に供されていた部分について、最低賠償単価(坪あたり約13・6万円)が適用される。

8 なお、このことは帰還政策と関連している。賠償が行われても土地の所有権は本人に帰属したままで国や東電による買取りや借上げという発想は基本的にない(ただし、特定の区域における汚染度の状況、あるいは、今後の中間貯蔵施設整備の動向等如何によって、今後そうした例が出てくる可能性はある）。また、家屋などの財物賠償についても所有権は移行しないことになっている。そのため、「避難指示が終われば住めるでしょう」というかたちで、残存価値に乗じる数値が設定されているようだ。また本来、文部科学省に設置される原陪審が賠償基準をつくるのだが、一時、この原陪審がストップし、かわりに経済産業省資源エネルギー庁に設置された、原子力賠償円滑化会議がスキームをつくっていたこともあったようだ。原発賠償の実態については、除本（前掲書、２０１３年）のほか、『プロメテウスの罠〔29〕家が買えない「東電と国が値切るから」』（朝日新聞ＷＥＢ新書版、２０１３年）、除本理史「「復興の加速化」と原発避難自治体の苦悩――避難指示区域の再編と被害補償をめぐって」『世界』７月号（岩波書店、２０１３年）に詳しい。

9　とはいえ先述した通り、津波被災地の多くは今、巨大防潮堤の設置を強いられており、この問題には国家が絡み、被災者たち自身ではもはや、なんとも動かしがたい事態になっている点は、強調しておく必要があろう。津波被災者もまた、別のかたちで婉曲しながら、この国や国民と対峙している。ただしその陥穽からの脱出の道筋は、原発被災地よりは本当は見出しやすいはずである。それはやはり住民たち自身の合意であり、市町村、そして何より、県庁・県知事の理解と決断によるのだろう。国や国民が津波被災地の復興のあり方に利害を重ねることは、基本的にはないはずだからである。

10　水俣病を含めた公害問題の被害構造論については、飯島伸子『環境問題と被害者運動』（学文社、１９９３年）が著名である。その他、飯島伸子・舩橋晴俊編著『新潟水俣病問題――加害と被害の社会学』（東信堂、２００６年）、関礼子『新潟水俣病をめぐる制度・表象・地域』（東信堂、２００３年）なども参照。

11　いやもしかしたら、これもまた両者に共通するものなのかもしれない。少なくとも今のまま、将来の津波のリスクを絶対的に回避するために、「その土地でのコミュニティの再建を許さない」ということになれば。この場合は、人ではなく、土地がスティグマを負うことになるのだろう。

12　2013年6月に報道された次のような事態は象徴的だ。田村市都路地区（避難指示解除準備区域）では、環境省による直轄除染が完了したものの、除染後の空間放射線量は平均で、毎時0・32〜0・54マイクロシーベルトにとどまり、除染基準の毎時0・23マイクロシーベルトまで下がらなかった。この結果に対し、政府側（環境省）が、基準値と「個人が生活して浴びる線量は結びつけるべきではない」としたうえで、「新型の優れた線量計を希望者に渡すので自分で確認してほしい」と自己管理を要求したことが報道され、問題になった（「朝日新聞」2013年5月29日）。だがそもそも除染は当初から難しいといわれており、除染を担当した環境省としてもまさにこれが本音なのだろう。

13　もちろん賠償の原資の最大値をいくらと見積もって、それを配分すれば「このくらいで帰還してもらわねばならぬ」という論理の組み立ては、財政政策としては理解はできる。ただしそれでは今度は「これははたして賠償なのか」という疑念が生じてくる。賠償は一方的に加害者側の都合で総額を決めるようなものではないはずだからだ。

14　外れることを目指す負の予測は、これまでの科学とは違った科学のあり方を導くものかもしれない。成長の時代の科学は、目指すべき目標を定め、それを達成することにその役割をおいてきた。これに対し、リスク時代においては、科学は、その予測が当たらないことを通じて、その機能を発揮する。おそらく放射線リスクもそのように扱われなければならないはずだが、いまだに古びた科学の認識のままでいるのが現状なのだろう。xミリシーベルトで安全かどうかを確定することができない以上、被曝した場合／被曝する可能性がある場合、その影響によって悪い結果が出ないようにするためにどのような対処が適切なのかを示すことが人間のための本来の科学の役割となるはずだ。放射線リスクの基準は、社会的・心理的変数と絡めて決定されねばならない。しかし、社会を扱う社会学者が放射線のことが分からないのと同様に、放射線を扱う専門家に人や社会のことが専門家として分かるはずがない。にもかかわらず、帰還や安心、地域の将来にまで彼らが侵入し、越権を犯した政策が現実に展開されている。これからの科学のあり方については、研究領域間の対話とともに、こうした領域の不法越境の問題にも十分に注意しなければならない。

15 以下、この項の議論は、本書のために用意していた素材をもとに、その一部を山下祐介「「帰る」「帰らない」をめぐる住民と自治体――原発避難自治体の2年目」『住民行政の窓』(日本加除出版、2013年)として先行して発表したものである。

16 鈴木広編『災害都市の研究――島原市と普賢岳』(九州大学出版会、1998年)参照。

17 船橋洋一『カウントダウン・メルトダウン』下巻(文藝春秋、2013年)には、避難指示や避難区域の設定をめぐる折衝過程のなかで、政府が福島県や飯舘村等への配慮や説得に苦慮していた様子が描かれている。

18 ただし、各自治体の説明会では、この国の考えを自治体が説明するかたちとなっており、こうしたプレゼンのやり方が、さらなる自治体と住民との分裂を引き起こす契機にもなっていたようだ。

19 その後、2013年2月8日の衆議院予算委員会で、日本共産党笠井亮衆院議員の「(2011年12月16日に)民主党野田首相が行った「収束宣言」を撤回するということでしょうか」という質問に対して、安倍総理からは、本文に記述した発言以上の明確な答弁がなされなかったことにも注意が必要だろう(日本共産党「しんぶん赤旗」http://www.jcp.or.jp/akahata/aik12/2013-02-10/2013021004_01_0.html 2013年10月18日アクセス)。

20 20ミリシーベルトという年間積算線量値は、ICRPの2007年勧告に基づくものである。このなかで「20~100ミリシーベルト」は、（原発事故等の）「緊急事態における被曝低減のための対策」など、「被曝低減にかかる対策が崩壊している状況に適用」されるものとして説明されている。また、同勧告にある「1~20ミリシーベルト」は、「長期間の復旧作業」や「長期雇用」による「計画被曝」にあたる。したがって、現行の帰還政策における20ミリシーベルトという基準値は、前者の最低値、かつ、後者の最大値でもある。以上、文部科学省放射線審議会基本部会「国際放射線防護委員会（ICRP）2007年勧告（Pub.103）の国内制度等への取入れに係る審議状況について——中間報告」（文部科学省、2010年）を参照。なお、ICRPは、放射線が人体に及ぼす影響のうち「確率的影響」については、「放射線の被ばく線量と影響の間には、しきい値がなく直線的な関係が成り立つ」というLNT（しきい値なし直線）仮説を示している。つまり、いかに低線量でも、確率は低くなるとはいえ、リスクはあるという立場である。

21　東電から被災者に支払われる「精神的賠償」「財物賠償」とも、再編後の区域によって、被災者への支払い方法・支払い総額が異なる。帰還が長期化するほど、賠償の支払い年数（精神的賠償）や掛け率（財物賠償）が増加する。

22　現在進められている帰還政策のなかで用いられている放射線量の算出方法は、1日のうち、8時間を屋外で、残りの16時間を屋内で生活することを前提としている。屋内で過ごすとされる16時間分の被曝量は、0・4の低減率を乗じて算出する。この方法で年間20ミリシーベルトから逆算し、これに自然放射線由来の毎時0・04マイクロシーベルトを加算すると、「屋外の空間線量が毎時約3・8マイクロシーベルトを超えていなければそこで生活しても大丈夫」ということになる。参考までに、年間5ミリシーベルトを帰還基準にしている飯舘村（住民説明会で提示）の場合、同様に計算した値は毎時約1・0マイクロシーベルトとなり、これを下回れば安全とされている。

23 「電離放射線障害防止規則第3条第1項第1号」によれば、「外部放射線による実効線量と空気中の放射性物質による実効線量との合計が3月間につき1・3ミリシーベルトを超えるおそれのある区域」が「管理区域」とされる。医療現場等の放射線管理区域の基準が年間約5ミリシーベルトといわれるのは、その4倍の12カ月（1年）あたりの数値が約5ミリシーベルトであることに根拠がある。

24 ただし厳密にいえば、避難指示を解除するかどうかも最終的には各自治体の判断であり、論理的には住民はそこに参与はできる。礒野弥生「避難指示の解除をめぐる法的課題――福島原発事故をめぐって」『人間と環境』39（1）（日本環境学会、2013年）参照。とはいえ、警戒区域を設定していた時期ほど、区域設定を維持する自治体の権限は現実として強くはないだろう。それでもなお、自治体も住民も現行の早急な帰還政策に抵抗し得る手段がまだ残っている点については、十分に認識しておく必要がある。

25 明治政府は「廃藩置県後の第一次府県統合」により、「国土を分割するかたちで県や町村の領域を確定」し、「全国どこの土地もどこかの自治体に所属させる」ことにした。このことが、「集権体制の確立を急ぐ明治政府」にとって、「国家行政の末端機能として利用可能な自治体制度を構築する必要があったから」にほかならないことにも注意しよう。今井照「「仮の町」が開く可能性」『世界』4月号（岩波書店、2013年）参照。

26 「富岡町住民意向調査」調査結果〔速報版〕（富岡町ホームページ http://www.tomioka-town.jp/living/cat16/2013/02/000731.html 2013年10月18日アクセス）。

27 現実のディテールはもっと複雑だ。というのも、家族同士がお互いを気遣い、本心を言えずに――例えば、高齢者が心の底の「帰りたい」気持ちを殺して「家族一緒ならどこでもいい」と口にするなど――しばしば嘘をつき通すからである。そうした現実が今なお強いられていることにも留意しなければならない。各論２も参照。

28 例えば、次のような人々が該当するだろう。借上げ住宅の家賃補助や東電からの精神的賠償の打ち切りなどにより、近い将来、避難先での生活を維持できなくなるであろう人。一定の蓄えや仕事を持っていても、避難先で生活再建できるほどの財力を持たない人。すでに原地の顧客層を失った（失いつつある）個人商店・事業主やその家族経営者層。原地に大規模な施設や設備を備えた工場や事業所を抱えており、かつ移転するだけの資金を持たない事業者たちなど。

29 大野晃『山村環境社会学序説』（農山漁村文化協会、２００５年）参照。

30 今井（前掲書、２０１３年）ほか。また同様の議論として、金井利之『原発と自治体――「核害」とどう向き合うか』（岩波書店、２０１２年）がある。

31 もっとも、最近では富岡町はもちろんのこと、他の市町村でも二重住民票の問題にふれる首長は多い。また、日本学術会議・社会学委員会「東日本大震災の被害構造と日本社会の再建の道を探る分科会」でも、２０１３年6月27日に、「原発災害からの回復と復興のために必要な課題と取り組み態勢についての提言」を発表し、被災者手帳などとともに二重住民票の検討についてふれている。

32 富岡町などの原発周辺自治体の場合、政策的には、基本的に5年（事故後から数えて6年）で帰還するスキームになっている。特例法はそのための応急措置として、短期間のものとして理解されている嫌いがある。5年で不要になるのにわざわざ住民の二重登録を検討する必要はない、ということなのだろう。ただしなぜ5年が帰還の基準になっているのかについては、形式的な放射能汚染の減衰予測のほかに、十分に検討された経緯があるようには見えない。

33 今井（前掲書、２０１３年）は、「シティズンシップ（市民権・市民性）の多重性」という方向から住民票問題を論じている。シティズンシップとは、「市民として活動する権利、政治的、社会経済的な権利と義務」である。我々は、経済活動の広域化に伴って、国や国民を超えたものと共存しなければならない。「多重性」とは、そのときに、単一国民国家ではフォローできない部分を、複数のシティズンシップで補完するという考え方である。そして「二重の住民登録」はこうした考え方に依拠しているという。それは、原発避難者が、避難先・避難元の「どちらの地域も捨てないで、どちらの地域や人たちともつながりを持ち続けていく」という多重市民権・市民性を保障する仕組みとされる。

34 ここで述べる富岡町と同じ状況は、程度の差はあれ、他の避難自治体でも生じる可能性がある。むろん実際に何が起きるのかはその時になってみなければ分からない。以下はあくまで富岡町を中心としたシミュレーションである。なお元々、こうした状況を見越して、「セカンドタウン構想」などが提起されていたことにも注意をうながしておきたい。山下・開沼編（前掲書、2012年）参照。

35 福島県内で、除染後に排出された放射性物質を含む汚染物をすべて中間貯蔵施設に搬入し終わるまでに、数年~数十年かかるという専門家の試算結果もある。例えば吉田樹氏（福島大学准教授）による試算例の一つはこうだ。「片側1車線の国道6号の利用を汚染土の搬入用車両に限定した場合、道路の片側を10トントラックが走れるのは1時間あたり500~600台程度。安全性の観点から、トラックの通行を日中8時間とし、毎日続けると仮定。この条件のもとでは、搬入完了までに2~3年半近くかかる」。吉田氏は、「実際はさらに長期化する可能性が高い」こと、「搬入を円滑に行うため、専用道の整備も検討すべき」ことなどを指摘している。これらに加え主要道や専用路へのアクセス、荷下ろし、搬入技術の開発などを勘案すれば、汚染物の処理完了まで10~数十年かかってもおかしくないだろう。

36 「手抜き除染の横行」（「朝日新聞」2013年1月4日）に関してはその後も繰り返し取り上げ

られたので記憶に新しいだろう。また、第一原発でも汚染水の処理等をめぐり現在も様々なトラブルが続いていることは周知の通りである。

37 「可能性がある」としたのは、例えばこういう可能性もささやかれているからだ。最終処分場の完成まで少なくとも30年がかかるとすれば、その間、放射性物質の半減期等の影響によって、施設の完成時点で中間貯蔵施設に保管されている放射性汚染物質を最終処分場に移転する必要がなくなっている可能性がある。しかも中間貯蔵施設に収容された汚染物の一部が一般廃棄物として処理できるレベルまで低下するとすれば、結果として「福島県外に整備することになっている」最終処分場は必要性がなくなり、逆にこの県内の中間貯蔵施設こそが、外からも搬入可能な実質的な最終処分場に転用されるかもしれない。

38 誤解のないように補足しておけば、放射性物質を嫌がるのは当たり前であり、それを排除したいのは当然のことである。問題はそうしたものをちまたに溢れ出させたことにある。放射性物質を嫌がる側に問題があるわけではない。

39 アラン・マルク・リウー氏を招いた首都大学東京での研究会（2013年6月）における左古輝人氏と西山雄二氏のご教示による。

40 今井（前掲論文、2013年）参照。今井氏は金井利之氏の「空間なき市町村」にならい、これを「空間なき自治体」と呼んでいる。例えば、「避難先の住所が居住実態に基づく」ものなら、「避難元の住所は人と人とのつながり」、すなわち、「土地とは直接リンクしないネットワークのような自治体」になる。それでも今後、「完全に「空間なき自治体」となる町村」はなく、避難元は「自治体の空間であることには変わら」ない。これから、復興に向けた「政治・行政」の動きが展開されるなかで、避難者との「つながりを維持するという新しい仕事が、バーチャル自治体の業務として追加される」という。

41 以下、本文の内容については、先述の日本学術会議・社会学委員会「東日本大震災の被害構造と日本社会の再建の道を探る分科会」の提言も参照のこと。この提言の作成には山下が関わり、佐藤、市村も情報提供者として参加した。提言とは形式も内容も大きく異なるが、以下はその展開可能性を我々の理解で示したものである。なおこの提言の別の解説として、舩橋晴俊「震災問題対処のために必要な政策議題設定と日本社会における制御能力の欠陥」『社会学評論』64（3）（日本社会学会、2013年）も参照。

42 ジュヌヴィエーヴ・フジ・ジョンソン（舩橋晴俊・西谷内博美監訳）『核廃棄物と熟議民主主義——倫理的政策分析の可能性』（新泉社、2011年）、篠原一『市民の政治学』（岩波書店、2004年）ほか参照。

43 篠原（前掲書、2004年）参照。篠原は、「討議デモクラシーの原則」についての説明のなかで、討議を効果的に行うため、小規模グループを基本とし、グループの構成は固定せず、流動的であることが望ましいとしている。

44 各論3、257頁のA氏。

45 山下祐介『東北発の震災論——周辺から広域システムを考える』（ちくま新書、2013年）参照。東日本大震災を広域システム災害という観点から読み解いている。

46 もう一つ例を示しておこう。東日本大震災では、2011年6月に、震災復興の方針を示す、「復興構想会議」による答申が出ている。ある意味では総花的な答申ではあったが、そこにはこの大震災に対するこの国の学識関係者たちの高い見識も示されていた。しかしながらこの答申の柱となる精神は等閑視され、そこにあげられた個別の提案だけが各省庁につまみ食いされた感がある。これもまた、分化された行政システムの問題性を示す事例といえる。

＊

本書の論理構築にあたって、トヨタ財団「２０１２年度東日本大震災対応『特定課題』政策提言助成」および、平成24年度厚生労働科学研究費補助金（地球規模保健課題推進研究事業）「福島第一原子力発電所事故による避難者のソーシャルキャピタルと被害構造に関する実証的研究」と平成23〜25年度科学研究費補助金「持続的な地域コミュニティを確立するための条件に関する社会学的研究」の成果の一部を使用した。

おわりに

市村高志

２０１１年３月11日。あの日に何もかも変わりました。本編でもふれているように「当たり前だった」暮らしが何の前ぶれもなく突然なくなり、人生のすべてが一変してしまいました。

私たちが経験をした「東日本大震災及び福島第一原子力発電所事故」は誰もが経験したことがない事象だと、至るところで耳にします。そのなかでよく聞かれる「大丈夫ですか？」「お困りごとはないですか？」という言葉には、癒やされることも多かったのですが、被災当事者はそれに対して明確に応える術を知り得ませんでしたので、正直戸惑うことがほとんどでした。何が起きているのか、何をすればいいのか。それは私たち当事者を含めて、誰ひとりとして「理解できていなかった」のだと思います。

この本に書かれていることは、私自身が被災当事者として経験したことをベースに、社会学者と議論した内容です。現状でできる限りの議論をし、そこから得られたことを述べたつもりです。共著者である山下さん、佐藤さんは共に考えてくれた人ですし、これからも共に考えてくれる方と思ったからこそ話すことができた内容がたくさんあります。このような対話を通して、当初に感じていた感情と比べれば、現在ではよい意味での変化も生まれております。しかし、この議論にたどり着くのには、とてつもない経験をしてしまったように思います。きっと今後も様々な変化を伴うと思いますが、それも「誰もが経験したことがない事象を経験した」ことによって起こり得る化学変化なのかもしれません。

今後もその変化がよいものであることを切に願っているのですが、現実はそうでもなさそうです。私自身の未来予想として浮き彫りとなってきたことを話させていただければ、今後、表面化してほしくない大きな問題の一つとして健康問題があります。私も子をもつ親として、子どもたちが放射能にさらされた事実を直視させられるたびに恐怖を感じます。ホールボディーカウンターや甲状腺検査など様々な健康診断を子どもに受けさせるときは本当に祈る思いで結果を待つしかありません。

どうか、何もありませんように……。こうした親の願いさえ、現状の対策を見るかぎり、政策をつくる人たちには、まったく理解してもらえていないようです。検査結果のデータ等は保護者に対してさえ、明確に提示されることはありません。たしかに悪い結果など聞きたくはありませんし、いたたまれない気持ちに苛まれるに違いありませんが、どんな結果も、これから生きていくには受け止めなければいけないことなのです。

ある話を耳にしました。きっと、チェルノブイリ事故後のベラルーシやウクライナを参考にしているのだと思いますが、福島県内に母乳の検査をする場所ができたそうです。当初は乳飲み子を抱える母親たちが大勢検査に来るものと思われていましたが、開設後、そこで検査をしている人は「受検者はそれほど多くありませんよ」と言っているそうです。

考えてみれば、自分の母乳に放射性物質が含まれていたらどうしよう、と思うのは当然です。もちろん、検査をして問題がなければよいのですが、そうでなかったら……。私はこの話を聞いて、現実にどのように対処するかはもちろんですが、それ以上に気持ちの整理というか、心の問題として解決することがきわめて難しい、と感じました。放射能をめぐる問題は本当に根が深いのです。例えば、避難先の学校で周りから「放射能、放射能」と言われた子どもたち。それに対してどう対応してよいか分からない親たち。震災前から決まっていた婚約や結婚を本人ではなく相手の家族から一方的に破棄された若者とその親たち……。

私は被災当事者としてだけではなく、親として、子どもたちに対して、放射能に負けない身体と、いわれなきことに耐えられる心を育てていかなくてはならない、と強く思っています。しかし、今、その親たちが大変消耗しています。未来につながる子どもたちを守り、育てる立場にいなければならない大人が疲弊してしまっていたら……。きっと子どもたちはそれを敏感に感じ取っているはずです。その先にはいったい何が起きるのでしょうか。

しかし、この放射能・健康問題を扱うことは難しすぎます。いまだに解明されていないことが多すぎることや、専門家の間でも意見が分かれていることなど、不確定な要素が多すぎるのです。ですから、そんな状況で被災当事者が声を発するなどというのは、とても負担が大きいことなのです。

以前私は、ある方に「声を上げていきましょうよ」と話したことがあります。すると、その方は私に「どんな声を上げればいいんですか?」と逆に聞かれました。私もその後、冷静になって考えてみましたが、たしかに何を言ったらよいのか分かりません。被災当事者も「何を言葉にしてよいのか分からずに苦しんでいる」ことに気づかされました。それでも言葉にしなければ、多くの人たちに伝えることはできません。しかし……。

「子どもたちの健康」もそうですが、「子どもを育てることへの不安」なども生まれ、その思いは、自分が死に、墓場に行ってさえも「背負い続けなければいけない」、とても苦しい重荷のようなものに感じます。将来のことなど誰にも分からないですが、それでも被害に遭ったことは事実として残り続けるのです。ましてや、それが目に見えたり、臭いがするなど、被害が明確なかたちで分かるのなら対処のしようもあるのですが、何も見えず、臭いもしない放射能が相手ではどうすることもできません。そして、背負わされてしまった「苦しい重荷」こそが、人災によってもたらされた最も大きな被害の一つなのです。残念ながら人間の目に映るものではありません。

　被災当事者が「金をもらって……」と言われていることがメディア等でも取り沙汰されます。このように表現されてしまう賠償問題にも健康問題と似たような問題が潜んでいます。要は、「本当の被害が何なのか」「被害の全貌はどうなっているのか」ということが、被災当事者でさえ理解するのが難しいのです。

　本編に出てきたように、「失ったもの」は単なる「ふるさと」と称されるものではなく、あそこにずっとあった——そしてこれからも当たり前に続くはずだった——暮らしそのものです。富岡町にも地震や津波で被害がたくさん出ているのですが、そうした地域すべてが高濃度の放射能汚染によって手の付けられない状態のまま2年半以上放置されています。住んでいた家、使用していた机や椅子、食器やタンス……。何もなければ今も使っていたはずのものが、時間の経過とともに、利用価値を失い朽ちていく。その場所やそこで過ごした時間を取り戻すことはできませんし、避難先でそのときと同じ時間をやりなおすこともかないません。

このようにすでに「失ってしまったもの」と「背負わされてしまったこと」への償いは、原状回復をもって対応していただきたいと思っているのですが、目の前の現実はそこからはほど遠い状態にあります。今でこそ、自宅へ入れる時間が増えましたが、当初は一時帰宅で許された在宅時間は一回で2時間、しかも自宅に入るにも「靴を履いてカバーを付けて」では心休まる暇もありませんし、行くたびに老朽化が進む自宅を見るのも耐えがたいことでした。私はタイムスリップをしたかのような感覚になるときがあります。子ども部屋に入ると娘が当時通っていた小学校の時間割が貼られていて、今では着られなくなった子どもの服が散乱しています。なかなか手を付けることができずにいましたが、これからは少しずつ片づけを始めなければと思っています。これは帰るためでも、心の整理のためでもなく……理由は分からず、ただ「片づけなければ」という漠然とした感情からに過ぎません。

現実を見れば見るほど、原状回復など無理なことは容易に察しがつくのです。それゆえに、あそこにあった――そしてこれからも当たり前に続くはずだった――「当たり前の暮らし」が思い出されてなりません。しかし、その「当たり前の暮らし」がどういうものだったのか、そこにはとてつもなく多くのことが含まれていますし、言葉で説明できないことのほうが多いかもしれません。

当事者への賠償とは、償いであり、そこには、決して額面だけでは計ることのできないものも含まれます。しかし、現在の国や東電の対応はどうでしょうか、「誠意」とはいかようなものなのでしょうか。すべてが加害者側のルールで賠償が進められ、「それに従う者」「それに対し物言わぬ者」に対して支払いが進められています。責任の所在を明確にせず、あやふやな論理のなかで、避難元の汚染された地域を原状回復せず、「帰還できる場所」と位置づけ、当事者の心情を無視した復興が進められています。たしかに故郷が「帰れる場所」となるのであれば喜ばしいのですが、国や政府は、今の除染対策等によって原状回復の可能性が不透明と知りながら、それを隠したまま強引に推し進め、結果的に、事故処理の責任を地域住民の望んだこととして押しつけようとしているように見えてなりません。

私は、「被災当事者が抱えている問題はいったい何なのか」と聞かれると、今でも「それは人生を奪われたことだ」と答えるようにしています。このまま続くと思っていた暮らしが一変してしまい、なくなってしまった、と感じているからです。漠然として抽象的で理解が難しいかもしれませんが、人生とはこの本を読んでいただいた皆さんにも必ずあるものなのです。

ただ、私たちの場合は、誰もが経験したことがない事象とそれが引き起こす未来に直結した人生となってしまいました。それゆえ、目の前に立ちはだかる得体のしれない不安を少しでも振り払いながら、被災当事者の思いや実態を伝える自分たちの行動が、責任ある者がしっかり現状を理解し対応をすることに結びつく、そしてそれが原発災害の解決につながっていくと信じて、私は活動を展開してきました。

私はこの本の制作を通して、震災からの2年半を改めて振り返ることができました。この本で行った対話を進めるなかで「負けてばかりの闘いだね」と感想をしみじみと漏らしているうちに、ふと気づいたことがあります。「でも、たくさんの仲間ができたんだね」と。私は本当にたくさんの方に支えられているのだと実感しています。

同じ当事者はもちろんですが、いろいろな人たちに出会い、様々な組織や団体にも出向き、様々な場面で話を尽くしてきました。そうした出会いのなかで、共著者の山下さん、佐藤さん、この本の出版に協力していただいた赤瀬智彦さん、社会学広域避難研究会の皆さんのほか、私たちの活動や話の内容に共感をしてくださる人たちの輪が育ってくるのをつねに感じていました。社会学、経済学、行政学、心理学など様々な分野の研究者の方々、各省庁、メディア機関、弁護士グループ、ボランティア団体、被災地支援団体……。すべてを書くと何ページにもなってしまうほど書き切れない方々に関わっていただいていたのだと改めて思いました。一緒にとみおか子ども未来ネットワークとして共に歩んだメンバーの皆さん、そして何より富岡町民がいてくれたことが真の財産となっているのだと思います。

こうして、私たちに関わってくださったいろんな方々とともに、必要と感じたことに取り組んできました。ときには嬉しいこともありましたが、大半は悲しく、つらいことばかりだったことを覚えています。つらいことが何かといえば、それは本書の大きなキーワードである「不理解」だったかもしれません。それが原因で問題が振り出しに戻ってしまうことが多かったように思います。しかし、私たちと関わりをもってくださった方々は本当に心から理解をしていただいた人たちばかりです。そうして、振り返ってみたら、かなりの――それも相当の――人たちや組織・団体が私にとって、とても大きくかけがえのない支えになっていることに気づかされます。

よく皆さんとの会話のなかで「長く続くから焦らずにね」と励ましの声をかけられます。当初は「こんなことが長く続くことなんて耐えられない、だけど当事者は逃げることができない」と考え、「私は1日でも1時間でも、1分でも早くこの問題から解放されたい」と言っていたし、現在もその思いは変わりありません。しかし、それを自分だけではなく一緒に考えて、ともに歩んでくれる人がいることで、今では私も「そうですよね！　時間がかかる問題ですよね！」と本心として言うことができる。そういう仲間がたくさんできたことが何よりありがたいことだと感じています。

不理解とはあくまでも、この震災と原発避難の問題への入り口のキーワードに過ぎません。私はこれまで、結果的に被災元の方も含めてのことですが、今回の震災がなければ知り合えることができないような方々と出会い、様々な議論を重ねてきたことで真の理解へと変化していく過程を体感しました。

また、「不理解」とは特定の人の意識や行為を指すものではなく、誰でも心のなかにある感情がそのようにさせている状態のことなのではないかと感じています。加害者といわれる人のなかにだって「こんなことが良いわけがない」と感じている方はたくさんいるのです。では、なぜその思いが具現化してこないのでしょうか。本編にもあるように、多種多様な事情が絡み合う現代社会においては、「正しいと思うことを口に出す」ことが、詭弁だの理想論だのと、なぜか恥ずかしいことのように扱われてしまい、面と向かって心の声を伝えることができない仕組みになってしまっているのだと思います。

しかし、私はこの時代に生を受けた1人として目の前に山積している問題に取り組む必要があるし、その難局を乗り越える責任があるのだと考えています。では、なぜ私がこのようなことを語る必要があるのか、時折、「なぜ自分が？」と考えてしまいます。きっと、私は気づいてしまったのでしょう……この震災と原発事故の当事者として。過去を見ると「歴史は繰り返される」といわれます。気づいた者としてやるべきことを行い、負の歴史を繰り返すことを拒むことはできないということかもしれません。

この社会に暮らす人々には、難局に陥ってもそれを解決できる力が備わっているのだと思います。ただ、「まだ多くの人たちがこの問題の本質に気づいていない」だけのような気がしてなりません。

私はこれからも、気づいてしまった者の一人としてこの問題に取り組んでいこうと思います。そして今までお付き合いしていただいた方はもちろんですが、これから出会うであろうたくさんの人たちと一緒に考え、真の解決ができる道を探していきます。繰り返しになりますが1日でも早く、1時間、1分でも早く真に問題解決をして、できるだけ多くの人たちにとって心の復興がなされることを切に願います。

最後までお付き合いしていただいた読者の皆さんは、きっと不理解ではなく、真の理解への扉を開いていただいたのだと思います。多くの扉が開くことで、明かりが差し込み、私たちが歩んできた先の見えない道もその見え方が変わってくるのです。光の差し込んだ道の先には新たな未来が待っているに違いないのです。

叶わないと思いますが、私はその未来が次世代の人々にどのような評価をされるのか聞いてみたい、何よりこの目で確かめてみたいと思います。私とこの問題を共有し、いっしょに考えてくださったたくさんの皆さん、そしてこれから出会うであろう皆さんとともに。

追記（2016年9月）

２０１６年８月、今回の文庫化にあたってあらためて振り返り、読み返して気づいたのは、今でも「あの時のまま」なんだということでした。単行本を制作した時の、事態が好転してほしいという願いは、もろくも崩れ去ったという感覚です。

そして、現実には帰還政策に伴う「決断」が私にも訪れています。支援措置とされているみなし仮設である公営住宅は、主契約者が福島県であるため私自身の意向とは関係なく、打ち切りが行えるものです。このような不安定な状況からの脱却として、住宅購入を考えています。そして富岡町にある住宅は、朽ち果てていくことと、帰還を目的とした除染への同意の強要によって否応なく、解体除染を進めています。

住み慣れた我が家をついに諦めなくてはならなくなり、このところ家族の中でとても色々なことがありました。受け入れがたい事実という、この事故の本質を少しでも理解いただけたらと思います。

あの日から5年半、いまいちど本書を手にとっていただき、これまでのことを考えていただければ幸いです。すでに「不理解」ではなくなってしまった事柄も多いと感じられるかもしれません。

私自身も「不理解」というキーワードのなかでもがいていたし、多くの避難者の方もそうであったと思います。文中にある「未来への明かり」は、原発災害に見舞われた一人ひとりの方々が歩む道を照らしていくような社会であってほしい、それが真の復興なのだと思えます。

今回の文庫化に際し、ご尽力いただきました筑摩書房の皆様に御礼を申し上げます。そして本書を手にとってくださった皆様にも深く感謝申し上げます。

本書は明石書店より二〇一三年十一月に刊行されました。

ちくま文庫

人間なき復興　原発避難と国民の「不理解」をめぐって

二〇一六年十一月十日　第一刷発行

著者　山下祐介（やました・ゆうすけ）／市村高志（いちむら・たかし）／佐藤彰彦（さとう・あきひこ）

発行者　山野浩一
発行所　株式会社　筑摩書房
東京都台東区蔵前二―五―三　〒一一一―八七五五
振替〇〇一六〇―八―四一二三
装幀者　安野光雅
印刷所　株式会社精興社
製本所　株式会社積信堂
乱丁・落丁本の場合は、左記宛にご送付下さい。
送料小社負担でお取り替えいたします。
ご注文・お問い合わせも左記へお願いします。
筑摩書房サービスセンター
埼玉県さいたま市北区櫛引町二―六〇四　〒三三一―八五〇七
電話番号　〇四八―六五一―〇〇五三

ISBN978-4-480-43400-5 C0136